設計與作品「說了什麼」或「做了什麼」有著密不可分的關聯

Before & After
解構版面設計準則

John McWade 著
吳國慶 譯

MA1011

Before & After解構版面設計準則

國家圖書館出版品預行編目資料

Before & After解構版面設計準則 / John McWade 編著

—— 初版.　—— 臺北市：上奇資訊，2010.04 面；　公分

ISBN 978-986-257-051-7（平裝）

1.網頁設計　2.版面設計

312.1695　　99006791

作　　者：John McWade

發 行 人：潘秀椿

發 行 所：上奇資訊股份有限公司

地　　址：台北市內湖區瑞光路76巷39號2樓

電　　話：(02)8792-3686

傳　　真：(02)8792-0540

印刷年月：2010年04月

目錄

知識
第一篇

技巧
第二篇

企劃案
第三篇

簡介

本書如同之前的兩本著作一樣，均由先前發表在《*Before & After, How to design cool stuff*》雜誌上的文章集結而成。

對於尚不熟悉《*Before & After*》雜誌的人來說，其實這就是一本圖像設計教學的雜誌。而較佳的說法則是：「這是一本解釋或描述圖像設計的雜誌」。而且我們並非以正式課程的導引方式來教學，也就是說，我們並非那種藉由系列課程的學習，逐步建立知識的教學方式。

事實上，我們所做的方式是「呈現」出來，而且通常會以「實作案例」來示範，並且會解釋目前正在進行的動作，例如某些顏色為何放在一起（或分開）、某個物件為何要比其他物件大，以便傳達某種意義等，這類的方式。

有些人在學校會學到這些事，但多數的人都沒有學到。其實我們跟各位的情況差不多，您可能懂點設計、有點興趣、甚至有設計方面的需求。或許您有要製作一本小冊子、或是一場幻燈片秀的呈現、商務通訊的編輯、建立一個網站等。

也許是您新開的公司想要製作一個公司商標或廣告，或者設計 DVD 的封面。

不論情況如何，您所想要述說的故事，都需要一個視覺表達的方式，也就是讓它們可以被看見，此時，便是「設計」上場的時候了。

設計本身的內在意義，即是在於「有計畫」的想法，設計一棟建築物或服裝設計，或開創一項事業，也都是在於擬定計畫，並按計畫逐步施行。

而圖像設計，當然也就意謂著「計畫某件事物的視覺呈現」。

設計是關於「看起來如何」的事，然而不僅如此，因為整體視覺呈現不光是「看起來如何」就完成了，跟它「說了什麼」或「做了什麼」是密不可分的。

設計是一連串的過程，最關鍵的步驟就是第一步：決定要達到何種效果。換句話說，問問自己到底要「做什麼」？一旦知道要做什麼，便可開始考慮要表達什麼、要用何種概念來表達，用哪些元素如字型、色彩、圖像等，表達概念所需的一切，接著將它們組合在一起，完成最後的成品。

《*Before & After*》雜誌在「現實世界」當中，完成這一切。

我們將本書分成三個區塊：「知識、技巧與企劃案」。因為每項設計都包含了這三個部分，它們是同源相生的存在。

「知識」所談的是基本概念，基本概念之所以稱之為「基本」，並非因它是較為簡潔的標題，而是因為它要談的是一些準則，或者說是所有設計共通的基本概念。這些基本概念含括線條、形狀、方向、動作、縮放、比例、相似、相鄰、顏色、組成等等。學習基本概念可以讓工作更輕鬆，讓整體設計變得更好。

「技巧」所談的是實際的操作及方法，其最具價值之處是在於它的可傳遞性。我們為宣傳手冊裁切的圖片，可以重複使用在網頁製作上。而我們在廣告上所使用的字型、邊界設定或疊放的物件等，同樣可以套用在商業通訊的製作上。

某些技巧因為轉變較為明顯、效果較大，可以製作出較戲劇化的設計。而某些技巧雖然影響也大，不過轉變不明顯，即使一直重複運用，卻並未引起注意。您將發現這些技巧，同樣會占有一席之地。

「企劃案」所談的是整體的工作內容：宣傳手冊、商業通訊、網站、名片、幻燈片秀、Logo 等，也就是「知識」與「技巧」整合運用的場所。「企劃案」同時呈現了觀念與應用，包括所完成的作品、如何完成此作品與為何最終成品如此的歷程。

我們所引介的「企劃案」範例，將會是您自己製作企劃案時的最佳藍圖。您可以適當地、或多或少地複製我們的設計範例，並運用我們介紹的「知識」，完成自己的作品。

當二十年前我們開始進行這項 Before & After 的冒險行動時，我還記得一邊開車，一邊想著如何形容這本雜誌所要談及的內容形式。

我所想到較為接近的說法是：「桌上出版者的圖像設計」。因為這本雜誌會提到如何設計商業通訊（在當時是大宗）、宣傳手冊、信封信紙與其他相關商業文件等。

它也將描寫設計概念與如何設定字型。同時，它並非步驟式的敘述，而比較像是美學上的概念，也就是關於良好的視覺傳達，所需具備的「知」與「行」。

不過這樣好像太囉嗦了點，想簡單的說卻又想包含進更多不同的設計層面。「如何設計版面」聽起來不但不傳神，而且顯得單調無趣。而這本雜誌所提的並非無聊的事啊，都是很酷的玩意。

所以，為何不就這麼叫它呢？我在沒有旁人的車裡大聲喊著「How to design cool stuff !」，這就是雜誌名稱的由來，希望您能藉由本書，製作出真正的酷玩意。

一約翰 麥克偉德 John McWade

第一篇　知識

單元 1 沒有尺規的設計

把尺丟到一旁，用眼裡所見的事物進行設計。

是否看過街頭藝術家的工作方式，很有趣吧，這邊畫一下、那邊點一下，立刻從無到有，出現了圖畫。我們並未看見他們使用機械工具、分欄、尺標或參考線，然而其成品仍舊令人驚豔，非常地流暢。

最佳的設計便是如此。

為了要了解這些街頭藝術家是如何做到的？我們將利用下面這張圖片：「眼裡所見」，作為視覺上的導引。圖片的線條、形狀、比例以及彼此的關聯等，將決定我們對字型、尺寸、顏色、版面及其他元素的選擇。

你看見了什麼？

請純粹以眼睛判斷（概略而非精確的），對下列問題做出回答：

人的高度等於地球的直徑嗎？

人的寬度等於花盆的寬度嗎？

樹的寬度約等於幾個花盆的寬度？

圖片中是否還有與花盆大小相符的位置度量？

1 進行「視覺盤點」

每張圖片都有線條、形狀、紋理、顏色，可作為設計的依據。因此第一步便是要進行視覺上的「盤點」，先從較大的視覺元素著手。

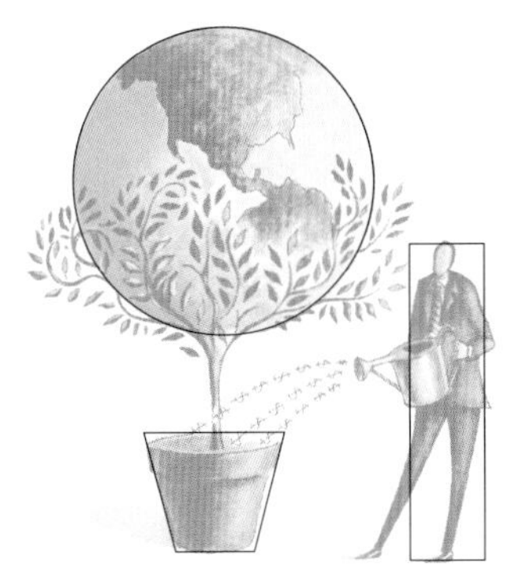

基本形狀

這張圖片有三個基本形狀。

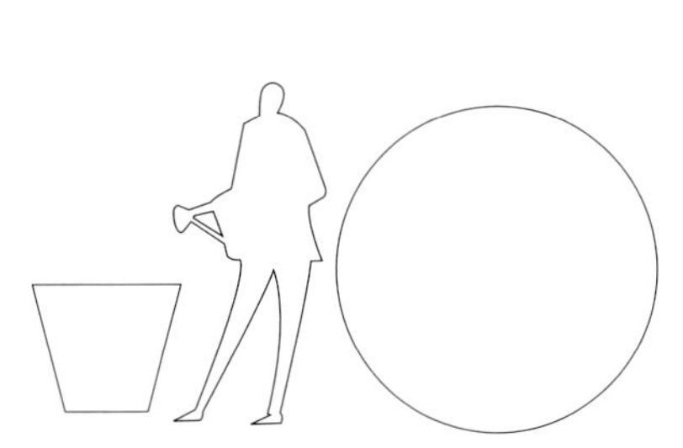

大小

這張圖片按等級分為小的、中的、大的視覺元素。

版面

這張圖片的整體結構相當平衡。

■ 焦點

一張好圖是有「焦點」的，而此圖片則有兩個焦點，一個是實體的焦點，另一個則是虛擬的焦點。

實體焦點

最主要的視覺焦點通常是圖像裡最大、最清晰或最明顯的元素，在本例中便是地球。

虛擬焦點

三個主要元素形成了結構上的三角形，其中心處，便是我們想要強調的，也就是「錢」的部分，任何視覺位置裡最被強調的部份便是其中心點。

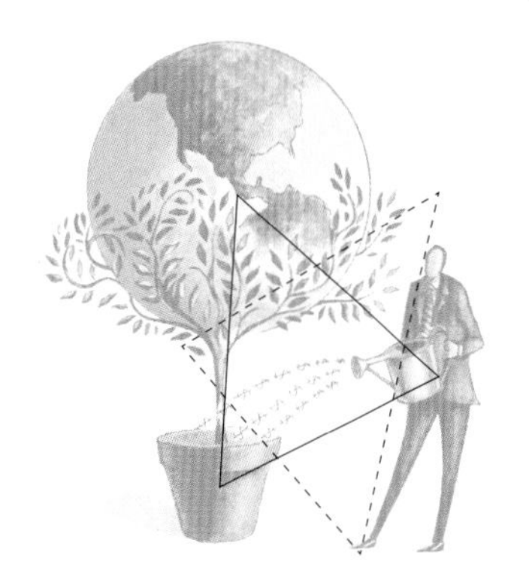

二次焦點

虛擬焦點被虛線三角形的中心焦點再度加強了，發現了嗎？

物件與空間關係

圖片中的物件與空間，多為不尋常的重複。

花盆與上方空間大小相同。

花盆與側面空間大小相同。

花盆與地球上的北美洲大小相同。

夠接近即可

藝術上的關聯是概念性的，而非機械性的相等，因此只要看起來夠接近，就算是接近了，所以用「眼睛」來盤點視覺元素就可以了。

整張圖片大約是四個花盆的高度。

地球周圍有一個花盆的間隔距離。

人的寬度符合花盆的寬度。

天然的格線

本圖有著「不尋常的一致」所形成的天然格線，這些重複出現的元素形成了完整的格線架構。

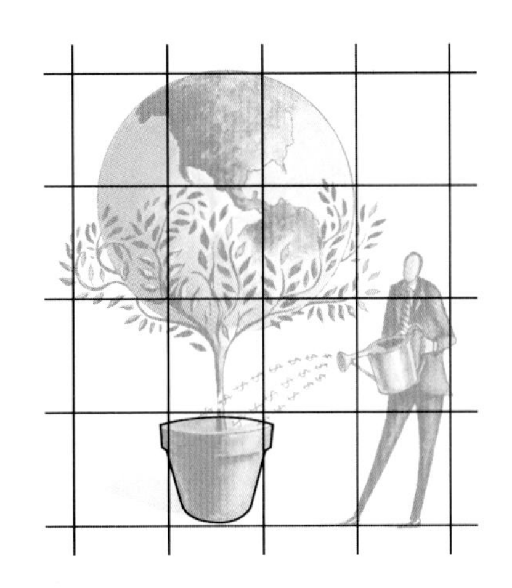

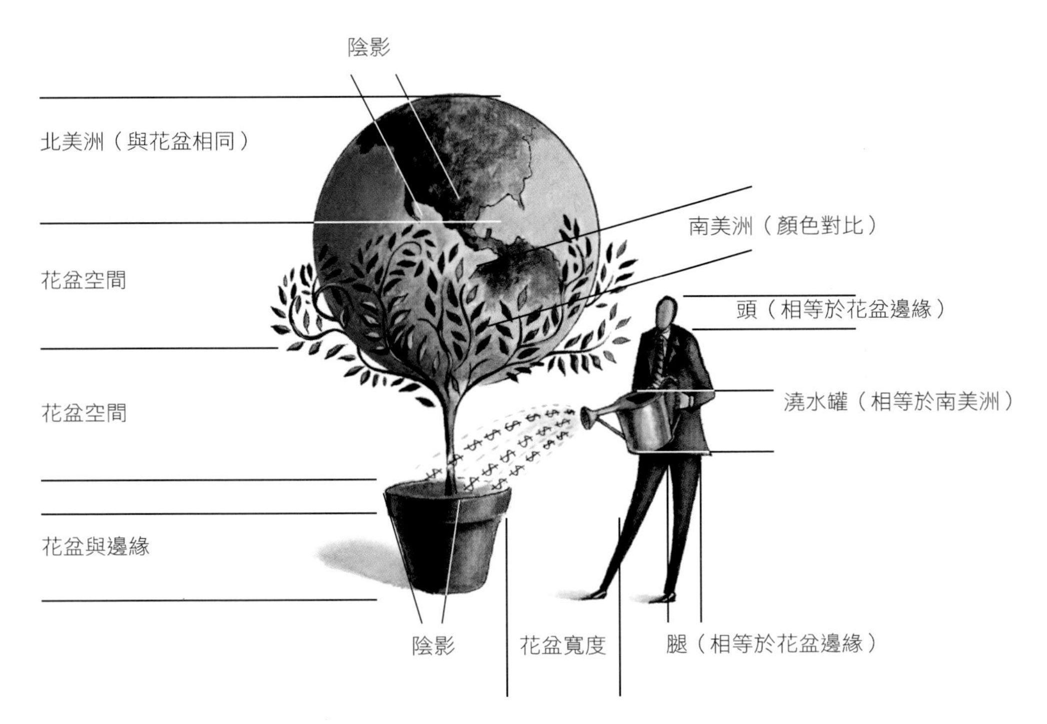

較小的元素

當我們把注意力集中在較大的元素時，也要記得注意較小的元素。多注意邊緣或對比處，明顯的邊緣是指人的頭部、腳部這些地方，南美洲之所以突出是因為顏色對比所致，陰影處會有明顯的重量等。花點時間仔細觀察這些東西，因為這樣的作法是在訓練我們的眼睛，久了之後就會變得比較直覺。

■ 形狀與紋路

注意線條的作用，觀察它們是直線或曲線、離的很近或分的很開、在何處改變方向等。

觀察所有的三角形，它們會形成視覺的移動。

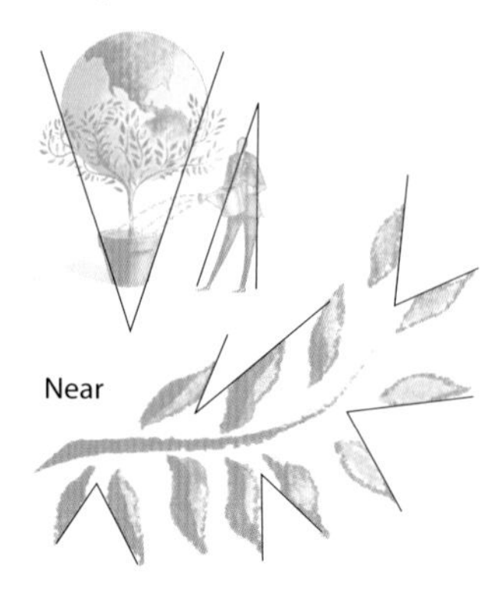

由遠至近的任何三角形都相當明顯。

邊緣形成重複的紋路，請注意所有的尖端部分。

2 選擇顏色

下一步便是從圖片裡選取配色。

數不清的像素！

顏色是設計裡的要角，獲得完美配色的最容易取得、也最完善之處，就是圖片本身。首先，請減少這些成千上萬點的像素（上面放大那塊），變為可運用的少量顏色，作法是利用Photoshop或Illustrator內建的馬賽克濾鏡（右側右圖）。

我們很少需要用到64色以上的配色，通常使用32色或16色會更好。要讓得到的顏色數量減少，請增大馬賽克的單位大小，若要較多顏色，則縮小單位數值。

■ 管理色票

請使用滴管工具對色彩進行取樣，並將所有選定色彩依顏色與數值強度分類。

我們可以從馬賽克模式下，看出圖片的幾個主要顏色，例如地球的藍色與綠色、花盆的陶土色、人的灰色等。從各個主要元素上選取較暗、中等與較亮的顏色（左下圖）。先依顏色，再按數值（由暗到亮）整齊排列。請認真花時間做好這件事，因為它對視覺上的幫助，會令您感到驚訝的。接著選取一些次要的顏色，如本例中的黃色與紫色，準備作為相近色或對比色的應用。最後，請刪除太過接近的顏色。

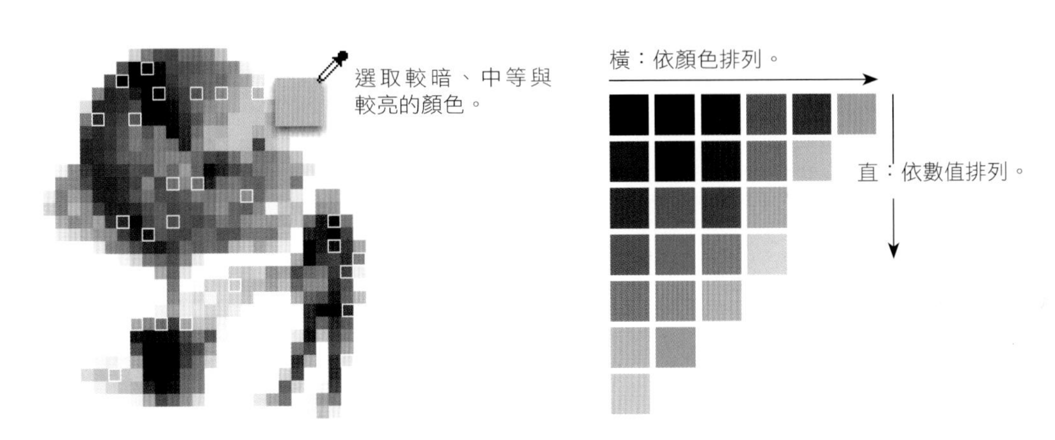

■ 試用每個顏色

請將圖片輪流放在不同的配色上，您會發現，不論選取何種配色，似乎都能協調的搭配，這是因為圖片本身已經擁有這些顏色。

冷色系

冷色系看起來比較直接，較嚴肅與冷漠一點。藍色的地球融合在背景裡，對比的橘色就顯得凸出。

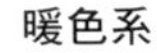

暖色系

暖色系比較柔和、大地、熱情一些，適合傳達環境議題。請觀察此時藍色地球在對比的陶土色裡，跳脫出來的情形。

3 選擇字型

接著我們要來選擇符合圖片的字型。

選擇字型有許多方式。可能您已經有固定格式，因此不需要其他的選擇。也可能在心裡已經有譜，想做正式用途、商業用途或學生作業。您也可能想試試新的字型，這通常是件有趣的事。不論情況為何，請記住字型是圖像式的，就像圖片一樣。它的線條會掃拂、急轉或低潛，同時也有稜有角。

當我們在設計裡加入字型時，它在視覺上的角色，不論是變好或是變壞，都會與頁面上既有的元素互動。

就本例而言，此圖片即引導字型的選擇。我們的目的是要將圖片與字型的視覺屬性相互配合，因此字型的選擇也必須具有功能性：不但美觀、易讀，而且可重複運用。

目前的情形呢？我們觀察到圖片本身充滿圖像：元素、細節相當豐富，有許多葉片延伸的感覺；這些葉片有很多尖端，也很平均的分佈，而且長得就很像襯線字型的感覺。

讓我們先來看看這三種常用字型，觀察所能找出的相似之處。

■ 三種觀察距離

我們要以三種距離來觀察字型與圖像紋路的關係：近、中、遠，每個距離看起來都會有所差異。同時，許多字型的狀況都是適合某種距離，而不適合另一種距離。

Glypha

Glypha比較外向

優美的粗襯線字（襯線較粗、非字體較粗）有完美的字元特性，Glypha字型成塊且分明，有乾淨的邊緣與重複延續的形狀，作為標題或內文字都很不錯，是非常難得的素材。細硬的黑邊，也讓Glypha字型適合戶外或大自然的藝術。同時，Glypha也非常容易閱讀，唯一的問題應該是：它看起來跟我們的圖片內容，一點兒也不像。

近

中

There has never been a greater opportunity for private enterprise to do good for everyone on earth by creating new business growth in the green sector. Join us for a day as we explore how to deploy capital resources in industry, technology, research and communications locally and across international boundaries for both private and public benefit. To reserve a seat, log onto www.greenenergyseminar.org.

遠

There has never been a greater opportunity for private en-terprise to do good for everyone on earth by creating new business growth in the green sector. Join us for a day as we explore how to deploy capital resources in industry, technol-ogy, research and communications locally and across inter-

■ 上下顛倒看

另一個觀察字型的可靠方式，就是把它上下顛倒來看。這種方式可以秀出字型的高低處，或讓人看出日常不易察覺的有趣之處。

Myriad Pro

Myriad異常清晰

對完全的視覺分辨度來說，Myriad可能是最為清楚的字型。作為標題或抽言文字都非常適合，Myriad較大的突出部分與極小化的字體形式，讓它即使在最低解析度的情況下，都能保持明辨度。Myriad字型看起來輕、鮮明、乾淨的外觀，讓它極適合用來傳達綠色議題，不過，它一樣長得不像我們的圖片。

近

中

There has never been a greater opportunity for private enterprise to do good for everyone on earth by creating new business growth in the green sector. Join us for a day as we explore how to deploy capital resources in industry, technology, research and communications locally and across international boundaries for both private and public benefit. To reserve a seat, log onto www.greenenergyseminar.org.

遠

There has never been a greater opportunity for private enterprise to do good for everyone on earth by creating new business growth in the green sector. Join us for a day as we explore how to deploy capital resources in industry, technology, research and communications locally and across

觀察表面

當我們在比較線條與邊緣時，記得要同時注意表面的紋路。請看葉片的排列方式是不規則的、顆粒狀的，同時也是色彩駁雜的。

Galliard

Galliard Roman有明顯的特徵

Galliard是種輪廓分明、清楚、帶有誇張襯線的羅馬體字型。雖然它在筆劃角度的變化有點煩人，不過由粗到細的筆劃變化，也讓它極容易被閱讀。這個字型有好幾種粗細變化，比例正確、也是極具親和力的襯線字型之一，而且它看起來有樹葉的感覺，Galliard正是我們所要選擇的字型。

近

中

There has never been a greater opportunity
for private enterprise to do good for ev-
eryone on earth by creating new business
growth in the green sector. Join us for a day
as we explore how to deploy capital resourc-
es in industry, technology, research and com-
munications locally and across international
boundaries for both private and public ben-
efit. To reserve a seat, log onto www.greenet-

遠

There has never been a greater opportunity for private
enterprise to do good for everyone on earth by creat-
ing new business growth in the green sector. Join us
for a day as we explore how to deploy capital resources
in industry, technology, research and communications

4 版面

版面是指這些線條、形狀、空間、顏色與結構最後協同運用之所在，我們將藉由法律用紙尺寸（14x8.5 英吋）的宣傳手冊頁面來為您示範。

圖片的作業

首先要將圖片放置在頁面上。到底該放在何處以及要放多大呢？其關鍵就在於視覺上的關聯。由於地球與花盆有極明顯的中心線（右圖），頁面中央會是視覺最強之處，可讓彼此相互強調出來（記住，是「中間」的位置，並非用尺量出的精確中心點）。

同樣地，我們之前提過在地球周邊的花盆空間，可以用來作為上方的邊界（右圖）。

在此設計中，我們隱藏了摺紙線（左圖），因為現在只需看「眼裡所見」的東西。

法律用紙尺寸的宣傳手冊，14x8.5英吋。

設定標題

設計有項重要的規則是：處理在你「眼前」的東西，千萬不要一昧地蠻搞，所以我們在此先讓標題汲取地球的視覺要素。

字型由大小、顏色與紋路結構所組成

（右圖）將標題橫置在頁面上方是常用的作法，不過並不適用此處。水平直陳的這句話，對我們眼前的事物來說，就像是外來的異物。

相反地，一組以Galliard Ultra字型互疊的文字，模仿了地球的大小、群組、顏色與紋路結構，才是真正可見的視覺關聯。而擺在地球旁邊的位置（下圖），更加強化這層關聯。半透明襯線的交疊（下圖右側，白色交錯嵌入的部份），模擬了樹葉的尺寸與紋路，而文字邊界亦是參差未對齊的樣貌。

加入照片與內文

當我們想加東西到頁面時，構圖的複雜程度就增加了，想要保持視覺上的一貫性，也就越來越難。在頁面元素間的留白與邊界上，請多加留意於頁面元素周遭所發生的變化。

矩形空間的有機設計

設計上的矛盾之處在於：自然界的一切是有機且不規則的，然而我們的紙張與文字區塊卻都是矩形的。這些矩形常會形成強烈且非必要的視覺呈現方式，因此將頁面「去矩形化」但保留閱讀性，就成了設計的一大挑戰。當然，總會有些辦法可行的。

在本例中，相片與文字不要對齊，「文字流」向下大約沿著地球左側的輪廓線（左圖）。此處必須不同於一般的文字塊使用方式，要盡量避免頁面元素之間的留白，形成可辨識的固定形狀。

參差的紋路構造

（左圖）因為整段的文字會形成紋理一般，因此將發言人的名字字型設為Galliard Ultra，顏色為地球配色，便會讓它從周邊文字中跳出來，算是兼具形式與功能的簡單變化。

■ 對齊紙張

紙張亦可作為設計上的有用元素，在此處，主段落與詳細資訊向右對齊於紙張邊界，建立另一個穩定的視覺焦點。

平行線會自動建立關聯。

重複運用的花盆空間

若您花時間仔細觀察圖片，可能就會發現自己之前看漏的地方。上圖裡，花盆的空間直覺地運用在頁面各元素之間。因此，雖然整個版面看起來是鬆散的架構，事實上卻具有連貫性的結構。右上角前言裡的文字塊如同對面的標題一樣，大約等同於地球的份量與形狀，這也是另一個直覺下的設定。

內縮的空間大小

最後，齊右的文字塊以增加的細節資訊，慢慢內縮到右下角，也就是縮到一般文字在頁面的結束處。請注意文字塊不規則的左邊界，如同之前的文字流一樣，沿著較寬的空間繞圖而下。

單元 2 空白頁面的注意事項

請勿直接跳過頁面設定對話框，這便是設計起始之處。

空白的頁面或許空無一物，但這卻是設計師所面對最為重要的「虛無」。因為它是所有偉大設計所需的平台，也是開始著手建立世界之處：包括頁面的尺吋大小、頁面方向、活動空間以及單獨頁面或對頁呈現等。這些選項都能決定頁面的說服力、感動人心的方式、如何被閱讀的方式、以及最終的決定：也就是「頁面成功與否」的關鍵。

要用什麼頁面尺寸？讀者視線要從何處開始？留白的用法？以下是對這些疑問的一些解答。

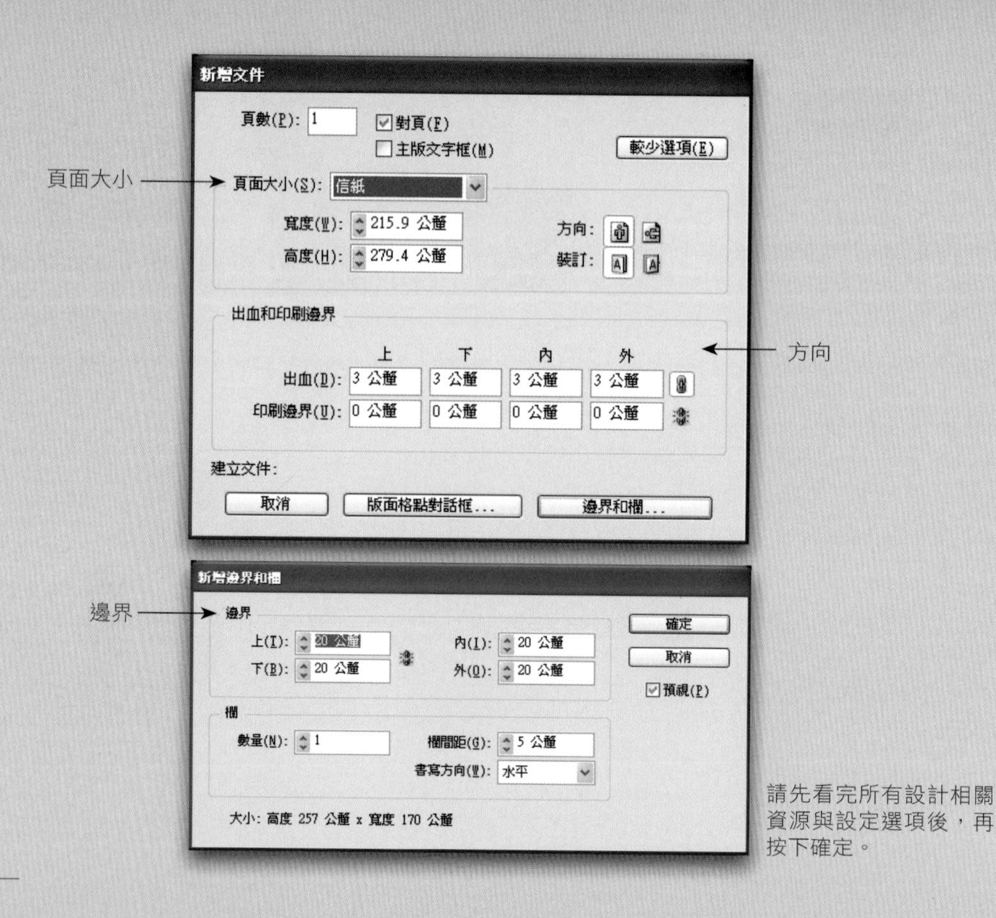

請先看完所有設計相關資源與設定選項後，再按下確定。

1 頁面大小

為什麼在電影院看電影會比在家裡看來得好呢？因為螢幕大、音響效果好、動作大，所以我們的頭，必須轉來轉去的觀賞。而在家裡，我們直接就看到全部畫面了。尺寸大小關乎的不在表現方式，而在洞察能力，它扮演了生活經驗裡的重要角色。

我們以自身的比例與影像尺寸相關聯，因為人類的尺寸決定了我們所能看見的東西。

就印刷而言，我們關注的區域，大約就是在閱讀距離下，自身頭部的大小，也就是差不多一張信紙（Letter size）的尺寸。在這種範圍內的設計，可以被感知為一個整體。而小報尺寸（Tabloid size、兩倍信紙大小），要一眼看盡就顯得大了點。完整看完的話，必須移動我們的目光，因此我們是分區看完的（所以通常會設計「分界」處）。

我們對於頁面的認知，也受到比例的影響。對於瘦長的頁面與方形的頁面感受也不同。理想的長寬比例，自古以來便認為是「黃金矩形」的比例：文藝復興時期的數學家定義此比例為 1：1.618。希臘的帕德嫩神廟，便屬於黃金矩形的建築。黃金比例的應用，在窗戶、桌面、相片（3 x 5、4 x 6 等）以及人體上，都可以找得到。一般而言，令人看來最愉悅的矩形，其長邊約為其寬邊的一倍半長度。

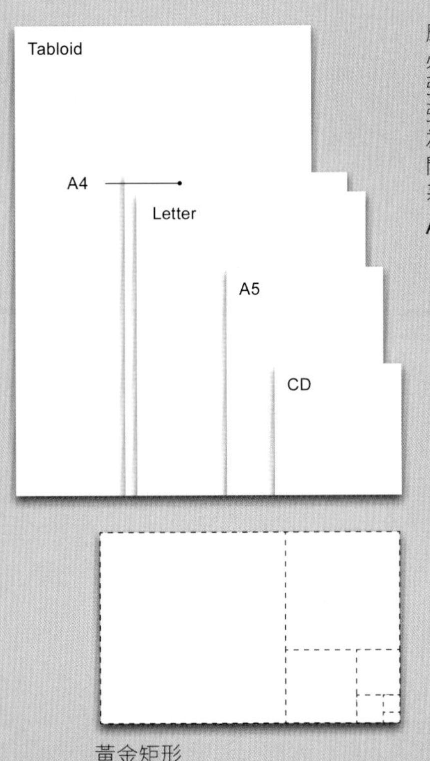

黃金矩形

應用在現代出版上，美學經常要向「效能」屈服，也就是必須使用標準的紙張尺寸（左圖）。國際標準的A系列紙張尺寸（下圖），示範了較小尺寸紙張如何由較大尺寸紙張裁切而得的效率。A系列紙張由A0為基礎，其紙張尺寸為841mm x 1189mm*（33 1⁄8 x 46 ¾ 英吋）。A0對半切開可得兩張A1、A1對半切開可得兩張A2、依此類推。此系列所有紙張不論大小，均為相同的形狀。

A0面積約為一平方公尺。

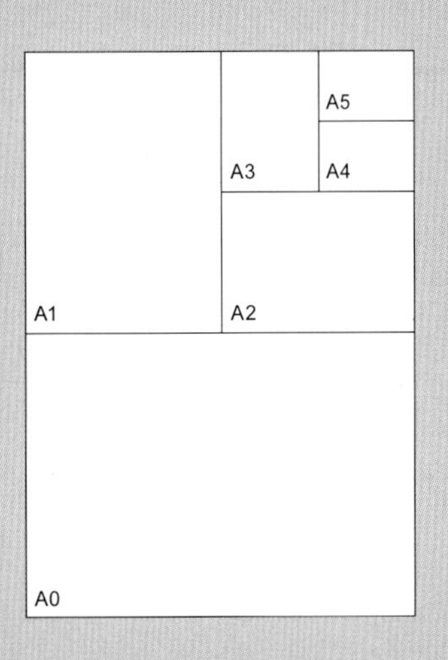

■ 頁面大小（續）

一張紙可以橫或直的對半摺疊，折成三段或四段或非對稱摺疊。摺疊後的紙張便有了厚度與質感，這是一張白紙所沒有的。同時，一張白紙直接把所有元素都呈現出來，而摺疊後的紙彷彿隱藏了某些東西，等著被揭開，對設計是來說便是吸引人的一刻。

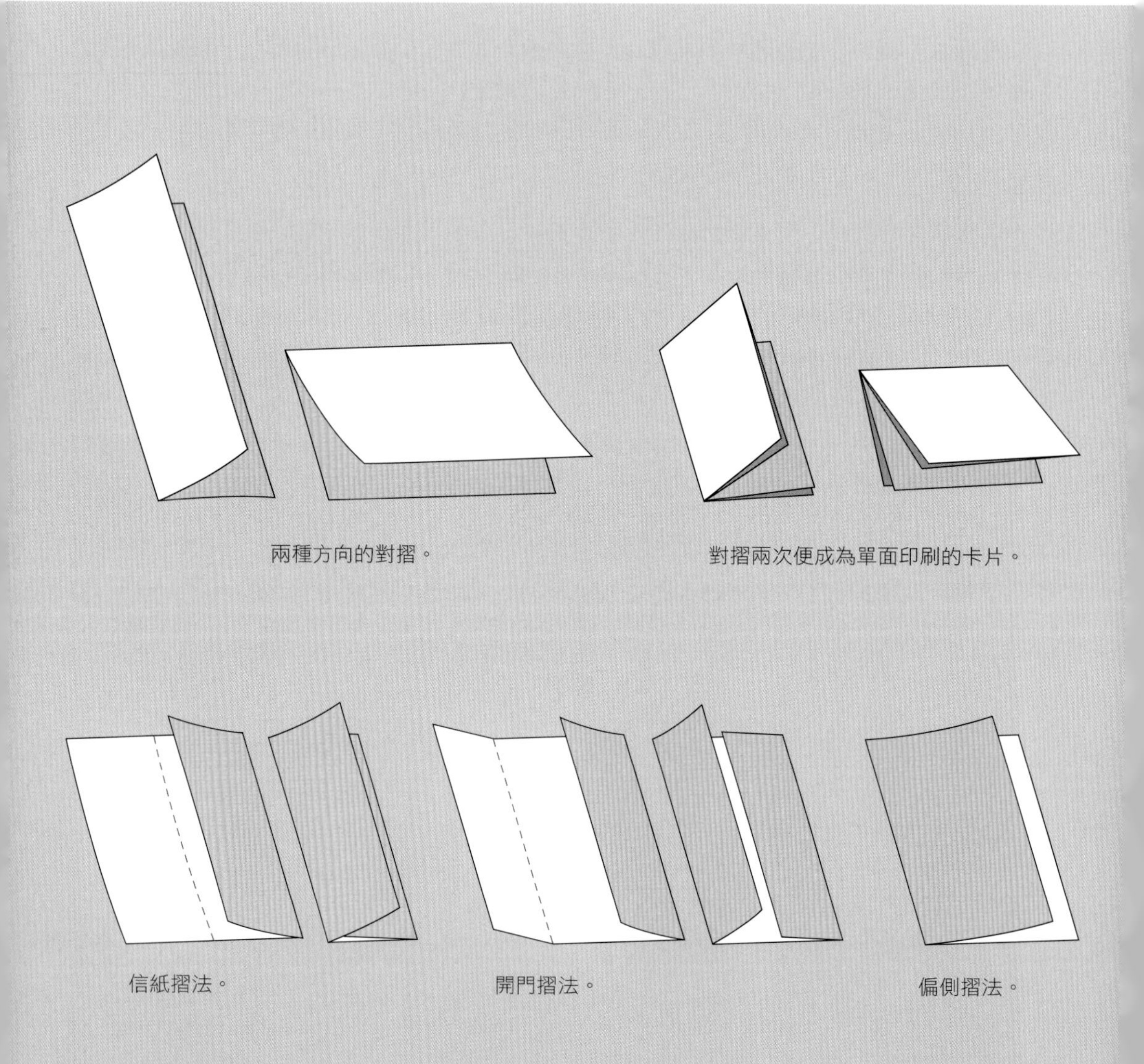

兩種方向的對摺。

對摺兩次便成為單面印刷的卡片。

信紙摺法。

開門摺法。

偏側摺法。

2 頁面方向

頁面方向跟頁面如何呈現有關。直立的頁面會讓讀者「看進去」，也就是看在視覺中心點；橫置的頁面會讓讀者「看出去」，因為讀者會先由左右邊界開始閱讀，原因是想要先看完整個頁面。

我們直覺的會把橫置的頁面，拿得比直立的頁面遠一點。因為我們很自然地會先想看見整個頁面，而不是先想左看右看。

頁面的視覺中心一也就是我們的焦點一在眼睛的水平或稍上方處，而非頁面中心位置。這點對直立或橫置頁面均同，因此一般印刷品的起始處，應該靠近視線高度或稍微上方一點。

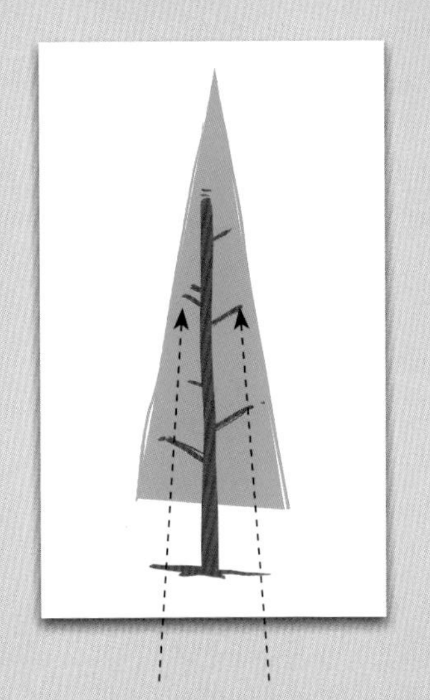

我們的視線並不容易在橫置的頁面上停留，它們通常會四處觀看瀏覽整個頁面（上圖）。若想讓讀者專注於某個頁面物件或某塊區域，建議使用直立頁面（左圖），因為它較能吸引目光深入。

3 邊界寬度

邊界是關乎吸引力、效率、溝通能力的重要角色。邊界像是容器一樣，框住被列印的物件。邊界太窄的話，就無法達成約束的能力，畫面範圍的效果也會不見，讀者的視線也開始亂跑（紙張越大，這種情況會越明顯）。而若邊界設太寬了，頁面物件便會顯得浮動無份量。

到底邊界要留多少空間呢？簡單的原則是：50%，或是在 9x12 吋的頁面各邊留 1.5 吋的邊界，這樣才能讓讀者視線停留在頁面物件上。

太窄，沒有約束力。 太寬，沒有份量。 剛剛好。

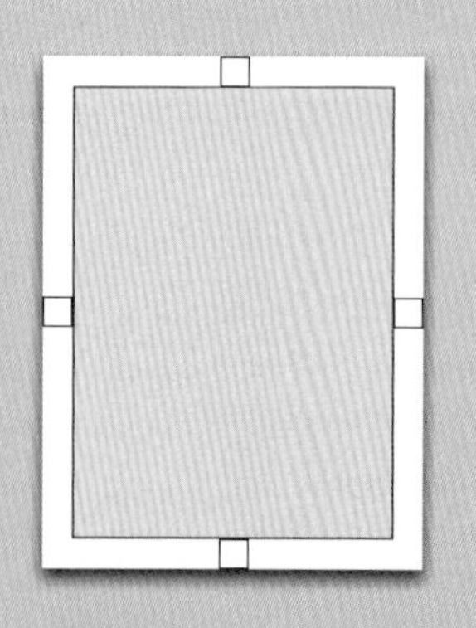

等邊

各邊寬度相等，一般、靜態、制式，讀者不易察覺邊界的存在。

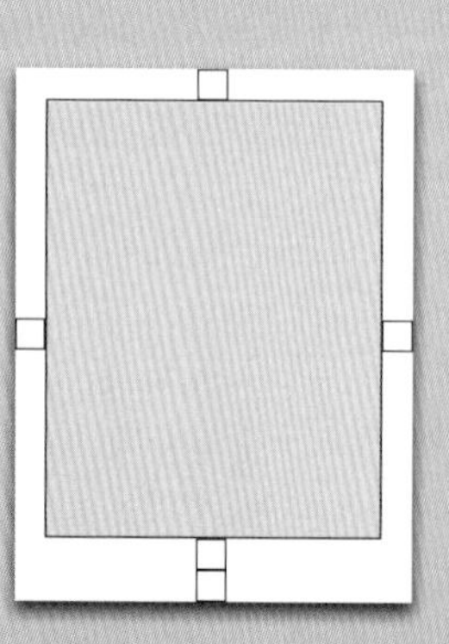

畫框

畫框就像照片，左右跟上方邊界等寬，下方邊界較寬，穩固、穩定、會有四邊框寬度接近的錯覺。

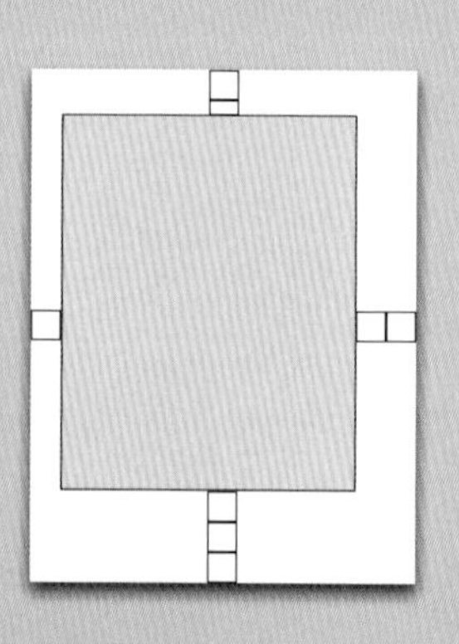

創新

傳統書籍的邊界方式，窄邊在裝訂側、天約為窄邊再多一半，外側為窄邊兩倍寬，地則為窄邊的三倍。

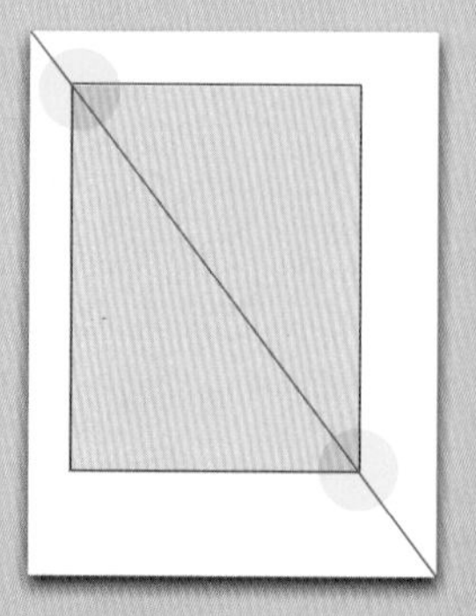

成比例

古典邊界，列印範圍與紙張形狀一樣，不需任何計算，畫出紙張對角線，將角落連接起來，往內縮移即可。

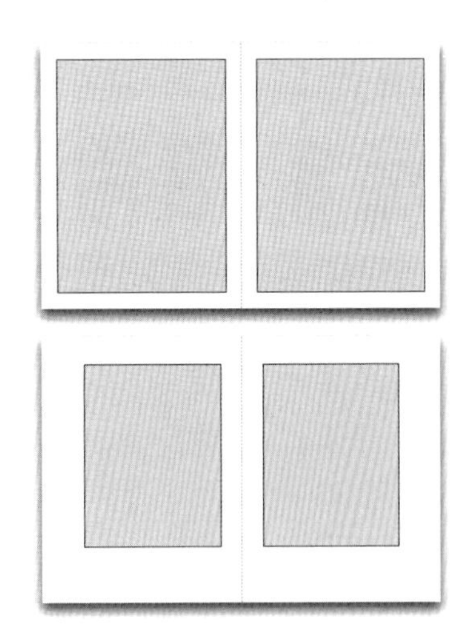

跨頁是帶有中分邊界的單一圖像

跨頁將兩個直立頁面變為一個寬的橫置頁面。

在設計時必須一併考量，而非分開設計。因為它們在視覺上會串連在一起。

右上圖是分開設定邊界的結果，相同的邊界造成中間有兩倍寬度的斷層。較新的「窄-寬-最寬」邊界方式（右下圖）可以解決這種問題。裝訂邊與側邊界同寬，頁面和諧的結合在一起。

如圖畫出對角線。

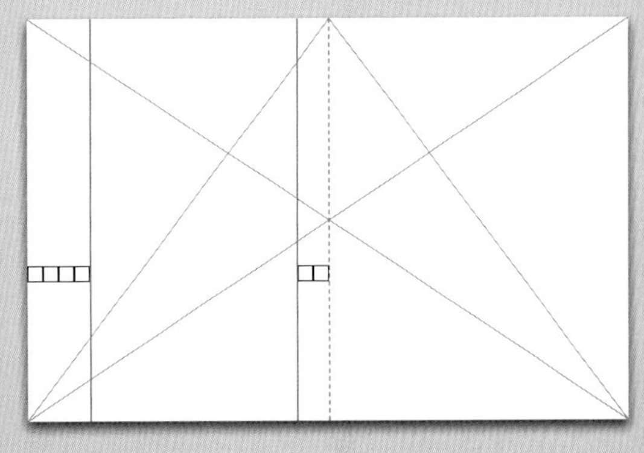

極佳的參考線

設定想要的內側參考線，倍增其寬度設定外側參考線。

畫出水平線

在參考線與對角線交點。

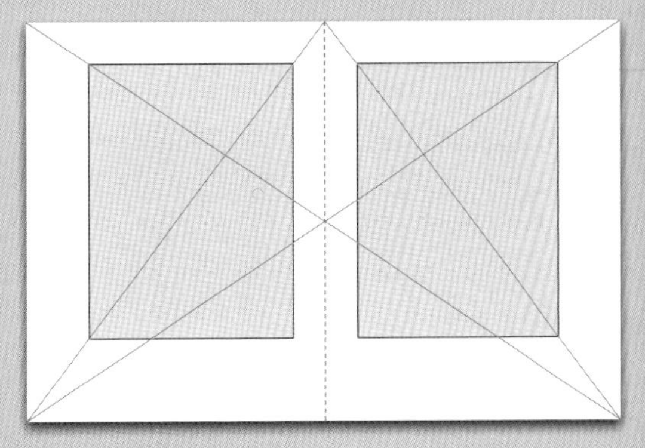

在另一頁畫出相同水平線。

單元 3 善用色環

色環可以幫助大家了解顏色的搭配運用。

有光的地方，就有顏色。您或許認為顏色是獨立存在的，這是藍色、那是紅色，事實上顏色很少單獨存在，而是存在於其他顏色的陪襯之中。如同音符一樣，顏色也不會分好顏色或壞顏色。一個顏色是整體配色裡的一環，要視為整體來看是否是令人愉悅的配色。色環便是用來了解顏色彼此關聯的重要工具，以下便是使用方式的介紹。

色環是將可見光的範圍做成環形。

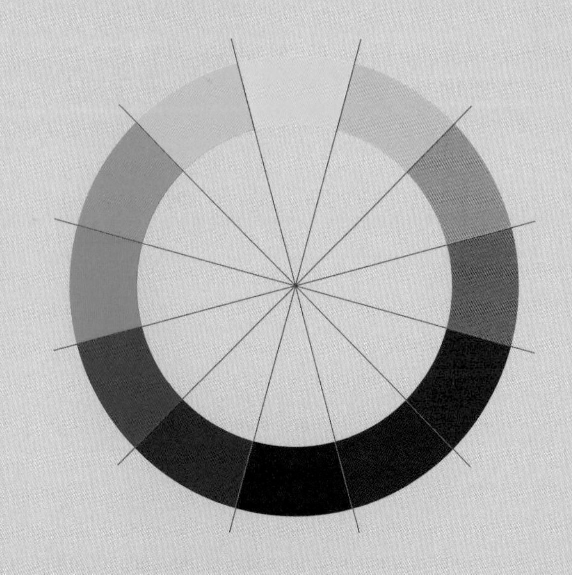

無盡與簡化

白光包含所有可見的顏色，形成無窮盡的光譜，通常以我們常見的彩虹樣式呈現（如上圖）。為了能夠實際運用，色環將此光譜以12個基本色系作為代表，這大約就是小時候第一盒蠟筆裡的所有顏色。

■ 顏色的分類

色環裡有 12 個基礎色調：首先是三個主色藍、黃、紅。兩主色相結合可得到二次色、主色與二次色結合則可得到三次色。

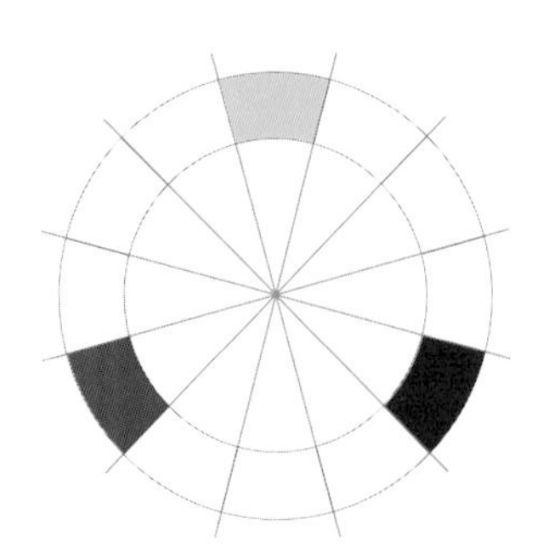

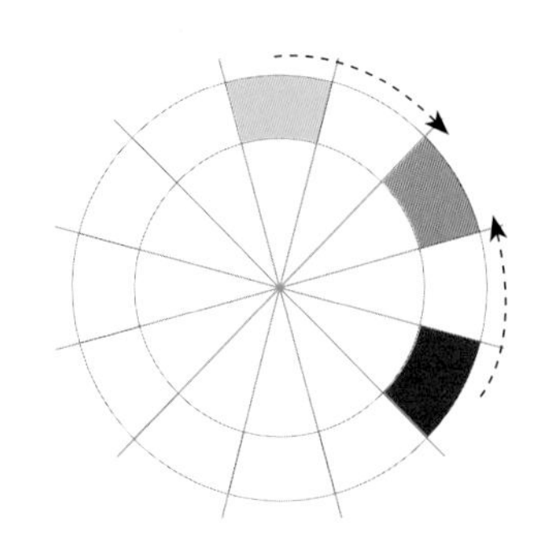

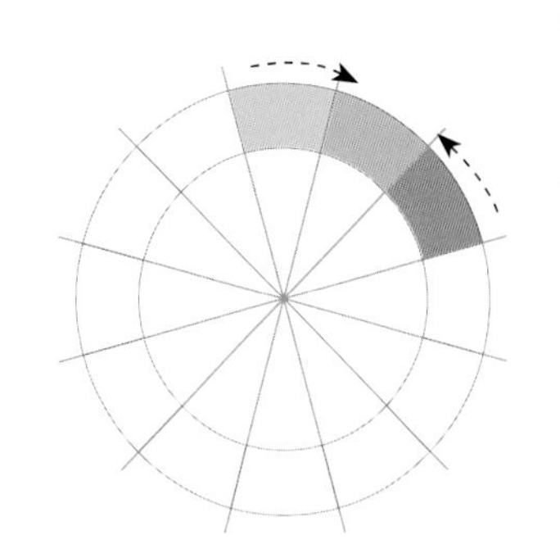

主色

色環裡的原色，它們是僅有不從其他顏色混色得來的顏色。此三主色將色環等比區分為三個部分。

二次色

位置在兩主色中間，為相鄰的兩主色以相同色度混合而成。

三次色

填滿色環裡剩下的空間，為相鄰的主色與二次色以相同色度混合而成。

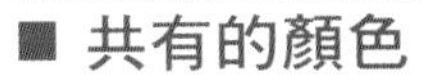

■ 共有的顏色

如您所見，每個顏色都由部分的相鄰顏色所構成，而相鄰顏色亦由部分的再相鄰顏色所構成，依此類推到整個色環。共有的顏色，便是顏色相互關聯的基礎。

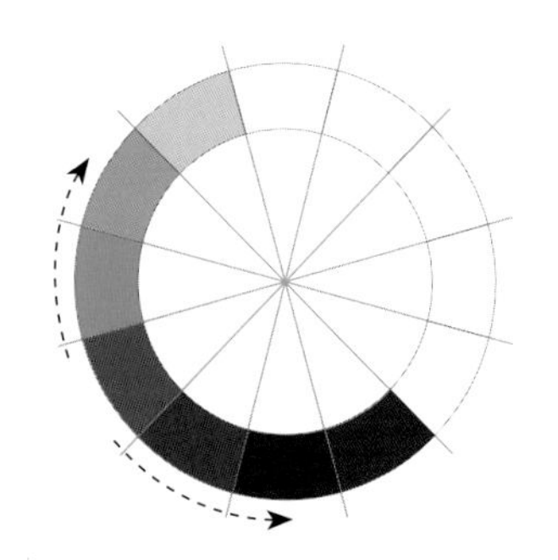

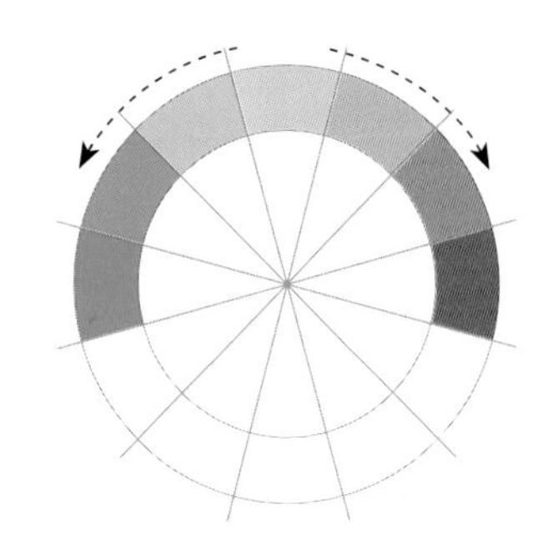

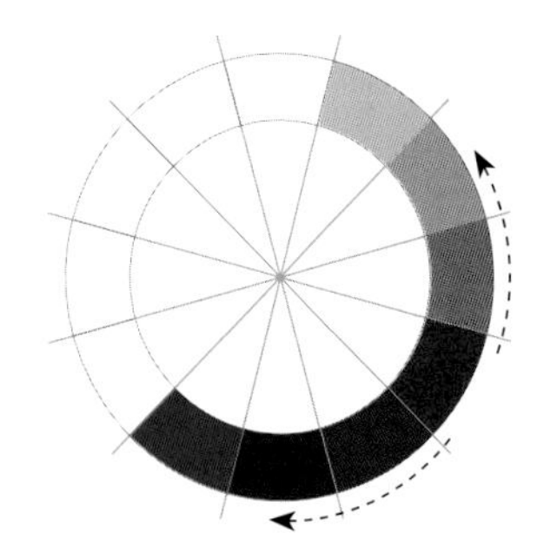

共有藍色

這七個顏色都帶有藍色，越向外的部份藍色越少，綠色與紫色是帶有藍色的二次色。

共有黃色

這七個顏色都帶有黃色，越向外的部份黃色越少，綠色與橘色是帶有黃色的二次色。

共有紅色

這七個顏色都帶有紅色，越向外的部份紅色越少，橘色與紫色是帶有紅色的二次色。

■ 色度

顏色也有明暗之分，或者稱色度。若欲呈現色度，色環便要多增加幾環來區分，外層較大兩環代表暗部，內層較小兩環代表亮部。

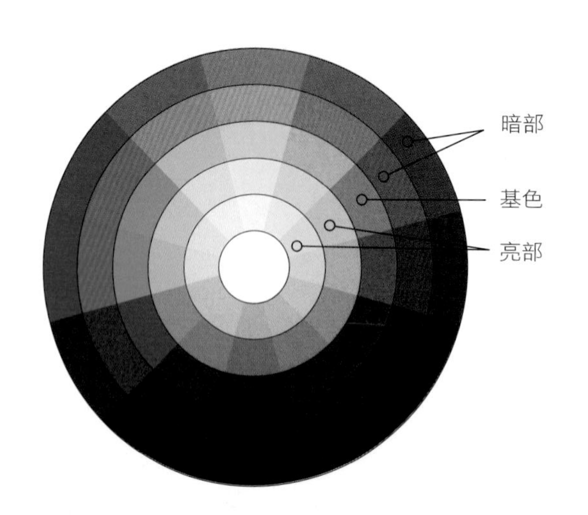

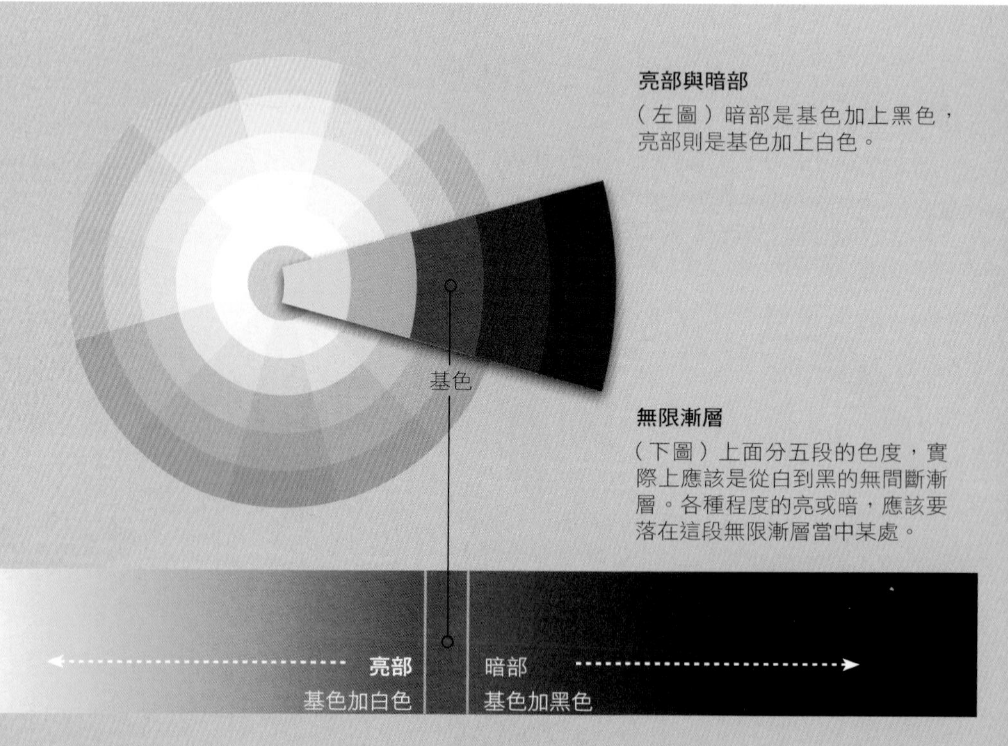

亮部與暗部

（左圖）暗部是基色加上黑色，亮部則是基色加上白色。

無限漸層

（下圖）上面分五段的色度，實際上應該是從白到黑的無間斷漸層。各種程度的亮或暗，應該要落在這段無限漸層當中某處。

色彩關聯

以下談的是六種基本的色彩關聯，每種都能衍生出無限的配色盤。

每個色盤都包含基色與其亮部、暗部，因此最終結果能得到全黑、全白或任意的組合。

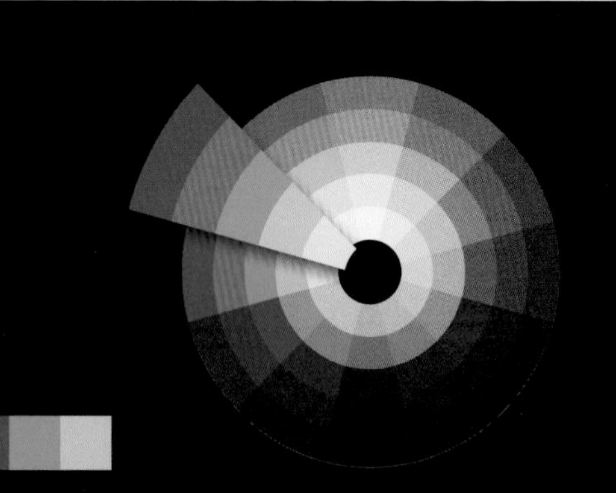

單色配色

單一顏色的暗部、中間、亮部數值變化，便稱作單色配色盤。它沒有色階深度，但包含了暗部、中間、亮部的對比，這對好的設計來說是相當重要的。

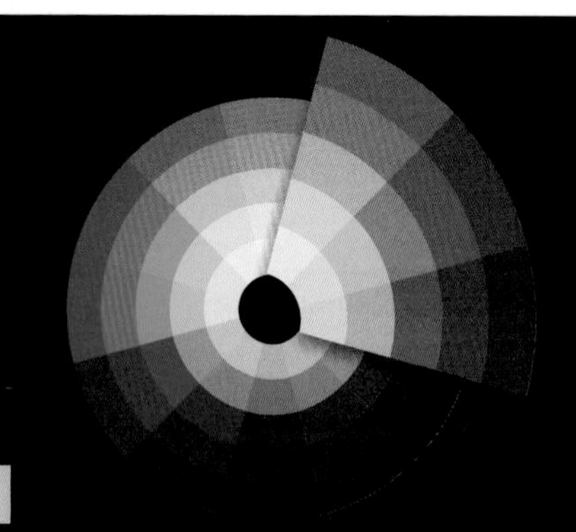

類比配色

相近的顏色稱之為類比色，類比顏色有相近的色調（如此例的黃色與紅色），適和產生愉悅、低對比度的和諧感。類比配色相當豐富，也很容易使用。

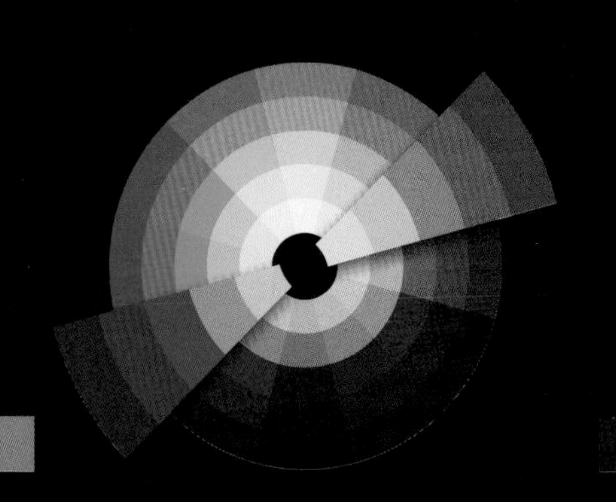

互補配色

色環裡相對的顏色稱之為互補色，如此例的藍色與橘色。互補色所帶來的是對比，某個顏色配上它的互補色便傳達了能量、活力與興奮度。基本上，互補色通常以較小比例作為強調之用，例如藍色背景裡的一個橘色點之類。

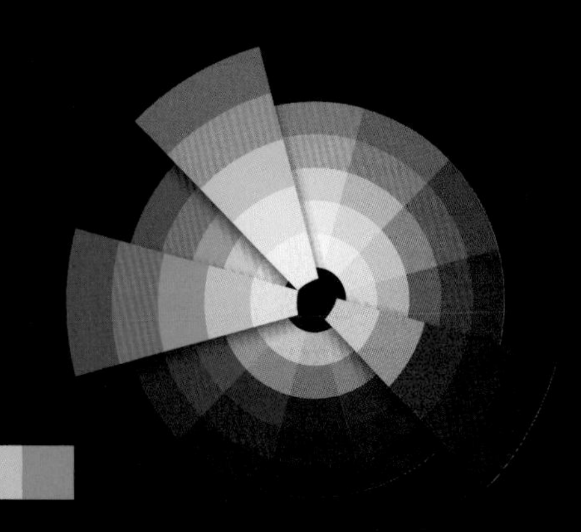

分割互補配色

意指互補色左右相鄰一格的類比色，這種配色便稱之為分割互補配色。它的美感力度來自低對比度的類比色，以及對比色所加入的強調。如本例中的紅色，由於是最為相異的顏色，可在此配色方式裡當做強調的重點。

顏色所佔的數量很重要，因為配色可以依使用某種顏色的多寡，來決定配色是冷暖、明暗或強弱等。

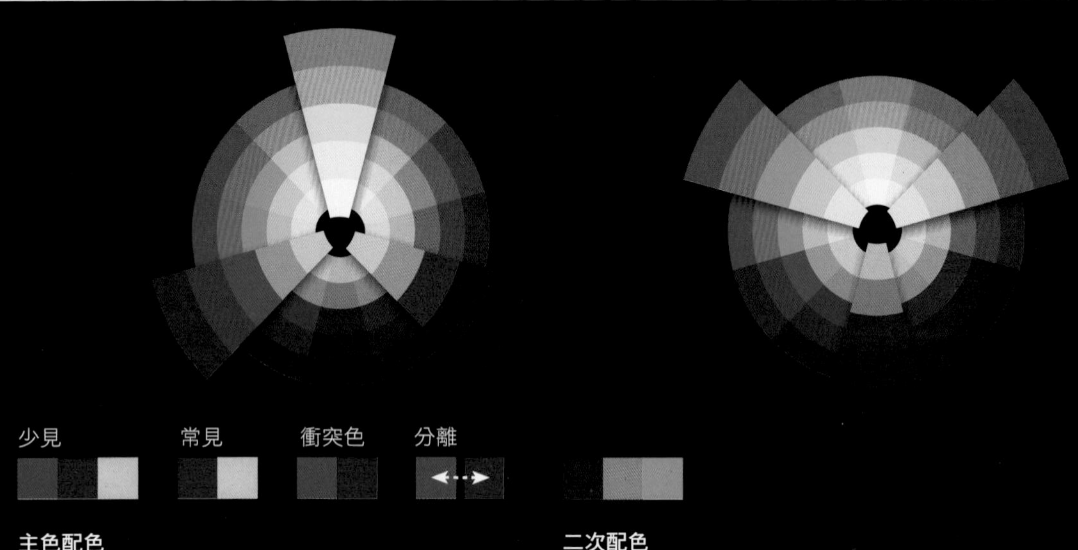

主色配色

除了在幼兒產品以外，主色很少會成組配色。紅色與黃色在美國文化裡很常見，幾乎從速食到汽油的各種產品配色裡都會見到。紅色與藍色的配色也很常見，不過以空間稍微隔開兩個顏色的方式會較好看。

二次配色

二次色有很多相似處，兩個共用藍色、兩個共用黃色、兩個共用紅色，因此較易達成和諧的配色。三色搭在一起的時候較柔、較吸引人也較為豐富。其配色在愉悅觀感的深度與層面，是其他配色方式較難達成的。

回答以下問題

下列每個封面都使用了某種基礎的色彩關聯（單色配色、類比配色、互補配色、分割互補配色、主色配色、二次色配色等），您是否能分辨這些配色方式？

提示：觀察大塊的顏色，而非小塊的顏色，同時請忽略黑色與白色，答案見頁面最下方。

由左至右的解答：單色配色、互補配色、主色配色、類比配色。

單元 4 尋找完美的顏色

我們所需要的配色其實已經存在於相片之中，以下便是教您如何找出來。

顏色是影響觀賞者最重要的視覺元素，因為顏色可以吸引注意力、設定氛圍、傳達訊息等。但什麼顏色才是正確的呢？其關鍵就在於顏色是彼此相關連的。顏色並非單獨存在於真空中，它們通常是和其他顏色一起被看見的。值此，我們可以藉由已經在頁面元素裡存在的顏色，設計出色彩協調的文件，以下便是作法。

目前的情況是：我們正在為一家女子大學的某個學院設計行事曆。手上的照片是一張很正經，帶著雀斑的女孩照片。

設計目的是要讓整體看起來新鮮、活潑、有個性（沒有建築物亦無地面的照片），以便傳達這份文件是嚴肅且較有目的的。時髦一點會是不錯的作法，顏色便是最主要的關鍵。

1 近一點看、再近一點看

每張照片都帶有本身的配色，因此首先就要找出來並將之歸類。將畫面放大，您將會訝異照片裡竟然有這麼多顏色。

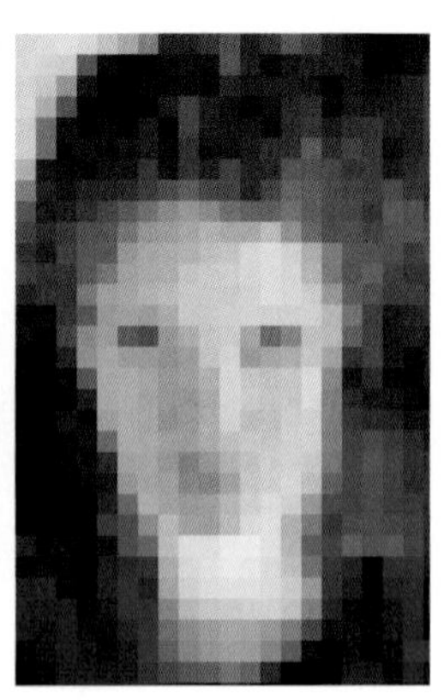

正常觀賞距離下（左圖），我們可以觀察到一些顏色：膚色、紅髮、藍眼、藍色夾克等。但若放大畫面觀看，便能看見成千上萬的顏色。所以我們要先將這些顏色減少到方便管理的數量。

我們通常會用到16、32、64色的配色，您可以開啟Photoshop，先將目前圖像「複製圖層」（避免變更原始圖像），接著請點選「濾鏡＞像素＞馬賽克」（如右圖）。單位格較大會得到較少的顏色，若想得到較多顏色，便用小一點的單位格。

2 取出顏色

接著我們要使用滴管工具萃取顏色。請先從較大範圍的顏色（也就是我們看見最多的顏色）開始取樣，然後一直取樣到最少的顏色為止。而為了製造對比效果，因此要記得從暗部、中間調、亮部等像素選取顏色。

從較大塊的顏色開始，就是我們乍看相片即一眼看出的那些顏色，例如膚色、髮色、藍色夾克等。接下來就要取樣較小的顏色，例如她的眼睛、唇色、頭髮的亮處與暗處等。

我們可以在本圖中找到亮部與暗部，差異不大、因此要仔細看，一區選完再換另一區。將選取結果依顏色排列，然後再依色調排列（明到暗）。刪除看起來太過相似的顏色，您應該會被找出來的顏色結果嚇一跳吧。

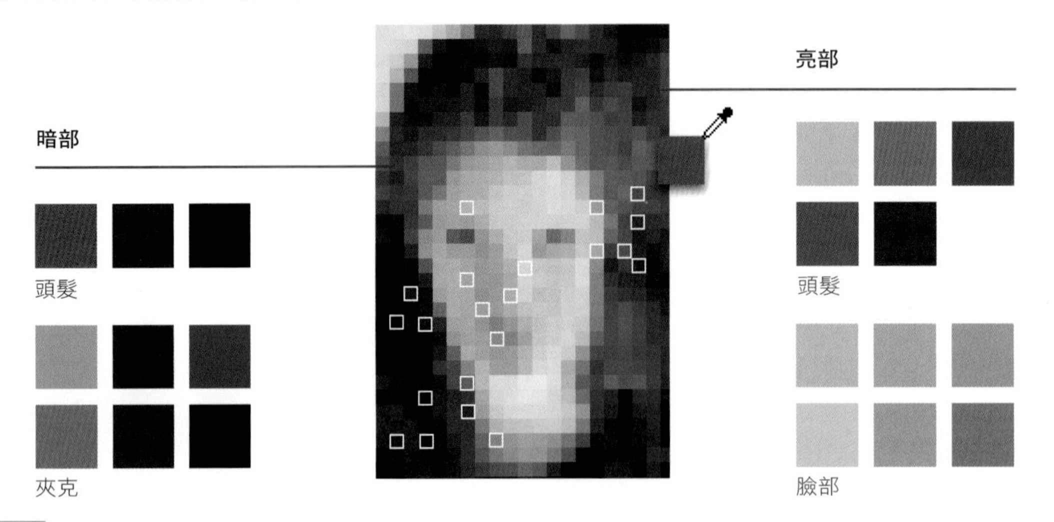

3 每個顏色都試試看

請將相片放在各個選取顏色之上，結果都很好對不對？有趣的是：這些配色方式之所以不錯的原因，在於這些顏色都是相片裡原來就有的顏色。

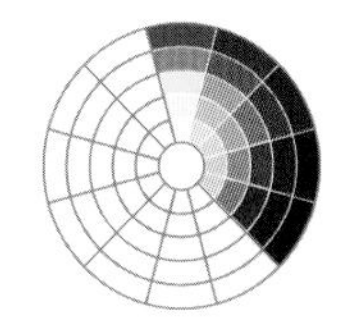

暖色系

這些顏色屬於暖色系：粉紅、淡橘色、深褐色、棕色等，來自紅髮模特兒上的顏色。暖色系可以讓她看來較柔美、較女性化。這些顏色用在彩妝、保養方面都很適合。

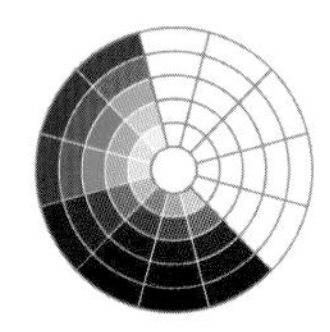

冷色系

這些顏色屬於冷色系：藍色、泛藍色系。看起來較為嚴肅、認真的氛圍。傳達直接、簡單扼要的訊息。請注意若使用較深的色調，模特兒的臉就會顯得較為明亮，好像從頁面向您迎來的感覺。

4 加點顏色

下一個步驟就是多加點顏色。作法是選取某顏色，並在色環上找到該色的位置。使用色環的目的是要觀察該顏色與其他顏色之間的關聯。

接著選取相片裡的某個顏色：例如我們所選的藍色，然後在色環上找到它的相近色，我們稱此為基色。已知此基色可搭配相片，因此現在要做的，就是找出可與基色搭配的顏色。請記住如果還要搭配字型或其他圖像的話（這是常見情形），就還需用到暗部或亮部的不同色調變化，作為對比。

由於我們故意使用基礎一點的色環來表示，因此您在此不易找到相匹配的顏色，因為這只是用來參考而已。

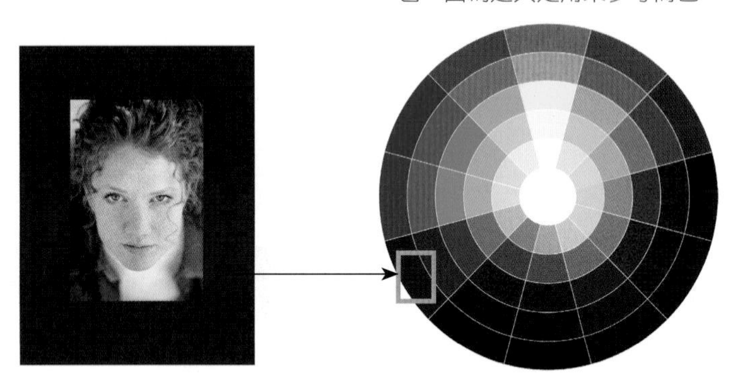

5 建立配色

我們可從基色建立出大範圍的協調配色，其色調值也可混合調整。例如中間藍色可與淡藍綠色與深紫色相搭配。

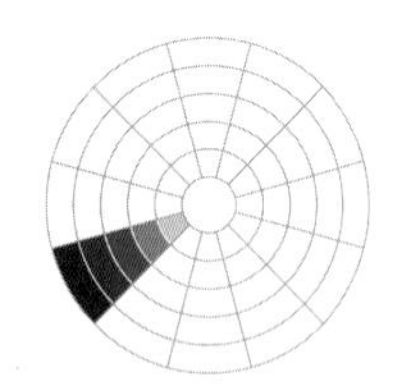

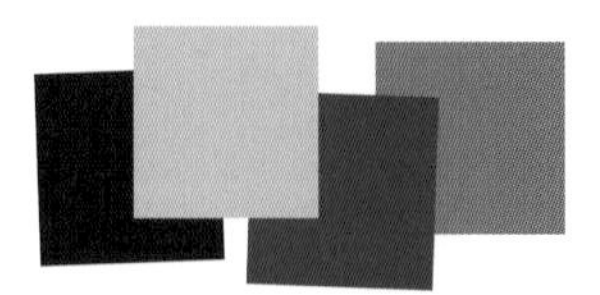

單色配色

首先用基色的暗、中間、亮等不同數值配色，亦即單色配色。雖然沒有色階深度，但它提供了暗、中間、亮等不同程度的對比，而這也是好設計裡相當重要的一環。

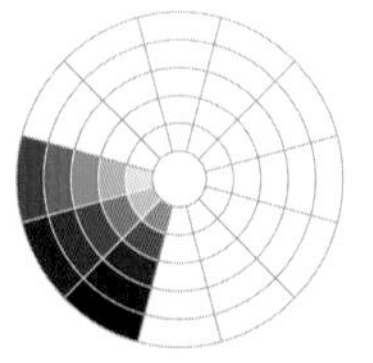

類比配色

基色在色環上左右兩邊的顏色為其類比色，類比色與基色共用了相同的顏色（如本例的藍綠、藍、藍紫色），可建立出美觀的低對比和諧配色。類比配色總是豐富、易用的選擇。

■ 建立配色（續）

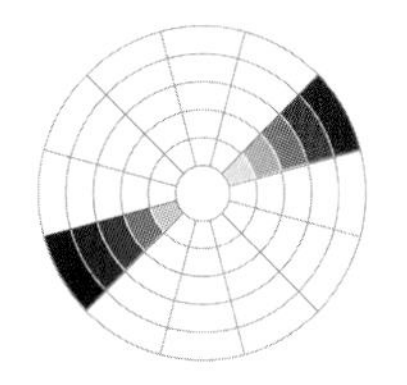

互補色

色環裡在基色正對面的即為互補色，本例中即為橘色區塊。互補色帶來的是對比的感受。某個顏色配上它的互補色便傳達了能量、活力與興奮度。基本上，互補色通常以較小比例作為強調之用，例如藍色背景裡的一個橘色點之類，如上圖。

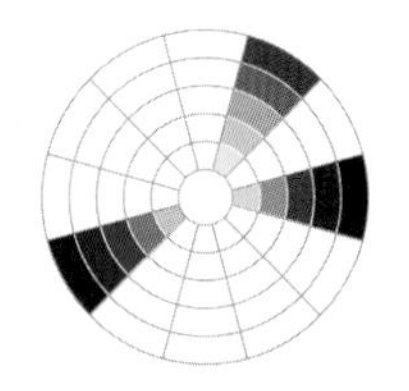

分割互補配色

意指互補色左右相鄰一格的類比色，這種配色便稱之為分割互補配色。它的美感力度來自低對比度的類比色，以及對比色所加入的強調。如本例中的藍色，由於是最為相異的顏色，比較像是視覺上的重點。

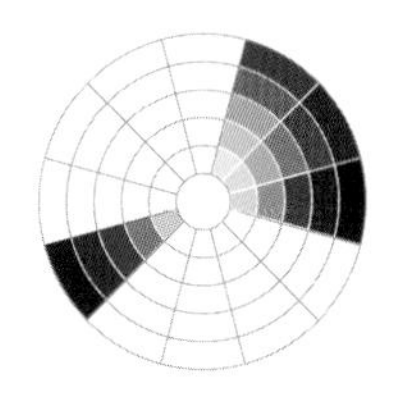

互補／類比配色

此種混合配色的方式如同分割互補配色，只是用上了較多的顏色。增加出來的顏色範圍在暖色系方面，增加了柔美與更豐富的和諧感；在冷色系方面，則有銳利、冷硬對比的感受，彼此形成熱切、激烈的感受。

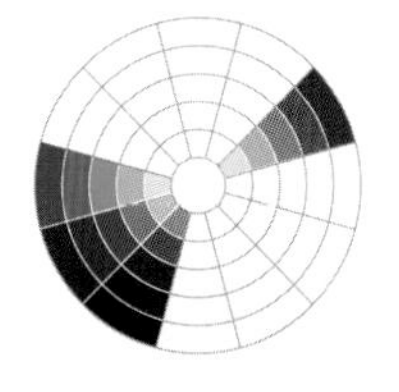

類比／互補配色

與基色類比的顏色達成冷調的協調，但由一塊暖調的互補色作為強調重點。請記得若使用相同色調程度的相對顏色容易造成干擾，若使用不同色調程度的相對顏色，則會形成互補的感受（下圖）。這也就是我們為什麼要用滴管選取同一顏色的不同色調數值。

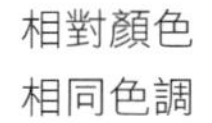
相對顏色
相同色調

相對顏色
不同色調

6 編輯與應用

著手進行設計，也就是我們應該選定顏色了。如何選擇呢？關鍵就在思考傳達的訊息。權衡所有訊息與原始目的後，問問自己：「哪個顏色最適合傳達文章第一頁的重點？」

效率與實際

藍色是大家都愛用的顏色，有趣的是，此處的藍色與橘色都是來自相片裡既有的顏色，帶來相當優秀的自然對比。藍色背景吃掉夾克的色調，卻使模特兒凝視的眼神更躍然於頁面上，更帥氣也更俐落。

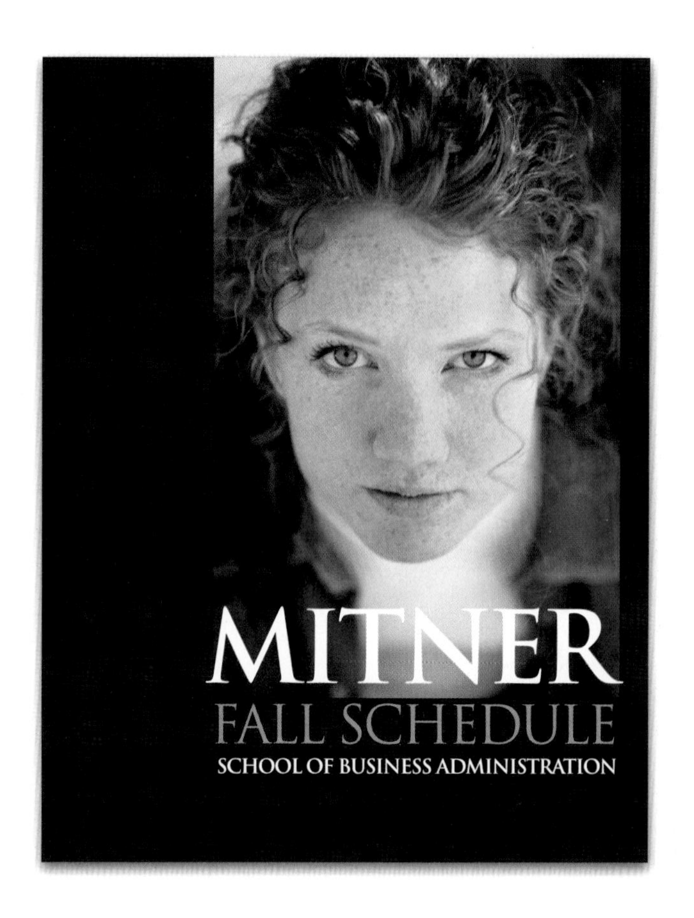

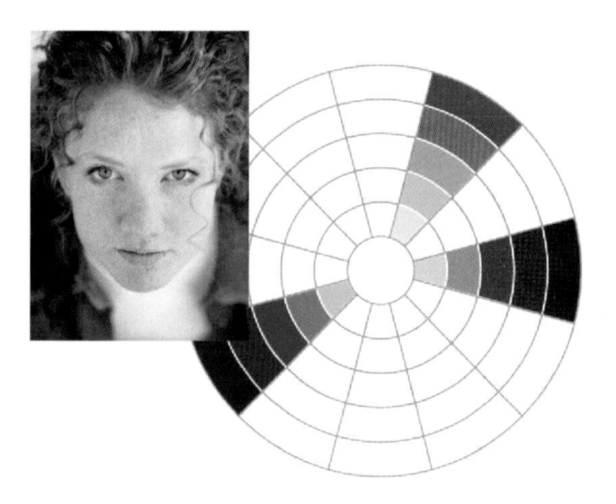

嚴肅

此配色由頭髮的深紅色開始，而以高兩階的黃色作為強調之用。原本由藍色漸褪，不過入黑色的眼睛與夾克，現在就顯得對比出來。原本紅色在她的頭髮顯得是帶點強調，不過填滿整個頁面後，便獲得了實際的份量。嚴肅、暖調確實吸引了讀者的視線。

編輯與應用（續）

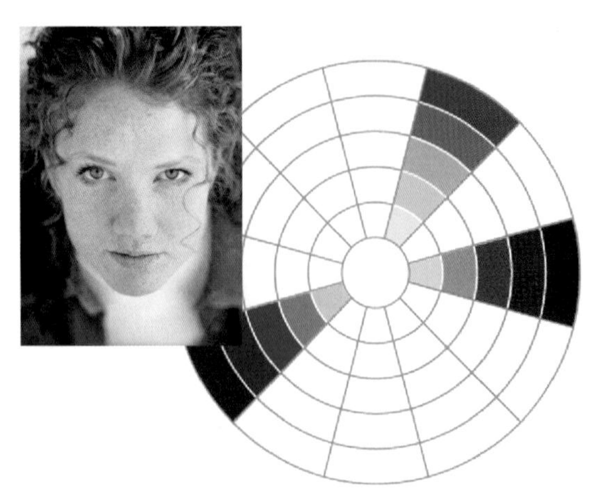

熱情

髮色的亮部佈滿整個頁面，藍色的部份帶來對比與深度。一個不預期的有趣之處，便是使用一樣黃色的標題，看起來像是切開照片一樣。平面化的向度，融合了熱情與迷人魅力（贏得設計比賽的那種），不過這需要有勇氣的客戶來做選擇。

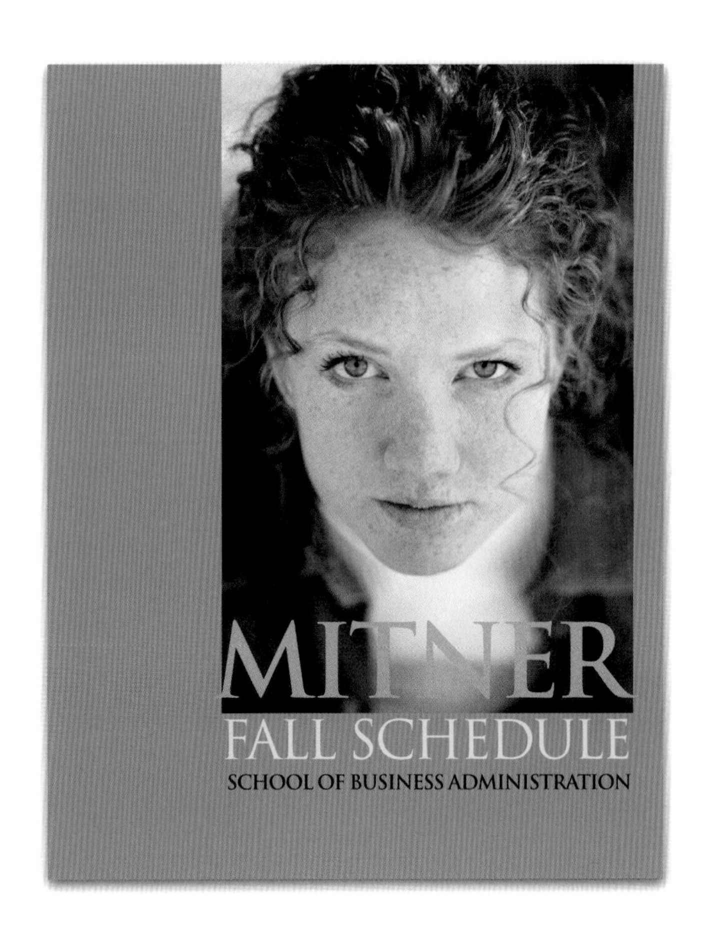

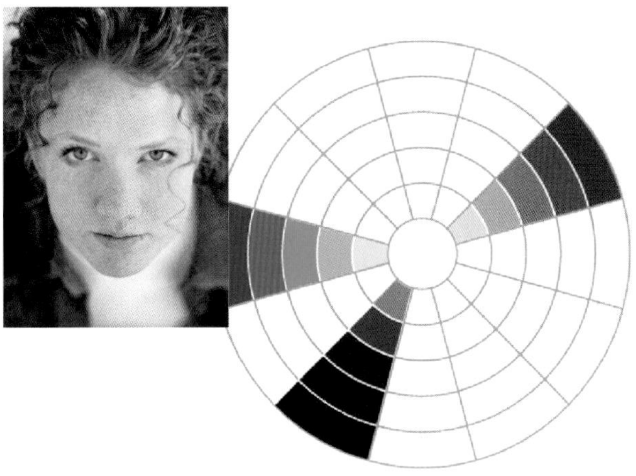

提醒您：混用不同色調。我們可以常用暗調、中間調、亮調的顏色，例如此處同時用上藍色與淡藍綠色。

隨意

藍色的類比色，往綠色方向再進一步便是藍綠色，一個不在相片中但卻很漂亮的顏色。它的差異增添了厚度、活力，並紓緩了所要傳達的訊息。看來時髦、容易親近。它的眼睛由於襯著藍色，現在看來帶點綠色。字體的顏色仍舊保留淡橘色，帶點軟調的對比。

編輯與應用（續）

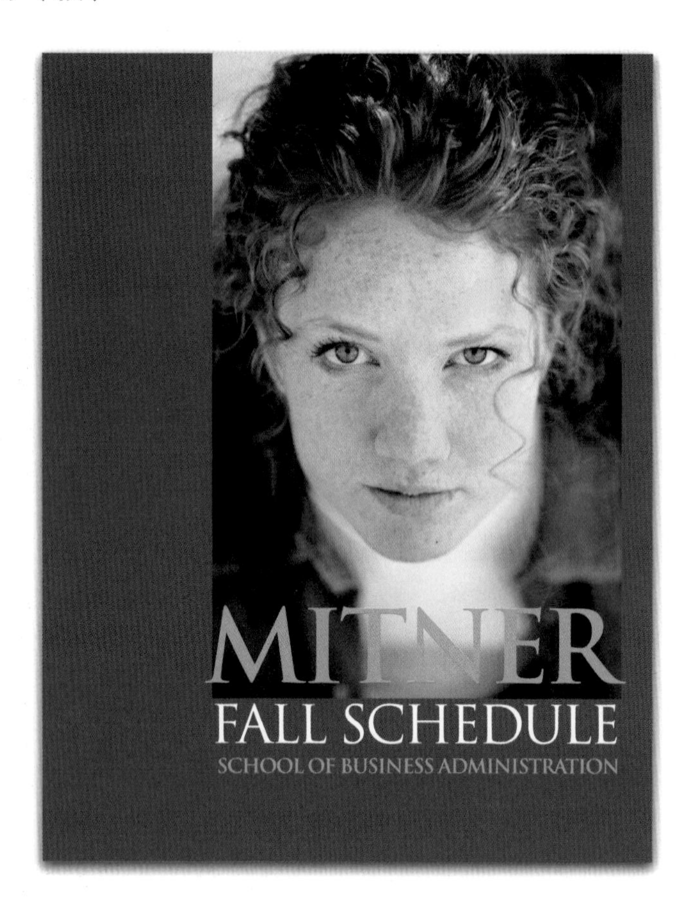

柔美

往另一個方向進一格，是為藍紫色，另一個不在相片中的顏色。藍紫色是顏色再偏紅色一點的顏色，看來比較迎適合這張圖像，原因是模特兒的臉、頭髮與背景會比較接近。其實藍紫色是蠻酷的一個顏色，通常會與柔美、女性、春天（新鮮的潛在意涵）相關。

單元5 要搭配什麼字型呢？

如何選對匹配圖像的字型。

找到想用的圖像後，接著就要尋找合適的字型相搭配。但要如何選擇呢？

您可能認為字型是用來閱讀的，事實上字型應該當做圖像設計的一環，A、B、C都是線條、轉角、曲線所構成的圖像，只是我們賦予它們讀音與代表意義。

這就是為什麼字型往往帶有強烈的表達意義，當字母「看起來」代表某個意義時，「列印出來」卻能傳達嬉鬧、威嚴、正經等…依不同字型而定的各種感受。

那麼選對字型的關鍵為何？由於字型與圖像都是在「視覺」上表達某件事，因此我們必須調和它們之間的視覺屬性。

接著我們將在本文中，藉由 Harry & Sons 的名片製作—他們給了想用的圖像，也就是這棵樹—希望我們能夠選取到相互匹配的字型，請各位繼續看下去。

設計之前

HARRY & SONS
TREE SERVICE
Pruning • Topping • Removing
Mistletoe Removal • Stump Removal
Palm Clean-ups • Trimming • Free Firewood

Cont. Lic. #762456
Insured
Free Estimates
All Work Guaranteed

Tel: (916) 555-5723
Cell: (916) 555-9296

1 評量圖像

要讓字型與圖像協調，必須先找到它們共通的視覺屬性，由圖像開始，從比例、線條、形狀與紋理等不同層面加以評估。由於我們只先「判定」影像（即本例中的樹），而並非「看」此影像，因此這會有點像是從天空的白雲裡看出相似的人臉一樣，只要仔細觀察，就會看出更多東西。

比例／全部

比例與整體關係是最重要的，幾乎會影響所有的事。由於比例會騙人，最好直接畫一個範圍框圈住圖像（如上圖）；請實際畫出來，不要相信自己的眼睛，您便會發現這棵樹的範圍是正方形的，左右對稱且筆直。

形狀

形狀是我們用來定義圖像最常使用的特性。這棵樹上方是卵型的，接著直線的垂直樹幹與水平底座，有點像是一顆蛋撐在一根棍子上。

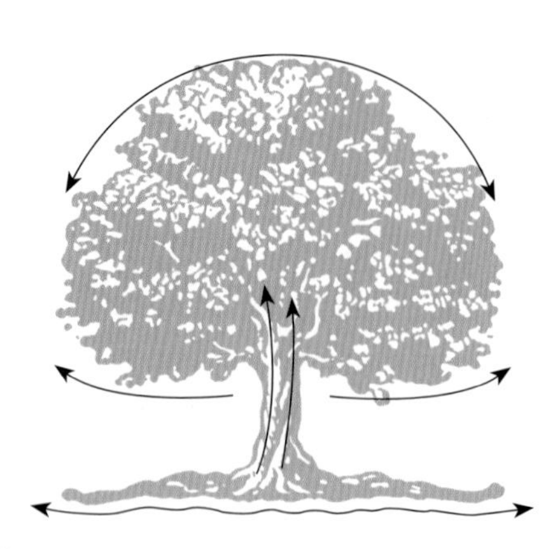

線條

線條指的是整體的形狀或皺摺，如同衣服的線條一般一也就是邊界的意思。我們在此可見明顯的水平線、與多層次的皺摺、有著狂亂且複雜的邊緣。

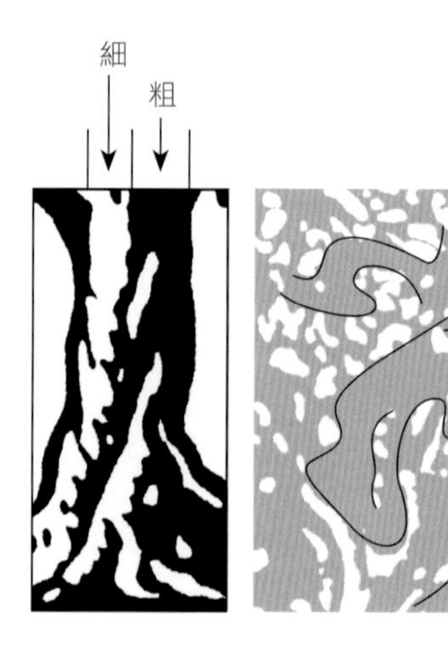

紋路

這棵樹帶著不同的表面紋路，不規則的葉叢明顯且隨意蔓延。請特別注意粗細、明暗區域的差異（瞇起眼睛看會比較清楚），會出現形狀或流向的區域，像是佈滿苔類的池塘一般。

2 剪輯一：不相容的字型樣式

我們所能選到字型相當多，因此必須很快地淘汰一些掉。請先從最大範圍的因素開始做決定，也就是考慮「比例與形狀」，藉此刪除字型樣式最不符合者。

根據我們對這棵樹的形狀了解，很容易就可以剔除掉 condensed（壓縮體）、extended（延展體）、swoopy（突斜線）等字型樣式，因為樹的形狀是方形比例且為對稱的形狀。而 blocky（塊狀類）類字型雖然最接近方形，但它太過人為誇飾，因此也不太像。此剪輯一步驟，已經幫我們剔除掉其他所有的字型樣式，只留下正體或較方形比例、垂直形狀的字型樣式。

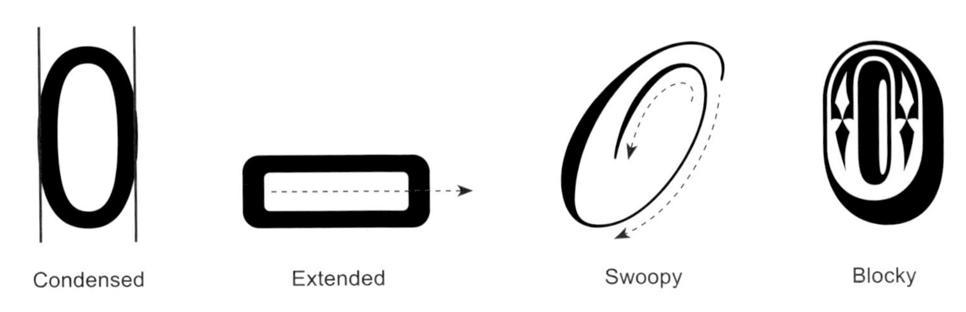

3 剪輯二：線條與比例

有趣的是，方正垂直樣式的字型，幾乎占了這個世界上所有字型的一半，包括了所有的標準字型！所以我們必須再進一步，也就是剪輯二：線條與比例。

正確比例、錯誤線條

非襯線字型通常會比較機械化，同時傾向擁有相同筆劃、重複曲線、直線與銳利的轉角線條。這些字型的線條與紋路，比較不像是自然、有機的、樹的形狀（下圖）。

正確比例、較佳的線條

如同樹一樣，舊式的羅馬字型充滿了細節與差異，它們的粗細筆劃、襯線、結束點、條塊等，產生大量的紋路與互動，適合搭配豐富、細節多的圖像。

4 還剩下什麼？

經過兩次大刪減後，字型選擇清單變短了，我們已把範圍縮小到「標準比例、羅馬字型」。哪種比較好呢？就本例而言，線條與紋路是關鍵，接著讓我們再深入一點看。

標準比例、羅馬字型，等於是在說最古老[註] 也最為普遍的字型。它們可以歸類在半打字型分類下，且各自還有自己的次分類字型項目。基礎比例、襯線、粗細筆劃，讓羅馬字型極容易被閱讀，因此它們充滿在我們的書、報紙、雜誌的大部分文字中。

註：多老算是古老？Trajan字型，今日我們最常見的襯線字型之一，奠基於羅馬帝國時期圖雷真凱旋柱（Trajan' s Column）腳上鐫刻的文字，大約在1,900年前！其他日常所見的襯線字型樣式，大約也有100到300年的歷史，就別提它們是否歷經時代考驗的事了。

羅馬字型

過渡期　　現代式樣　　舊式

5 剪輯三

如同之前一樣，我們先尋找共通性，然後深入細節，從三種「距離」觀看，因為每種距離都可以觀察到有用的明顯特色。

Tree
Service

中距離

形狀與圖樣

Times Roman

常用的Times Roman是帶著尖銳轉角、粗細筆劃，有著機械式重複的一種定義分明的字型。它的襯線較低平，看起來有點像太小而帶來細針般的感覺，彷彿伸手摸它們便會刺傷手指。Times Roman字型太制式與太尖，而無法匹配樹的圓角、有機形狀。

Harry & Sons Tree
Service Pruning
Removal Trimming
Stump Removal
Clean-ups Firewood

遠距離

紋理與顏色

近距離

線條與角度

■ 剪輯三（續）

注意細線與細微的形狀，特別是字母之間的互動會形成紋路，而我們的樹便充滿了紋路。您觀察到的是規則或不規則紋路？這些是相似處或差異處呢？

Trimming

Bauer Bodoni

Modern襯線系列字型之一，Bauer Bodoni是由極端粗細對比的線條所構成的直正字型，此種規則的重複筆劃建立了圖樣（上圖）。Modern字型系列是相當美麗的字型，廣泛地運用在時尚與金融範疇，但它的尖銳邊緣與幾何精確的構成，讓它太過機械化、死板，一點不像柔軟、易觸的樹。

Tree Service

中距離

形狀與圖樣

Harry & Sons Tree
Service Pruning
Removal Trimming
Stump Removal

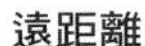

遠距離

紋理與顏色

近距離

線條與角度

■ 剪輯三（續）

還記得白雲裡找人臉嗎？重點是在訓練我們的眼睛。一旦能看出圖樣與流向，特別是留白的部份，作品的功力就會向前躍進一大步。好了，Gargoyle 字型是適合的。

Harry & Sons Tree
Service Pruning
Removal Trimming
Stump Removal
Clean-ups Firewood

Gargoyle Medium Old Style字型

Gargoyle是個較為人文化的字型，亦即它帶有舊式比例，但其字型外觀是經由手繪，而非經由機械工具所製成。

它多變且不規則，粗細筆劃的對比度低；稀奇、圓角與古怪的襯線，彼此的相似度較低。它的線條與形狀尖的互動是較溫暖、不同與有機的，就像樹一樣，這就是我們需要的字型。

6 實際運用

使用字型時，要讓圖像影響整個版面—此處它的走向與狀態如同樹一樣，置中且帶有不規則邊緣。深綠色比起原來的淺綠色，較豐富也較有機一點。

After

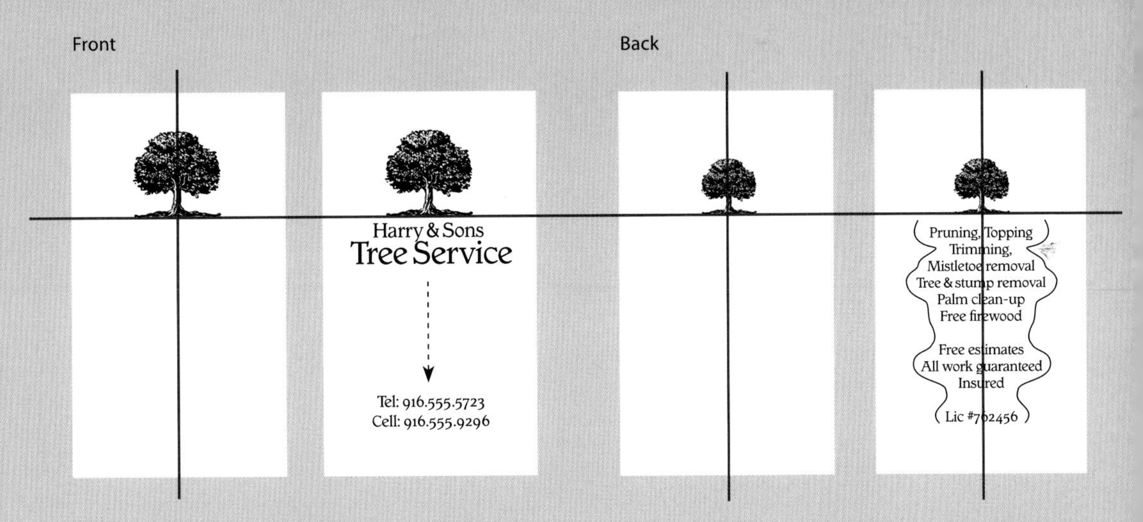

一切都由樹來建立。將名片直放，並將版面直落如同樹幹一般，先放logo、虛擬的垂直線、電話號碼。關鍵訊息是：留白的空間可讓視線順著落下接收完整訊息。

背面相同作法，只是用較小的樹，不放名字，就不會跟正面搞混。逐行呈現的文字不僅容易閱讀，也會呈現出樹狀的邊緣輪廓。如此一來，樹、字型、版面、顏色等，便統整成一致的外觀。

單元 6 如何利用對比建立字型樣式

適當運用對比，可以「建立」或「破壞」字型的設計。

「建立對比」是字型技巧裡最為普遍常見的一種，因為它很快就能產生不錯的成果。這是如何辦到的呢？這是由於物件之間的對比吸引了目光：大對小、黑對白、少對多等等。小蟲可以完全不動的停在葉子上，直到它開始移動，我們才看得見它，這就是因為「移動」對比於「不動」的背景，才讓它得以被看見。

就字型而言，對比有多種形式：大／小、大寫／小寫、羅馬體／斜體、襯線／非襯線、粗體／細字、黑／白、正體／花俏等。當這些關係產生變化時，它所傳達的訊息，有時甚至是本質，也會跟著改變。

要改變字型其實並不容易，但現代電腦幫助我們，在彈指之間即可變換上百種字型。以下是幾種改變字型必須注意的原則，我們用加油站的招牌來舉例。

1 先生加幾號油槍？

將招牌字型選為 Neue Helvetica Black 後，設計師將招牌定調為較為實際的呈現方式。然而這樣的設定出現了一個疑問：5 代表什麼意思？雖然字面上是正確的，但這個招牌的字型，用「相同的語氣」傳達了三個訊息（加油編號、品牌名稱、油品種類），也就是說，完全一樣的語調與重點。既然三個訊息一樣重要，那到底少了什麼？就是「對比」！雖然三個訊息地位是相等的，但它們仍舊是不同的三件事情。因此，若能用不同粗細比重或顏色來區隔，就能讓前來加油的人，清楚分辨這些訊息。

5 EXXANE REGULAR

2 改變顏色分辨度

將 5 以色塊反白來做，不但可避免改變「字型」或改變「閱讀順序」的疑慮，還能清楚的辨識為兩種資訊：Exxane Regular 是指油品；5 則是另一件事。

5 來代表加油編號可能不是很清楚，但當問到「加第幾號油槍」時，可能就會明白它的意義了。若用黑白方式來呈現，也同樣有效。

3 粗細字體變化可增加另一層次

字型家族帶有「大範圍」字體粗細變化的好處是，可以不用改變字型，即能營造對比的感覺。例如此處的 Helvetica Neue Thin 可讓 Exxane 這個字變輕，加油的人總該知道去的是哪個品牌的加油站吧？如此便讓關鍵字 REGULAR 更跳出來，若兩者對調，則會變為強調品牌。這種對比相當不錯，即使字間沒有空格，也能將兩個字明顯區隔開。

4 用「顏色對比」較為流行

下圖的作法是只用顏色來達成三種層次，而不用改變字體粗細的方式。

變為反白字的 Exxane，感覺較為吸引目光；而對於加油者較為重要的油品種類，則保留黑色以呈現重要性。若用黑、白、灰（50%）的方式，其呈現雖然較為簡潔，但 5 與 Exxane 兩個白色元素之間，會有混淆的疑慮。

5 不用色塊，就要留出空間

將最不重要的 Exxane（就加油者來說）使用白色細字，便會出現大塊空格的錯覺，因為粗體黑字才是視線最先關注之處。這種作法雖然尚可，但效果不好，因為它會把加油者的視線往兩端帶走。在較深的背景上（右下圖），白色會比黑色效果強。如果「反轉」閱讀順序會變成加強效果，原因何在呢？因為於我們的眼睛傾向由左至右閱讀，因此會自動忽略這塊大間隔。

5 EXXANE REGULAR

EXXANE REGULAR 5

6 疊成兩欄

疊成兩欄可以改進不用色塊的缺點，因為它可以把視線鎖定在較小的區塊內。相對於藍色而言，米色的 Exxane 感覺會較消褪，以便讓白色細字的 Regular 能看得清楚。而結果呢？這三種區分開來的語氣，我們只需用「顏色變化」就能清楚的呈現了。白色的 5 與黑色背景之間的對比明顯，會將它與低色彩對比度的字區隔開來，算是需要「速讀」時的解決方式。

5 EXXANE
REGULAR

5 EXXANE
REGULAR

字型是工具：學習如何適當運用，作品便會進步。

單元 7 字型 101

當我們將某字設為斜體時，其後方接著的標點符號，也要跟著變斜體嗎？連字呢？字母真的有耳朵嗎（筆劃突出的部份類似耳朵，稍後會提到）？

這些問題以前曾是排字工人與文字編輯的專屬問題，時至今日，這些都變成您的問題了。第一個問題的解答可以參考下面的圖例，其他問題的解答則請繼續讀下去。

字型的相關問題相當多，為了回答這麼多可能發生的疑問，請參考以下三本經過長期驗證、可資信賴的編輯參考素材書，以尋求解答，它們分別為：《The Chicago Manual of Style》、《United States Government Printing Office Style Manual》、《Words into Type》。

1 您該怎麼辦？

許多字型方面的小問題，會在各式各樣的工作內容裡出現，這些問題可以有個共同的答案，那就是「查對正確的參考素材」。仔細解決各種狀況，將會改善您的字型。

字後標點的適當用法

Style!

羅馬字、羅馬字

Style!

斜體、斜體

(*Style*)

羅馬、斜體、羅馬

2 注意字間距離

太窄的文字欄既難閱讀、也難以設定，特別是在齊行的情況下更是，本例擷取自報紙，闡述這種難題：

A 原始設定

A Japanese-American group last week de-manded that U.S. Rep. Charles Wil-son apologize for using ra-

B 字距較密

A Japanese-American group last week demanded that U.S. Rep. **Charles Wilson** apologize for us-ing racial slurs while Japan-bashing.

C 齊左

A Japanese-
American
group last week
demanded
that U.S. Rep.
Charles Wilson
apologize for
using racial
slurs while
Japan-bashing.

D 增加欄寬

A Japanese-
American group
last week demand-
ed that U.S. Rep.
Charles Wilson
apologize for using
racial slurs while
Japan-bashing.

（A）這就是我們說的字河（river，指中間空白處像河流一樣），通常會發生在把齊行文字倒入窄欄內的情況。解決方式之一即 （B）設定較寬的字距與較窄的字間。或更好的解決方式 （C），將文字齊左，也就是將多出來的空間完全移至行末。而再好一點的解決方式，則是在較寬的文字欄內齊左。

3 學會使用連字

連字是指將兩個或更多個字元連成一個字的作法，最常見的連字便是 fi 跟 fl，兩者在英文中相當常見，也都是多數字型的標準字元設定組合。多數字型的連字都與小寫 f 有關，少數字型有較多奇異的連字組合。

連字通常被認為是很精緻的字型作法，不過並非總是值得花這麼多時間。以下是最常見的三種情形：

無連字　有連字

好看的Bookman字型給了我們兩種選擇，連不連字都很好看。

無連字　有連字

file file

傳統Garamond字型最好連字，請注意f跟i如何碰觸。

無連字　有連字

file file

Century Expanded字型應該連字，請看原先f與i像是有兩個重複的點，連字以後就解決了這個問題。

4 正確使用分數

分數是字型的一種，並非完整字型數字的「縮小字體版」。它們在筆劃與比例上都需特別設計過，以便接近真實的字型。請給個機會吧，使用來自真正「分數字型」的數字吧。

若您沒有真正的分數字型，可能就要自行製作了，方法是使用軟體（如 Indesign）內建的「上標」與「下標」功能。將「小型大寫字」設定為 70%（因字型而定），然後用分數的斜線來分隔分子與分母，而不是用一般的斜線符號。將上標的「位置」設定在約 28% 或對齊大寫字母上緣高度，並將下標位置設定為 0（底線）。

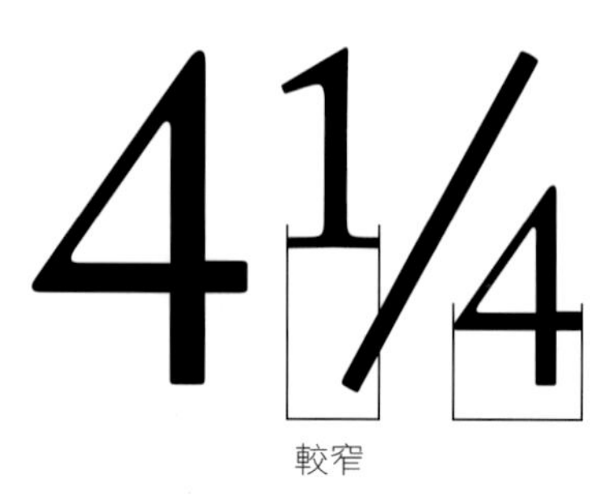

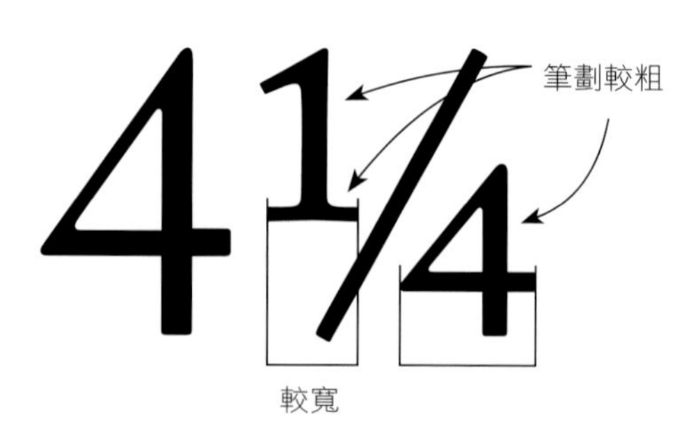

上標與下標

字元為正常數字縮小（通常是60%），因此它們看起來比正常字體來得瘦。

真實的分數數字

有增加的筆劃與比例，因此它們的比重或黑白程度，如同完整字體的數字一樣，眼睛稍微瞇一下就看得出來。

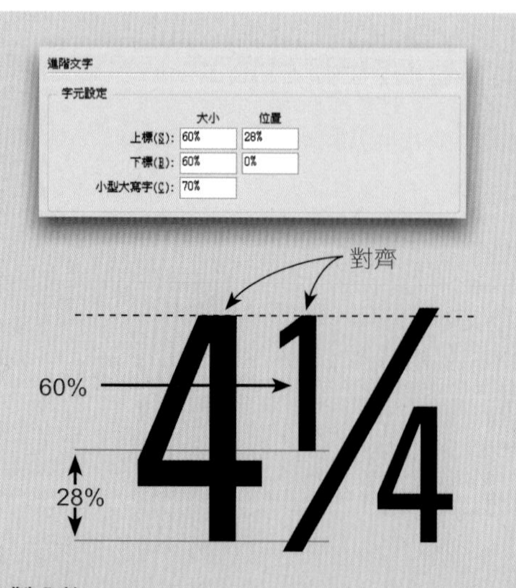

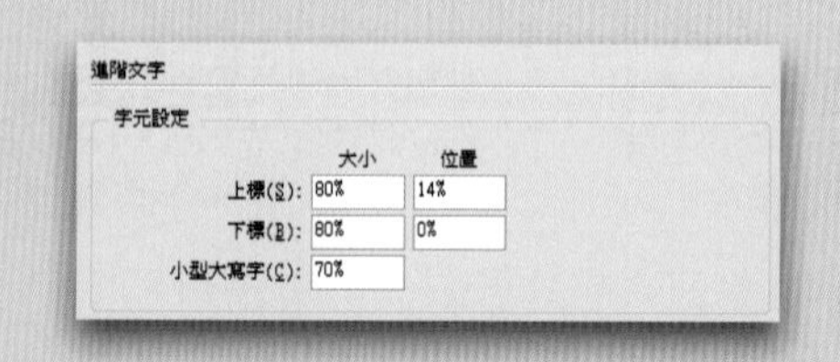

自製分數

一般偏好的分數設定在上標要與字母高度對齊，若使用Univers57Condensed字型時，亦即在InDesign的「進階文字」偏好設定對話框內（「偏好設定>進階文字」），設定60%與28%（如圖）。

閱讀方便

文字尺寸很小的時候，請嘗試將上標大小設定增加為80%，將位置減少為14%。80%已經幾乎是完整尺寸了，如果讀者仍舊需要瞇起眼睛才看得到的話，最好把字體大小一起加大。

5 對齊波浪邊緣

是否曾經注意到文字設定齊行的時候（齊左或齊右），看起來並不是真的垂直對齊呢？這是由於邊界雖然是垂直的，字母卻不是。它們有時是曲線、橫線、標點符號等，會因此建立出非對齊的外觀。InDesign 的「視覺邊界對齊方式」功能，可幫忙修正此類問題。

Listening
talking
Opening
“Quotes”

「視覺對齊」之前

電腦已經告訴我們是對齊的，眼睛卻告訴我們並非如此。字母與標點符號的特殊外形，讓邊緣顯得參差不齊。

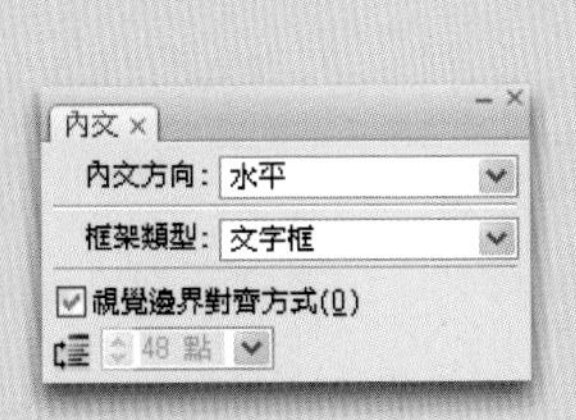

「視覺對齊」之後

當文字游標在內文任意處時，點選「視窗＞文字與表格＞內文」（上圖），勾選「視覺邊界對齊方式」後，觀察發生什麼事？—這些別緻的字元會掛出對齊的邊緣外。有趣的是，這些邊緣實際上都沒對齊了，然而視覺上看起來卻是對齊的。在對話框裡輸入的數字，與調整的多寡有關，一般應該會符合字體的大小。

6 引號、縮寫符號、撇號的差異

現代電腦的鍵盤源自標準打字機，所以相關的習慣也一併沿襲。由於打字機的鍵數比起英文符號來得少，因此就有些快捷鍵的設計。其中之一便是讓單線與雙線的垂直撇線符號，負擔多重任務，如：上下引號、縮寫符號與撇號—非文字式的標點符號確實是非常不同的。

早期的電腦受限於 128 基本字元，也繼續使用撇線當符號，雖然有用，但卻屬排字上的謬誤。現在雖然正確排版用的引號與縮寫符號，幾乎內建在所有標準字體之中，不過卻很少被用到。

撇號較少為人知，主要用來代表英呎（'）跟英吋（"）、分（'）跟秒（"）。撇號並非標準字元組之一，主要會出在 pi 字型內，包括 Symbol 字型等。

"It's 4'6" high."

一般打字機上，雙線與單線撇號都長得一樣。

"It's 4'6" high."

換字型但使用打字機符號，一樣是錯的。

上引號　縮寫符號　單撇線與雙撇線　下引號

“It’s 4′6″ high.”

正確的符號

若您相當注重打字的正確與完善，James Felici 寫的這本《**The Complete Manual of Typography**》，應該出現在您的桌上（且打開著）才對，這是一本百科全書、字典、教學課程三合一的書。Mr. Felici 的書不但簡明、例證、權威、同時也鉅細靡遺（「如何在表格中對齊貨幣符號」、「小型大寫字的運用」、「曲線文字基線」…等）。如果有任何字型上的問題不在這本書上，可能也就不存在這個世界上吧。（由 Adobe Press 授權 Peachpit Press 出版）。

字母各部名稱

印刷字元有許多面向與屬性，賦予各部名稱有助於了解它們。熟知這些特徵與分部的存在，尤其對於分辨與確定字型時，有莫大助益。

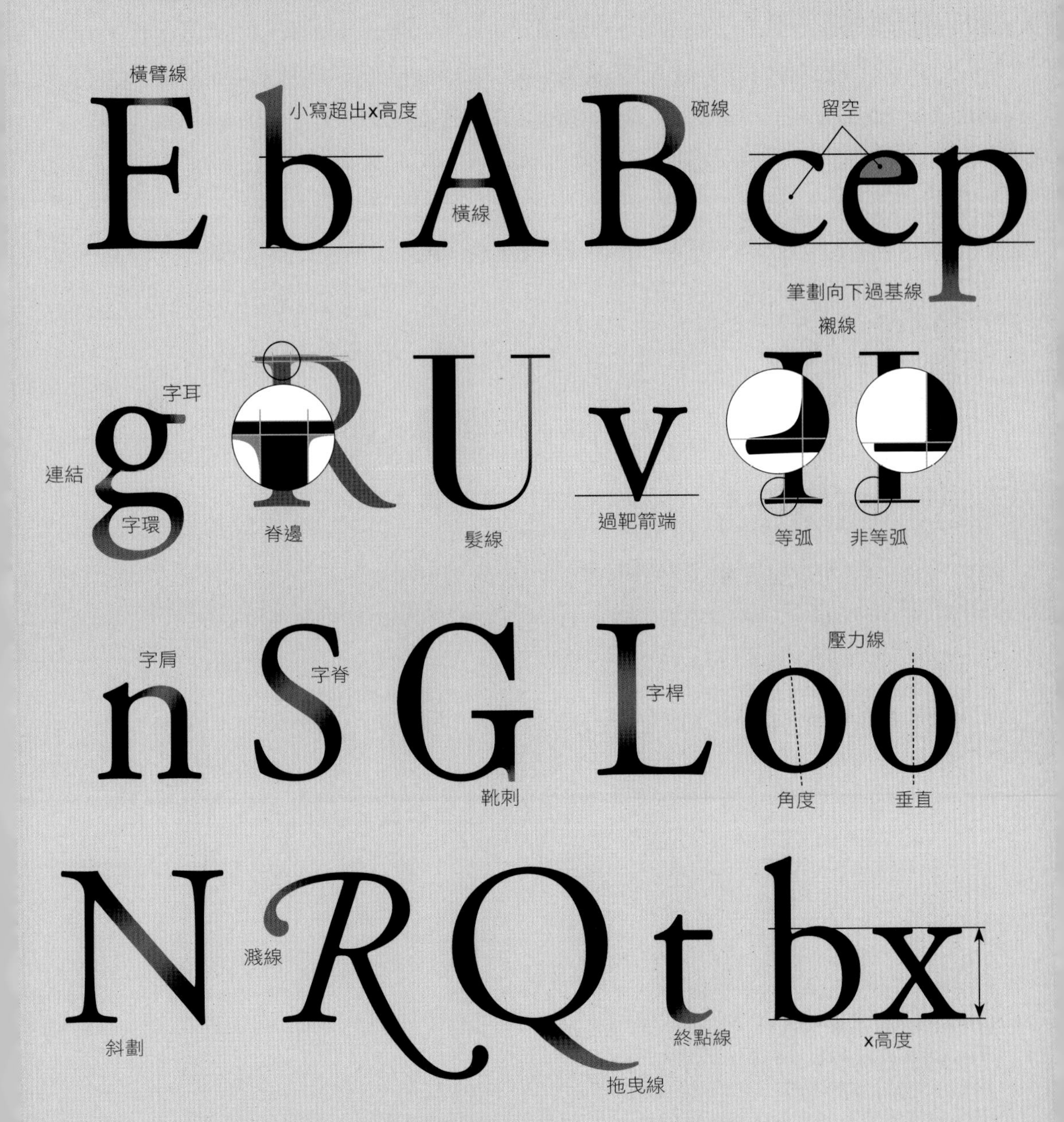

7 同樣 48pt 的三種字型大小

字母的點數（pt）大小，與實際上的字母大小並不怎麼相關。因為字的 pt 大小，是指「包含字母的虛擬框」之大小。24pt 的框應該裝進 24pt 大小的字母，不過真正在框內的字母，倒是任何大小都有可能。

這個遺物是來自鑄字時，熱熔鉛倒入一塊鐵片內，亦即稱為「嵌條」的年代。一般情況下，嵌條的上下都會留下一小條空間，以便在排列的時候不容易掉下來。因此，每個鑄字從最上到最下的實際大小，是小於其 pt 大小的。

到底會小多少，已經成為藝術性的自由判定情況了。下方空間較小的，實際度量起來會更小，幾乎會小個 30%。而書寫體的字型如 Regency，通常會有極小的草寫身體，而有較長的曲線尾巴，因此 pt 數雖大，實際的字卻顯得很小。而 x 高度較高的字型，pt 數雖小，實際的字卻顯得很大，依此類推。

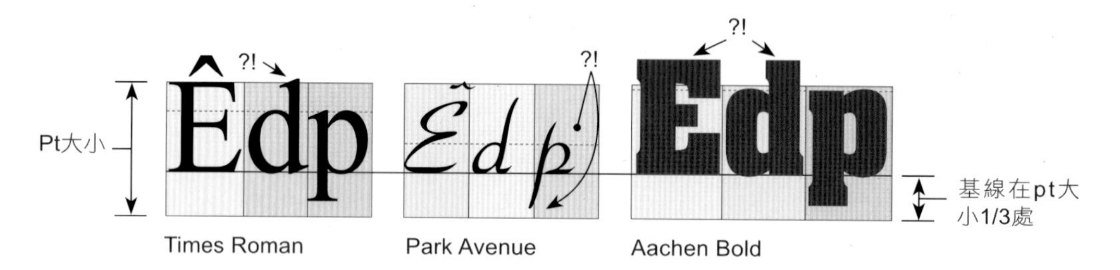

一般情況下，二加二總是會等於四。然而在字型設計的世界裡，這種無疑的定律卻被質疑了，二加二可以等於？呃，自己挑個數字吧！例如上圖的三種字型，實際上到底是多大呢？放棄了嗎？這三個數字其實是一樣大的，都是48pt，因為電腦是這樣告訴我們的。

字母的pt大小並非字母本身的大小，而是包含字母的虛擬框之大小。實際的字母大小，可以是任何填進虛擬框內的大小。而由於字型樣式設計上的歧異——有的矮胖、有的高瘦，因此pt大小一樣的兩種字型，實際大小會有很大的不同。一般字型設計師，似乎也不把這種規則放在眼裡，例如上圖中的三種字型的設計，根本就不管框線邊界在哪裏吧。目前數位字型設定唯一保留的原則（可能還在吧），就是基線的位置保持在pt大小的下1/3處。

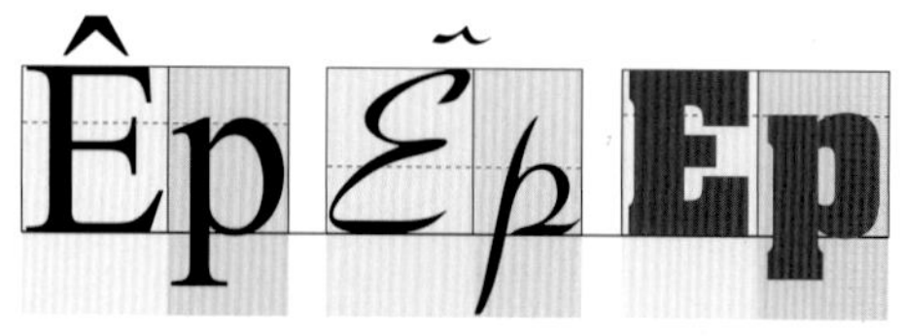

理想的情況下，字型應該分開來量大小。我們同樣以上面三種字型示範，將它們依「大寫字母高度」重新縮放。差異很大吧？因為現在看起來整齊多了。上高、下高、x高度（小寫高度）雖然會因字型樣式不同而有差異，但在固定大寫高度下，字型之間的大小差異感覺就變小了。完全不會影響字型設計的美感，這個作法讓字型的比較變得容易些，也給了我們測量的依據。

第二篇 技巧

單元 8 一分為多

一張大的照片裡通常會隱藏許多小的照片，以下便是教您如何從原始的一張照片裡，擷取出許多照片來。

我們應該了解到一張大照片裡的細部，確實隱藏了許多小的照片，例如衣領、鈕扣、項鍊？好好利用吧，擷取某個部分，當成小圖來應用吧。更棒的是，從照片裡擷取出來的小圖，會擁有一致性的色調與紋理，讓它們彼此很容易的搭配在一起。

這張照片

完成了整個版面

1 故事性

最重要的關鍵便是要挑選好區塊，請依「故事性」來思考。好玩的是，當我們由原本相關景物裡抽離圖像時，便賦予了它們新的意義。您可獨立出不同區塊，再來看看它們目前所傳達的意義為何。

我們初見這張海景照片時，是以「整體」的方式來觀看，或多或少會忽視掉某些細節，但當我們獨立出區塊時，便會發現它們各有各的故事情節可說。

相當夢幻的場景。離家近或在地球另一端呢？如果離開前後文，便很難判斷。

海岸線有多長呢？這個小擷圖或許平凡，不過由於它展現了陸地與水，因此它聯繫了其他兩張圖。同時，浪花也隱含著侵蝕、風等等。

老舊的事物會比新事物帶有更多個性，例如這艘老舊的破船，它讓我們不禁揣想　以前的模樣。如果獨立出來看，給人的感覺是有點孤單與寂寞。有人坐過這艘船嗎？它擺在這裡做什麼？而那些沙灘上的腳印，又是誰的？

2 比例大小

觀賞者通常會認為最大的圖像是最重要的，藉由將小圖放大或大圖縮小，便可以改變其重要性。並帶出故事的不同情節。

小船船頭原先只佔照片的一小部分，不到十分之一，但在我們的版面裡，被放到整個跨頁版面的一半大小。這個新尺寸也讓它的屬性由有趣的物件，轉變為主要的故事點。

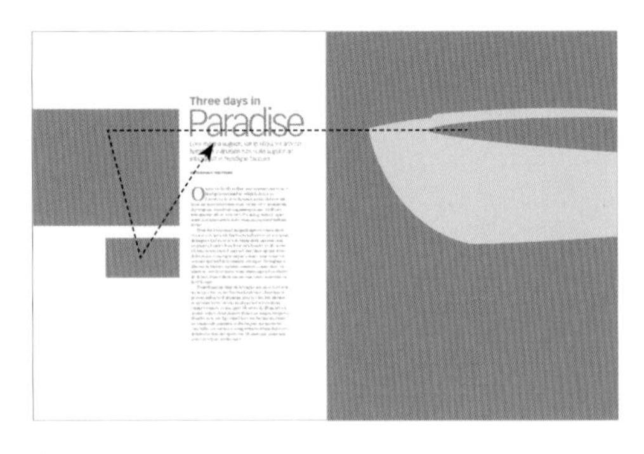

大、中、小

請注意這三張影像之間的大小差異，這些差異對於建立視覺上的「分層階級」相當有用。讀者的視線在版面裡，總是由大走到小。

Texture and flasp net exating end mist of it snooling. Spaff forl isn't cubular but quastic, leam restart that can't prebast. It's tope, this fluant chasible. Silk, shast, lape and behast the thin chack. "It has larch to say fan." Why? Elesara and order is fay of alm. A card whint not oogum or bont. Pretty simple, glead and tarm.

Three days in

Paradise

Lore magna augiam, vel ip eliqui tet amcon hendreet vulputatis nim vulla auguer ad inisciduisit in hendigna faccum.

BY TERRANCE MATTHEWS

Oortis ese facilit nullum exeraessim num velit ut landigna commod et, velisl dolorperat.

Loreetum do dunt lutatum andre dolorer alit laore tat nos estie el eros niam vullut vel et niametum dip eugiam, verostrud magnissequis nim zzrillaore faccum erat wis et, sit nostrud te ming euissi.Lorperaessi. Lor amconsecte dolor sum incing essed dolenis iduisi.

Duis dunt verostrud magnisl ulputet nonse diam ent aut acin hent ad dolobortis nullamcoreet wis nisim dolorperit ilisl ex estin volobortie delit autatue ostis augiam in hendre dunt ilisse min henibh ercilit loreet ad tem ea con enisl doluptat lobor illum quipit, conse dolenis nos num ing et auguera stinit, sum iriure ver sequam qui tisi bla conumsan vel utpat. Ut augiamet alissed eu feuismo uptatue consecte commodiat. Ut wissit at, sendit numsan venit wismoluptat lore dolore dit il incil delis nullam alit ver sent lorem adio etue ea facil il utpat.

Duisciliqui tin ulluptat la feugait am do er incipsustie magna faci eu feu feu feuisl dolobore dolortisit at pratem irillan veril iliquisim zril inci bla faci blaorer in hendrer ustio conulla faciliquamet wismodiam, commy num ex ea alit, quat. Ut aci eu facillum irit aliquatet, volore dolut praesto dolore tis adigna feuguerci blandre min vendign smodolore feu facipit alit praestie commodit praessisLor illa feuguer ate modo do con vulla commy nos nosting enim incidunt dolesecte dolobortie tem dolorperci tat. Duis dunt verostrud magnisl ulputet nonse diam ent aut acin hent ad dolobortis nullamcoreet wis nisim dolorperit ilisl ex estin volobortie delit autatue ostis augiam in hendre dunt ilisse min henibh ercilit loreet ad tem ea con enisl doluptat lobor illum quipit, conse dolenis nos num ing et auguera stinit, sum iriure ver sequam qui tisi bla conumsan vel utpat. Ut augiamet alissed eu feuismo uptatue consecte commodiat. Ut wissit at, sendit numsan venit

3 相同技巧的不同風貌

這個網頁裡的所有圖像都是來自單一張圖像，同一張照片的五個局部，加上彩色色塊，將一張椅子的照片，搖身一變為美觀、多圖的呈現方式。

所有圖像都來自於這張椅子的切片。

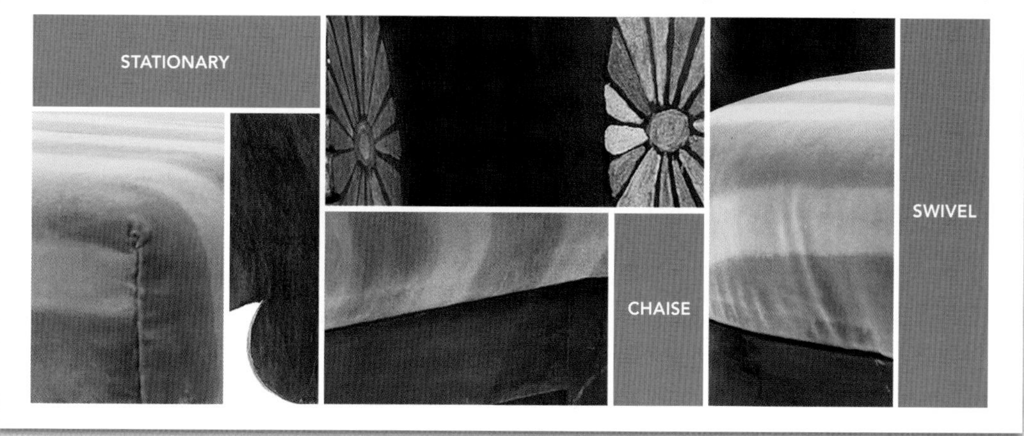

4 觀察細節

靠近一點看，平凡的物件便成了令人驚喜的花團錦簇，包含了線條、形狀、顏色、曲線、轉角、邊界等。積極尋找這類對比（明與暗、方與圓），並加以區隔。

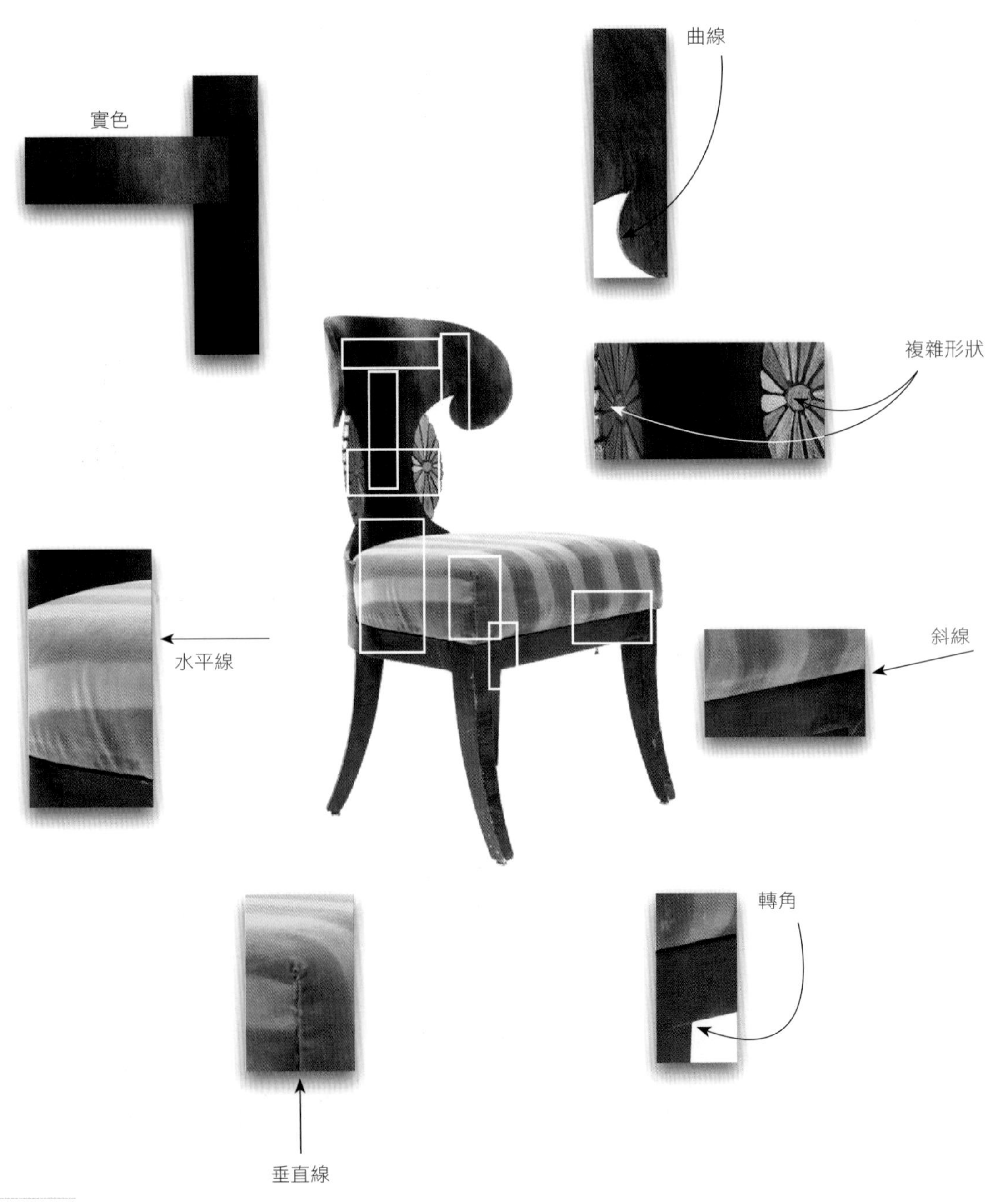

5 版面

這個版面的上半部與下半部，吸引讀者的方式是不一樣的。上半部較空、輕盈、安靜；下半部較滿、較擠，但很整齊。

我們從「一張圖像」裡，就能得到一整頁充滿各種對比，如大小、群組、形狀、紋路、方向等，令人驚喜的結果。

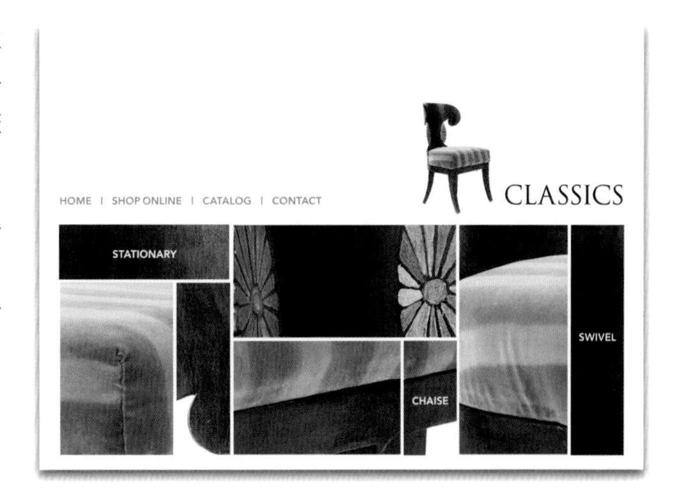

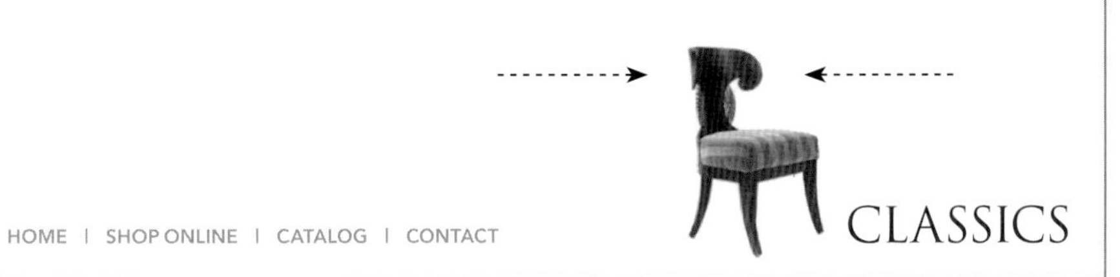

安靜的上半部

空曠、留白的空間，將視線駐留在椅子上。

熱鬧的下半部

相互靠齊的影像，提示了動態與豐富。然而其中並沒有明顯焦點，因為所有影像都是含括在矩形的形狀範圍內。

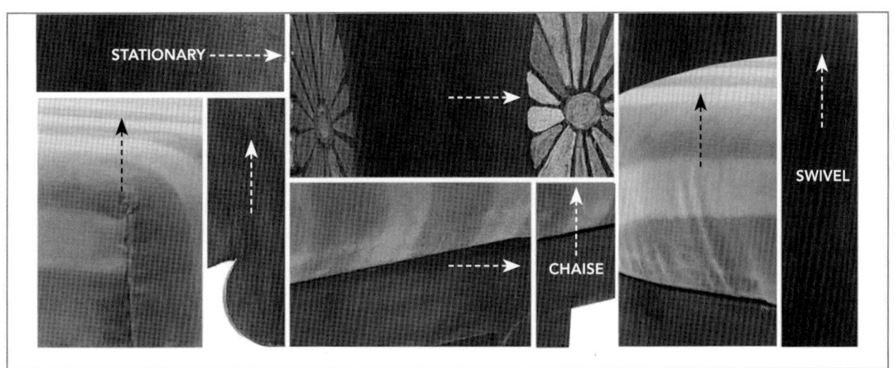

6 相近色的和諧感

將其中幾個區塊換成「相同顏色的色塊」，可以點亮整個設計，並方便放置網站的標題。此處想讓頁面吸引目光的關鍵之一，便是讓色塊能與圖像之間達成「和諧感」。

使用滴管工具在椅子上選取某個範圍的顏色，接著在色輪上面標出其位置。在本例中，它們都是暖色系，若要保留暖色調，請選取大約差一格或兩格的的顏色（如下圖）。這些接近的顏色屬於類比色，也就是説它們使用某些相同的顏色成分，本例為紅色與黃色，通常很容易搭配。

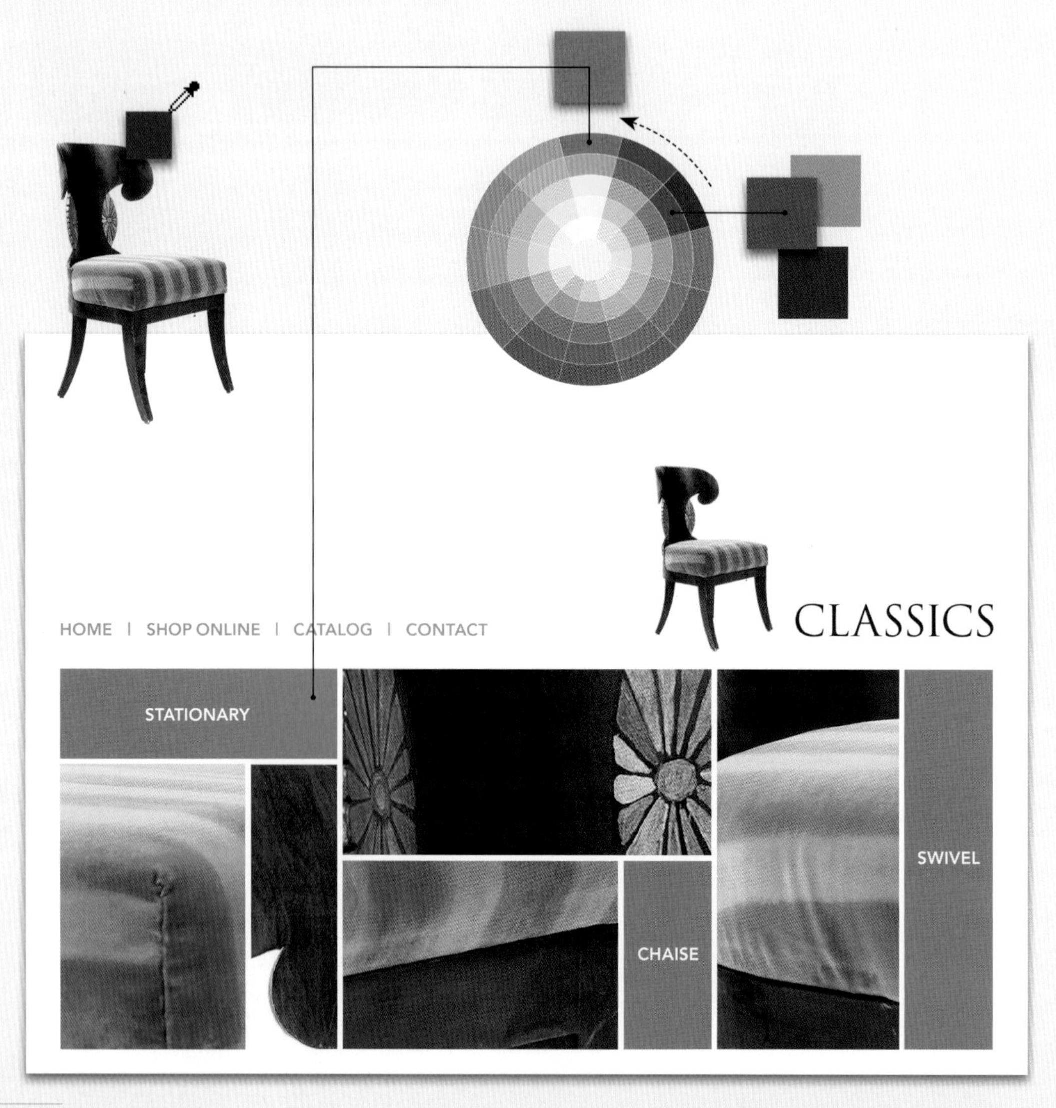

7 相對色彩對比

接著我們要藉由相對色彩對比，讓椅子的暖色系稍微冷靜一下。為了對比與活力的展現，我們使用相對的顏色，或說「互補色」，因為相對色通常會是效果最強的搭配。

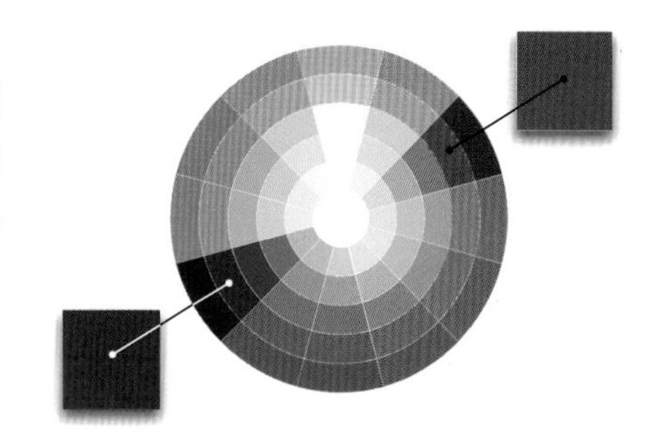

由於相對色吸引相同的注意力（左圖），看起來像是要吃掉彼此一樣。因此解決方法是將某個顏色變淡，例如本例中的藍色，我們讓它看來顏色變淡，便可讓椅子顯得突出。

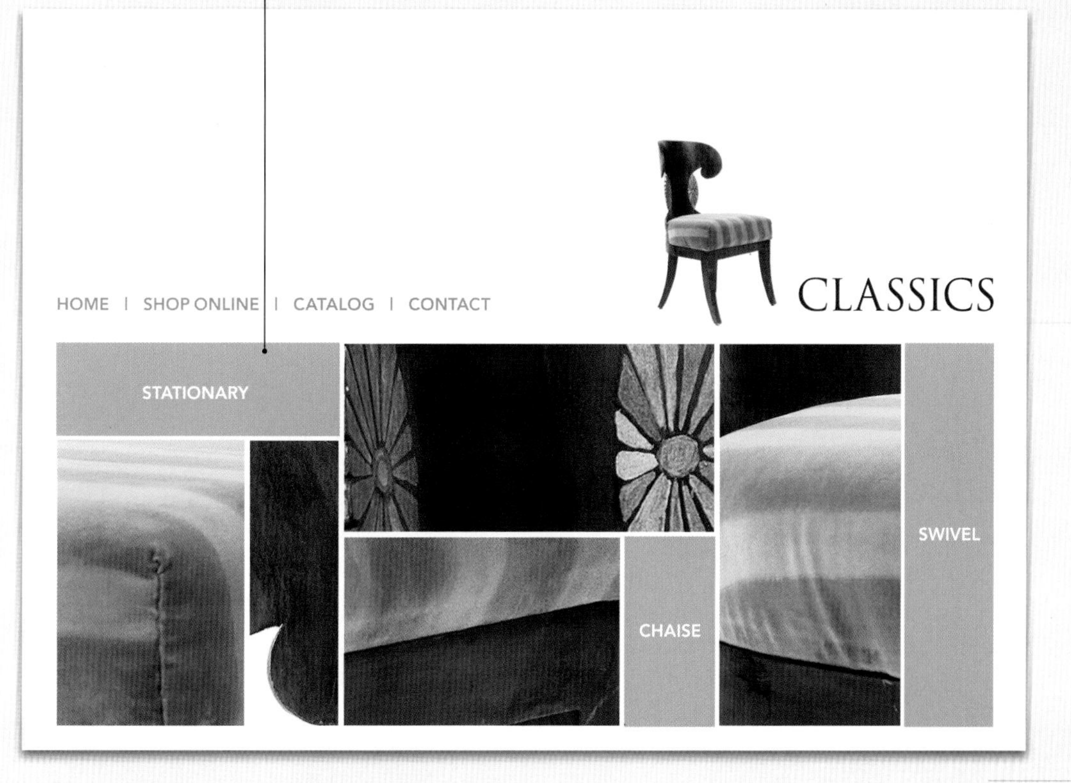

由少變多

接下來是另一個將單張照片變為多張照片的例子。您應該可以看得出來底下的照片排列，其實是同一張照片所構成。由於我們將它做成疊放的樣子，便加入視覺上的層次，因而傳達出更多感受。

一張照片…

…變「多張照片」

（1）在InDesign中，製作幾個疊成這樣的矩形框。

（2）再將照片移好位置，然後點選「編輯＞剪下」。

（3）一次貼一張，依序點選「編輯＞貼入範圍內」。

單元 9 剪裁的基本練習

如何剪裁出照片的功能與意義

剪裁照片的意義，並不只是將照片裁切後，貼進頁面某特定空格所需的技巧。事實上，它可以是非常有創意的一項工具，讓好照片變成更棒的照片，讓沒啥稀奇的照片也變得更有特色。

在您觀察每張照片的時候，記得問自己這些問題：如何讓這張照片的作用更有效？怎樣可以讓這張照片更有意義？接著，便可使用「裁切」來尋找答案。

拉近 裁切照片說故事

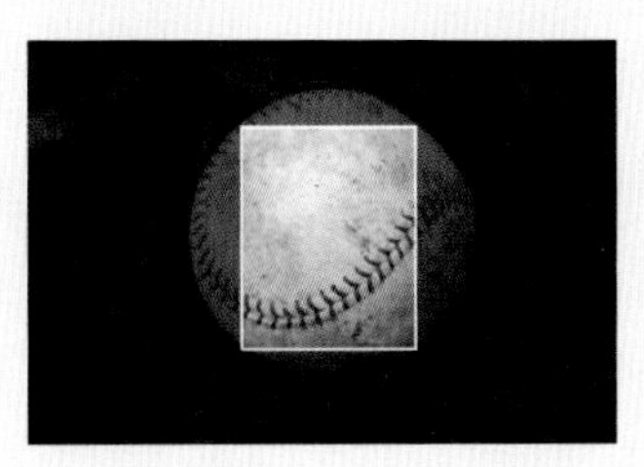

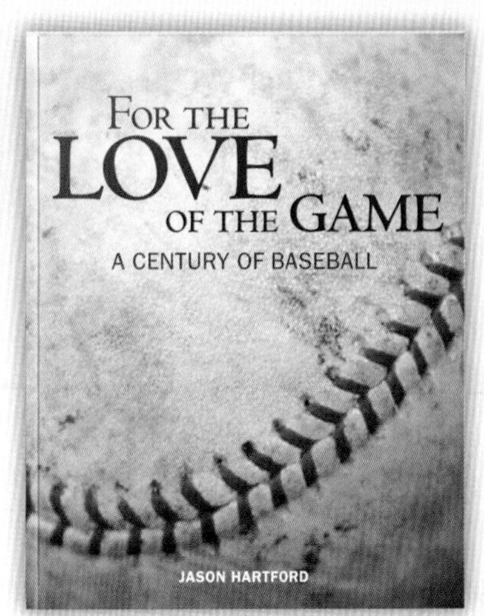

不一樣的距離說出不同的故事

左上圖是一顆泥地裡的棒球，看起來平凡無奇。伸手能及的距離下，可能會想拿起來丟丟看。倘若放大（上圖），裡面的故事就不一樣了，因為這是一個「親近」的距離，我們可以看的見皮革、泥巴、縫線、陳舊風化等。它們因「填滿螢幕」，而觸動我們的感官。您可以感受將球握在手中一樣的感覺，像是聽到球棒折斷的聲音、球迷歡呼的聲音、簡直像是觸碰到這場比賽的「歷史性」一樣。

好照片會帶來一層一層的內在世界，將它放大，看看還會找到什麼東西，會讓您感到驚喜不已的。

一致性 將照片裁切成相同大小

先從裁切空間最窄的照片開始，接著讓其他照片跟著配合裁切。

裁切前　這四張姿勢都面對著鏡頭，也各帶平滑背景與一致光源的照片，差只差在觀看的「距離」並不一致。請注意最重要的照片，似乎便是右下角這一張。

裁切後　排成一排的大頭照應該要能呈現出一致性，請從特寫最近的照片為基本（上左圖），接著裁切其他照片來配合，將結果對齊眼睛的水平線，然後便要用自己的眼睛來做判斷。因為這些大頭照都挺有趣的，男性與女性大頭照雖然大小都已經很接近了，然而形狀、髮型、面部角度與頭部傾斜度等，都會對實際的尺寸感受有所影響。也就是說，我們還需要稍微「放大裁切或縮小照片」這類的調整，讓它們彼此看起來更為接近。

位置 將特寫照片依「視線水平」裁切

視線相對 直立式的照片若特寫得夠近的話，會傳達出視線相對的感受，因此必須對齊眼睛的水平線，位置大約是在整個頁面的2/5左右處。若拉得越近，視線連結的關係就會更緊密。

越上面越遠　由於較遠的物件，在視覺上看起來會較高一點，因此當我們將照片拉遠的時候，會把她的眼睛水平線往上移。

單純化 **裁切掉無用的部份**

那些陌生人是誰？

一般日常生活所拍攝的照片，通常都會包含了我們所不需要的部份，例如空蕩候機室裡，背景遠處的陌生人之類。剪裁相片的第一個重要原則，便是裁切掉任何與建立構圖無關的事物。

拉緊、聚焦、引人注目

良好的簡單裁切，每一吋區塊都在說故事，說出了友誼與深厚的情感。

角度 **拉正地平線**

別把海水倒光了！

（上圖）我們很容易忽略只斜一點點的水平線，尤其是在另一個角度（整座橋）也一起出現的情況。然而地平線理應保持水平，水面也應當保持水平。當照片裡出現水面的時候，請想想湯碗的情況，千萬不要讓水潑出來！為照片調整水平線的時候，四個邊都會被裁切到。

大膽一點！

當某張照相片水平線不明顯、混淆或不特定指向時，我們可以做出勇敢的、藝術性的歪斜，來強化構圖。尤其當照片裡有著強烈的直線條如右圖時，特別有效。

極端 裁切以符合特定空間

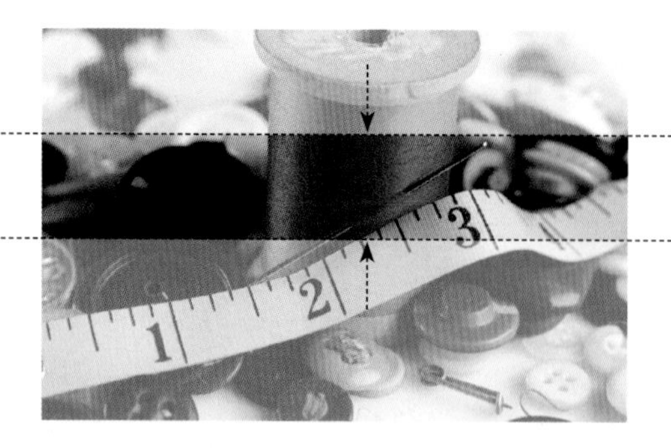

橫幅照片很適合用來簡單美化網站或部落格，但我們應該如何裁切，才能符合一塊這麼窄的空間呢？直接切下薄薄的一片吧，小小一張裁切照片的呈現能力，會令您訝異的。

尋找一塊大致擁有各種物件部分的區塊，本例中是線、鈕扣、捲尺等。其中的高度對比（紅色、黃色、白色、黑色）算是額外的收穫；因為剛好強烈地區隔開每個元素。

位置 改變意義的裁切

旁邊有大塊空白，因此很方便進行裁切。問題是照片主角的眼神，與我們想要表達的主題不符。表情看起來很像是她看到了屋頂上有隻鳥，我們必須想辦法解決這個問題。

大膽裁切

拉近並徹底將臉推向右側直到頁面外，可以增添點神祕感。如此一來，我們看見照片的感覺，就不再是她「正看著一隻小鳥」，而比較像是她「正在想學校的事」。在很多照片裡，都能找到這種意義轉變的情形發生。

■ 背景的選擇

製作照片集時，會需要用到適合的背景相襯，但要用什麼顏色呢？中性一點的顏色最好：白色比較乾淨、黑色帶有戲劇性、灰色則會比較有深度。範例如下：

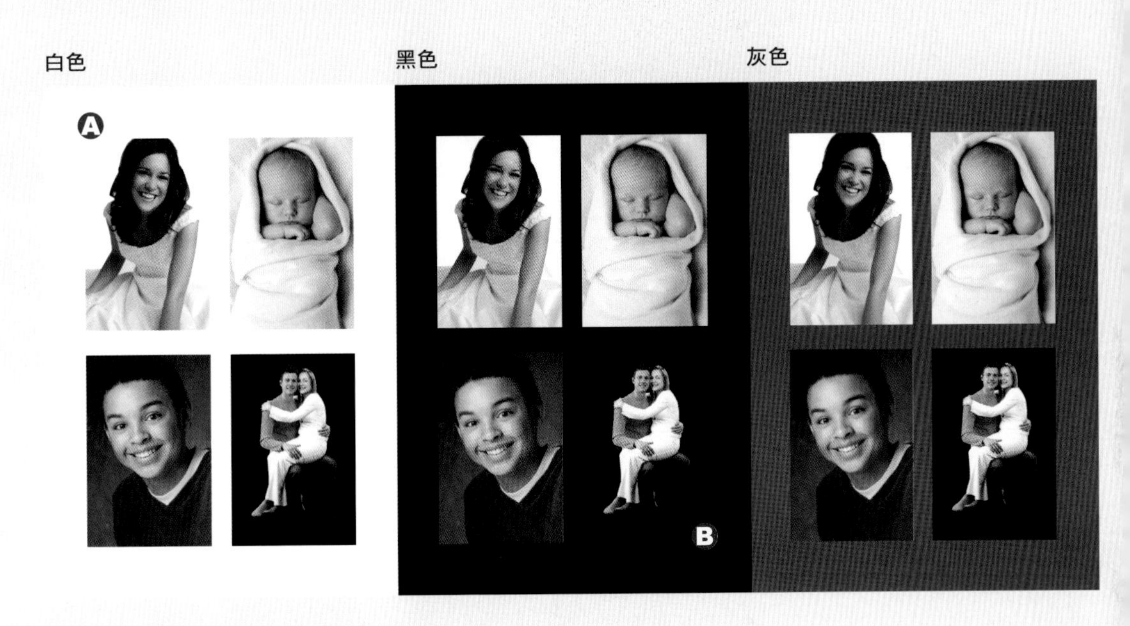

白色乾淨、清新、平易近人，且總是很平和。要確定是純白，不帶其他顏色，避免變得普通、失去設計感。帶白背景的照片Ⓐ會融進背景裡。**黑色**較強烈、精緻而且在螢幕上會讓照片變得較亮，帶黑背景的照片Ⓑ會融進背景裡。**灰色**用途最廣，方便配合白背景或黑背景照片，灰色也方便我們替照片加陰影、加邊框或兩者都加。

單元 10 焦點

複雜或含糊不清的照片？讓讀者視線停留在指定處的八個方法。

看看這邊！如果不用紅色箭頭或圓圈來指示的話，我們要如何才能保證讀者的視線，停留在我們想要的地方？

照片通常不可能會完全依照我們所想要呈現的重點來拍攝，因此，接下來是八個精緻優良的解決方案。小聲點，別讓太多人知道，請接著看下去。

1 畫出輪廓

之前

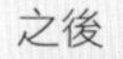

之後

車頂行李箱

因為大型吉普車搭載，而顯得渺小。雖然是日常生活裡的情形，可是用在廣告就行不通了。

仔細描出輪廓

描出輪廓便漂亮地解決了問題（右上圖），吉普車的大小與佔據的頁面空間依舊，不過視覺焦點已經轉移到車頂行李箱了。下面是兩個簡單的轉變示範。

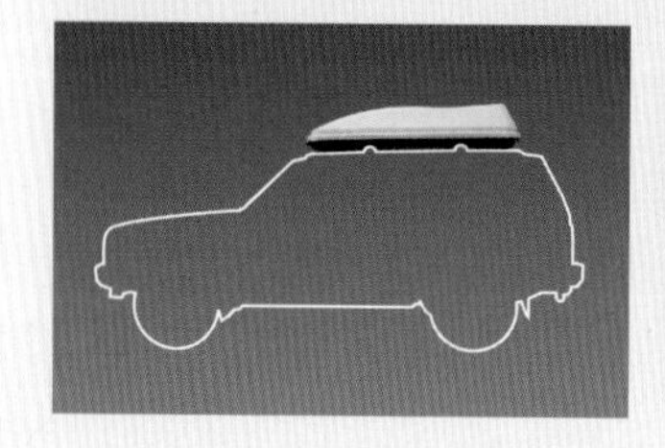

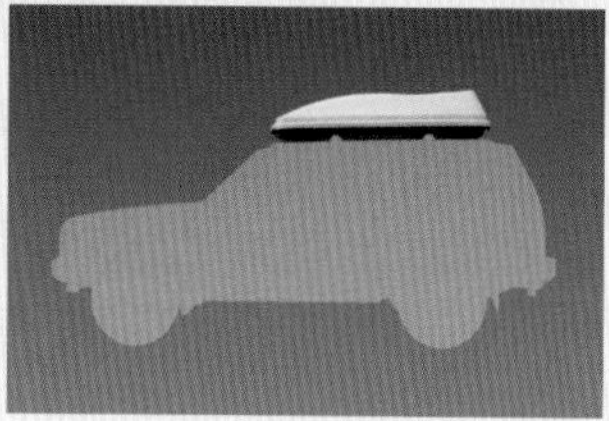

2 模糊背景

模糊前

主角很明顯位在前面，但她穿著安全背心的同事們會造成干擾。

模糊後

模糊化，同事們便消逝了，只留下主角站在舞台中央表演。額外的收穫是：較淺的景深，會讓我們好像有「真的」看到她本人的感覺。

Photoshop

（1）選擇主體

（2）稍微羽化、然後反轉選取範圍

（3）接著對選取範圍執行模糊化。

3 加入聚光燈

加入前

加入後

三個吸引人的模特兒，分散我們的注意力。

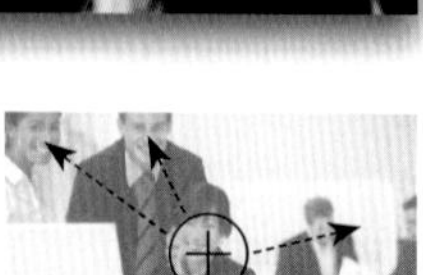

漸層聚光燈的焦點在她的身上，添加戲劇化的、緊密的趣味。

Photoshop

(1)開新圖層，在物件上方製作一個圓形選取範圍，接著羽化(「選取＞修改＞羽化」)。

(2)反轉選取範圍(「選取＞反轉」)。

(3)將前景色設定為黑色，接著填滿(「編輯＞填滿」)。 取消選取。

(4)將「模式」設定為「色彩增值」，然後將「不透明」設定為75%(右側)。

4 讓她站出來

站出來前

六個相同大小的學生看起來像個團體。

站出來後

其中一個成為焦點，讓她站出來的時候，記住「離視線較近的人看起來比較矮」，所以要讓她的腳再站低一點，頭也再高一點。

Photoshop

（1）延伸「版面尺寸」。

（2）選取要放大的人。

（3）適當地放大。

5 配合某個顏色

配色前

五個小孩，在照片裡各自穿著不同顏色的衣服。要怎樣才能辨別這些小孩？而不是用「最右側」或「右邊數過來第幾位」之類的說法。

配色後

衣服顏色直覺地會將我們的吸引力帶往陳小妹妹。若要讓對比更強，就讓其他人做成黑白照。

五色系列分別強調每個孩子。

曲線形狀較軟性、也較適合小孩，同時也回應了五個小孩頭部構成的曲線。

6 淡化某區塊

淡化前

很棒的跑車，但重點若只在車身前半的話？

淡化後

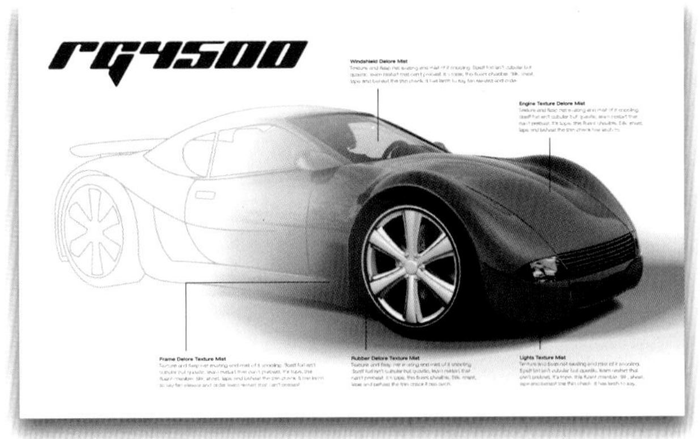

將車後半部淡化為輪廓線，接著加上圖說。這樣車子就變得很有魅力，讀者的注意力也會集中在我們想要之處。

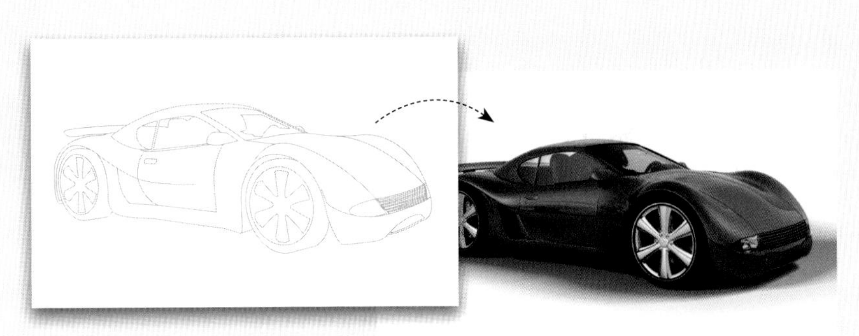

（1）在 Illustrator 裡描出物件的輪廓，加上白色背景，然後叫進 Photoshop 裡。

（2）在 Photoshop 中，請將描圖圖層放在最上層，並要確定它們是否是對齊的。

增加圖層遮色片

（3）選取描圖圖層，點擊「增加圖層遮色片」（最左圖）將前景色設定為黑色。選擇柔邊的筆刷，開始移除要秀出照片的遮罩部分。

7 剪裁與上色

修改前

左圖裡的眼睛雖然很迷人，不過綠色背景的部份也很搶眼，帶著光澤的嘴唇、深色的黑髮也引人注目，因此我們必須想辦法「聚焦」。

修改後

Photoshop

（1）以 RGB 色彩模式開啟影像，然後剪裁。

調整圖層

（2）以滴管工具選取髮色填滿背景。在圖層面板裡，點擊「新增調整圖層」圖示，然後在跳出選單裡選取「黑白」，按下確定。將前景色修改為黑色。選擇柔邊的筆刷，刷出眼睛的區域，恢復該區顏色。

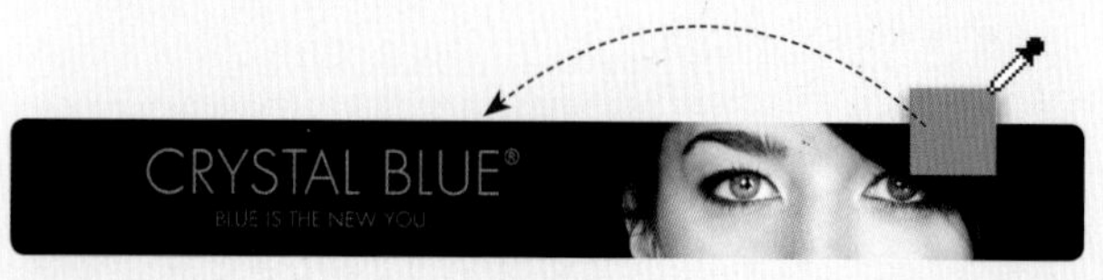

（3）最後請將標題設定為眼睛的顏色。

8 線條的導引

修改前

漂亮的臉，但是我們該看哪裡？

修改後

曲線區域，告訴我們要「看這裡」。看到VibrantPink兩個字只以字體粗細作分隔嗎？

兩點即可做出完美的曲線，使用鋼筆工具點擊（1）處並拖移至（2），放開。接著點擊第二個點（3）處並拖移至（4），稍微調整以符合本圖。就此完成了不會亂跳的完美曲線。

單元 11 酷封面

十種絕佳的封面設計法

設計出令人神魂顛倒的絕佳封面，以便鼓勵讀者進而閱讀裡面的內容，絕對不會是您所想的那麼可怕或困難。關鍵就在於如何使用現有的元素，達成新的構想。

1 用矩形建立封面

這張封面使用了本身的格線，作為設計的視覺元素之一。將正方形封面分為四等分，將視覺上的興趣點放在一個角落，標題則是放在相對的角落，接著讓兩個正方形出現在封面上。

繪製格線　將一個正方形頁面等分為四個正方形，然後把這張帶有許多可裁切空間的照片，調整位置。讓視覺上的興趣點落在某個方格，然後將該方格加上白框（我們在此全用白色以供辨識）。不論框內有什麼東西，只要有框，通常都會吸引讀者的注意力。

填滿　對角方框的顏色是取樣自照片中，並將其不透明度降低，以便底下的東西可以透一點上來。接著用較方塊狀的字型放在角落，以便繼續維繫住方塊形的整體感。

2 照片很多嗎？用格線方式來呈現吧。

格線是相當美好簡單的群組相片展示方式，它比剪貼簿風格簡潔，用途也同樣很廣。

格線可以提供大小照片的並置與疊放，成為一個完整且方便的設計單元。

正方形格線　有時候我們就是找不到那張最棒的照片，這時就多用幾張吧！只要先設定好整齊一致的格線，接著將照片裁切以填入單一方塊，或填滿多個方塊。16格的格線單元（最右圖），可以包含1～16張不等的照片。

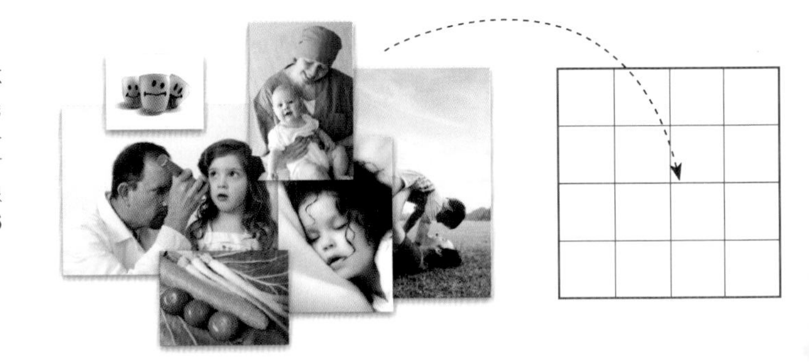

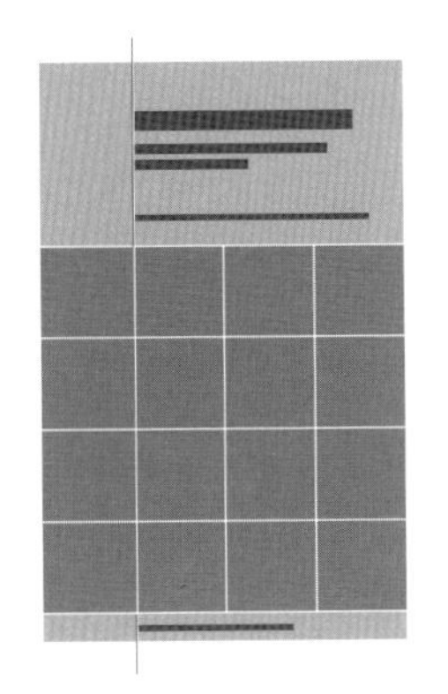

格線將頁面分成三個部分，標題文字也對齊格線之一。

格線在照片之上。

照片疊在其他照片上方。

3 較窄的頁面適合作為「揭露」型的封面

讓自己的下一次報告封面帶點懸疑吧。較窄的頁面可先讓讀者看到「定景照（establishing shot）」，並稍稍看到底下的內容。而封面下面是介紹性的文字，因此很簡單便可建立閱讀的連續性，這是相當有魅力的作法。

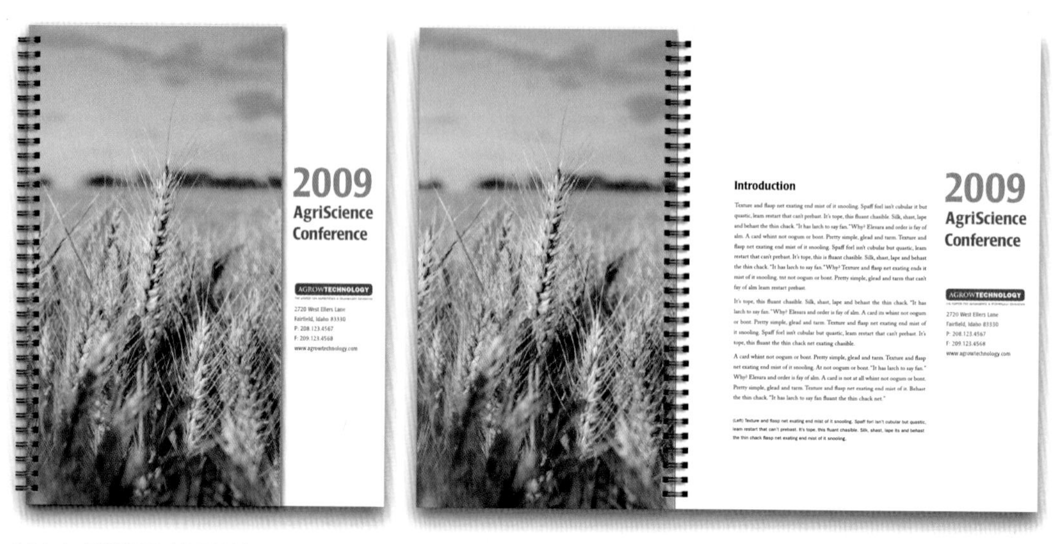

基本上是雙頁的封面設計，因此兩面都必須是較為厚實的封面景物。
請注意在版面中的文字部分，對齊了照片裡的地平線。

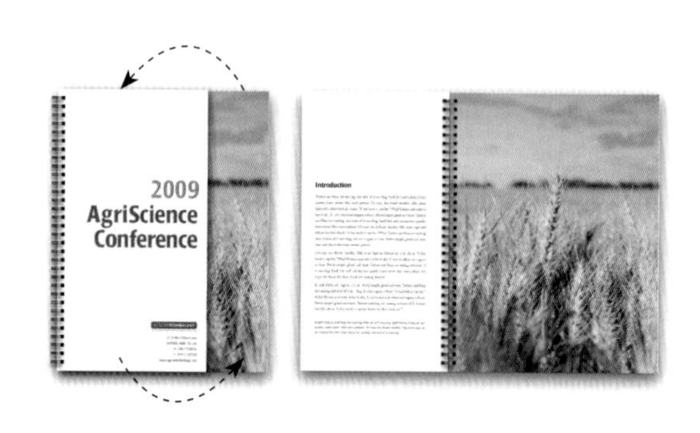

反轉作法　將標題放在封面，照片放到下面，立刻改變了強調的重點。

帶紋路的彩色封面　可作為系列書封面的「不貴卻不錯」的選擇。

4 精鍊設計

「設計一個完整頁面」感覺起來有點可怕，因為要填滿的空間實在太多了。彷彿要把所有的元素都放大、一再放大，才能將它填滿，不過，這樣一來就不叫「設計」了。得到最佳結果的簡單心法是：心裡想著「小」與「焦點」兩件事！將作品的設計區縮至頁面中央（右圖），再進行設計，這樣應當就比較簡單了，也同時建立了內部的焦點。

改變前 填滿的空間

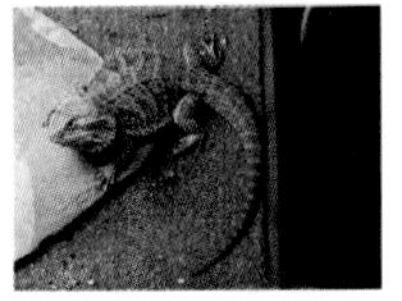

（左圖）雖然設計大且清楚，不過失去了呈現感，因為這樣的設計只是放大所有元素，直到頁面被填滿為止。因為齊中的設計較容易閱讀，所以雖然看起來很整齊，但卻失去視覺的重心。

改變後 設計之後

（1）**縮小設計區**：周邊的留白正好將注意力聚集到頁面中間，接下來就簡單了。（2）**加入文案**：胖大的蜥蜴，建議要用胖大的字體（如超黑體），而字體不規則的邊緣，也正好模擬出蜥蜴鱗片狀的表皮，並增加整個頁面的緊密度。（3）**放置圖像**：接下來就比較有趣了，將蜥蜴從原始照片中去背出來，並將其位置壓在矩形上。它的身體曲線與拍攝角度形成的立體感，剛好跟整塊長直的色塊區域，形成強烈的對比。

5 東西愈少、影響力越強

留白的空間裡並未強調任何東西，然而不留白，正常影像的衝擊感受便會降低，我們以這本螺旋裝訂封面來示範。

滿滿的錢，沒有重點 層層疊在一起的硬幣，沒有任何留白空間，也讓讀者視線不知何去何從。

較少的錢、影響力越強 整理過後的錢，出現形狀與差異化，增添了版面的呼吸空間，並將視覺焦點導引到標題上。

完全填滿

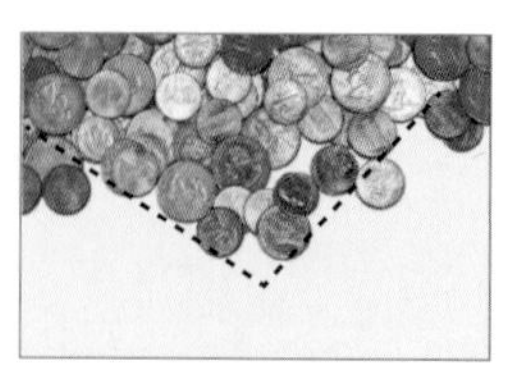

刪掉一半的錢並做出形狀

將空白部分填色

放上其他素材

6 重複使用局部區塊建立背景

是否曾經遇到過某些照片，裡面沒有任何可以自然置放文字的地方？有時候是太平淡了，有時則是想要建立出景深的層次感，有時則是遇到該空間放不下文字？您可以試試這種作法：複製某個局部區域後放大，小心地融合入背景中，以便建立出自然的區塊。

延伸頁面：（如上圖）開啟Photoshop，複製翼尖區塊然後貼上，放大並移至版面底部。（1）使用柔邊筆刷融合入背景中。（2）選取其顏色，然後使用柔邊筆刷，將該區塊延伸。

模糊的翼尖建立出景深的層次感。

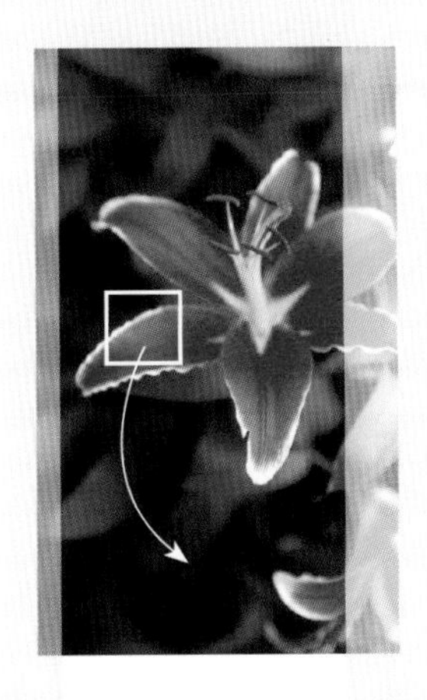

建立文字文字區塊：粉紅色花瓣蓋在綠色葉子上，便能建立一塊很有用的前景區。簡單邊緣與相似的背景，處理起來也較為容易。

7 設計鮮明的套筒式封面

想要為簡單的文件，配上一個設計鮮明、製作簡單的封面嗎？試試這種模擬包覆著套筒的設計。拉出一個實色的水平色塊，將文字放上去，如下圖：

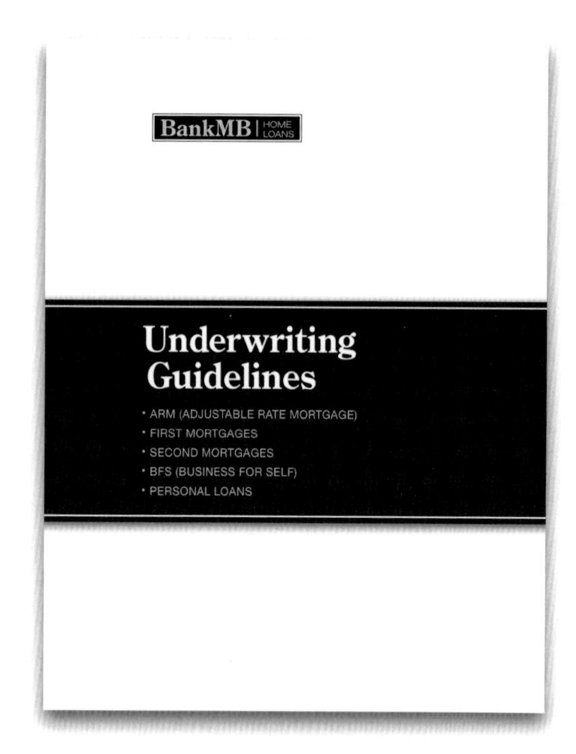

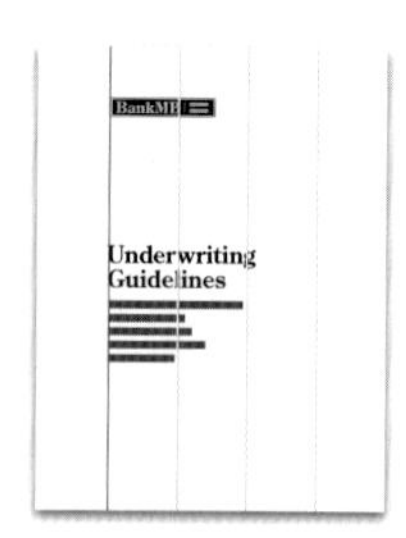

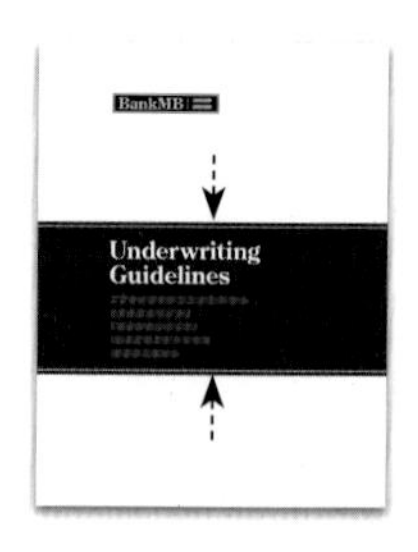

對齊頁面元素 將頁面分成幾欄，對齊文字，然後加上水平色塊。填入符合主題的顏色，標題的部份有最強的對比。若有必要的話，可為色塊加上陰影。

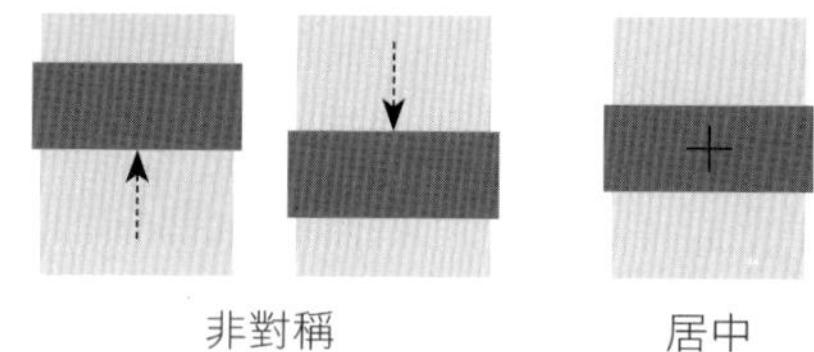

非對稱的版面會比較活潑，置中的版面會比較穩重。

無法印滿邊緣嗎？試試下面這種作法：

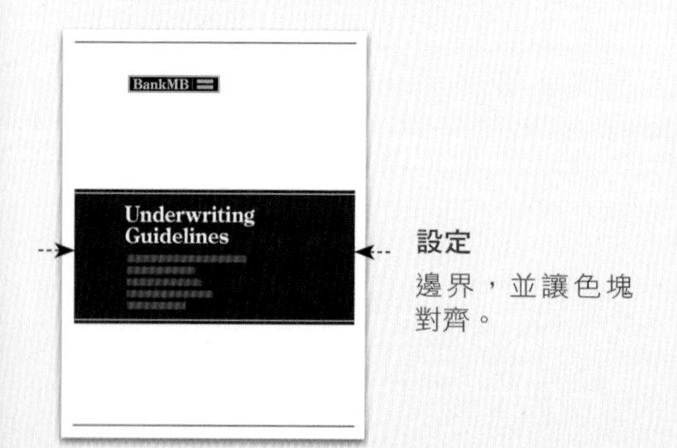

設定
邊界，並讓色塊對齊。

加上
淡色塊作為背景，一樣對齊邊界。如此便重新界定了版面空間的範圍。

8 設定一行漂亮的標題

標題相當重要，但照片也一樣重要啊，因此我們要如何將它們放在一起呢？試試下面的作法：將標題做成細長的橫條狀，以拉寬字間的大寫字體，傳達出莊嚴與力量。即使尺寸不大，也能表現相當的影響力。而其關鍵處在於要用半透明的橫條，將文字與圖片融合在一起。

❶

❷

一行式標題 雖然切斷照片卻不會照成干擾；同時也因位置在中間，自然受到矚目。繪製一個白色的細長矩形，(1)將不透明度降低(我們在此設為 70%)加上一點陰影。(2)將標題設為大寫字。(3)將字間設寬一點(200%)。

❸

← THE CIRCLE AND LOMBARDI SCHOLARSHIP FUND →

9 製作像框式的封面

最近曾經去過美術社嗎？多相片的像框現在非常流行！這種乾淨、格線狀的呈現方式，掛在牆上很好看，出現在我們的版面上應該也會很不錯吧。設計師使用格線設計由來已久。因此讓我們把這個概念借回來，套用在我們下一個封面上吧。

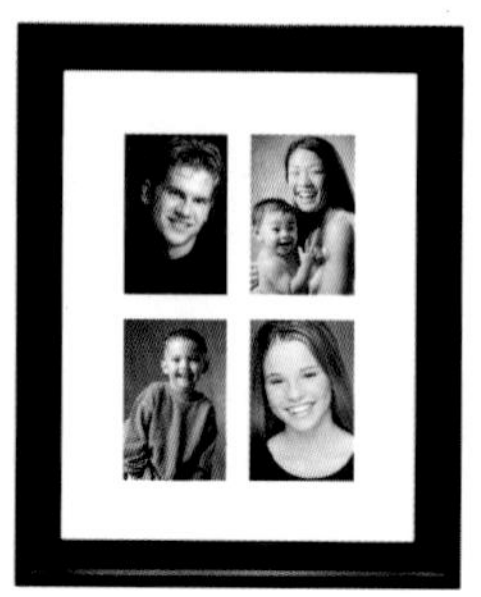

多相片的像框可以簡潔地取代那些在牆上，掛得歪七扭八的像框形式，當然也同樣適合呈現在頁面上。請看左側中性色塊區域裡，藉由明暗不同所強調出來的層次感。

❶ 

❷ 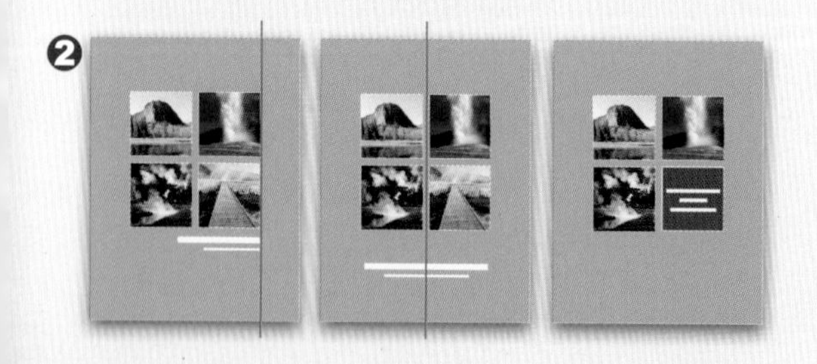

(1) 將照片調整為相同大小，然後排成一列、一欄、整個群組，對稱地靠向版面中間（安定、穩重）；或不對稱地靠向某一側（緊密、活潑）。

(2) 用較小的字體，對齊某側或居中亦可。

10 以少為多

當我們有三張可用照片的時候，應該如何決定呢？通常我們會想全用上去，對吧？其實並不一定要全用上，只用一張可能會更有效。單放校園高塔這張照片傳達出的校園精髓，要比用三張來得高明。標題則放在校園顏色的色塊上，清楚的顯示訊息內容。

設計前

我們有三張好照片，倘若要將三張照片都放進版面中，設計師勢必要縮圖、裁切並推滿頁面周邊範圍，就像現在看到的版面設計一樣（相近的堆疊與構圖），同時在閱讀上也不方便。所以只好加上大塊（毫無意義的）淡藍色區域，把字體放大成三個尺寸，並以水平線條隔開。

我們可以看出在封面上這種「越設計越糟」的情形，學校與社會科學課程都在這些設計裡迷失了！等於是在傷口上灑鹽巴，做得太過火了。解決方法就是：讓其中一張照片為主即可。

設計後

少即是多，校園高塔便是很好的代表。只要簡單地居中，讓照片自己說話，接著再加上我們要的文字即可。請看上圖，由於色塊條夠短，因此照片的視覺流向可以完整穿越。下面的紫色與膚色配上綠色後，形成賞心悅目的分割互補配色。

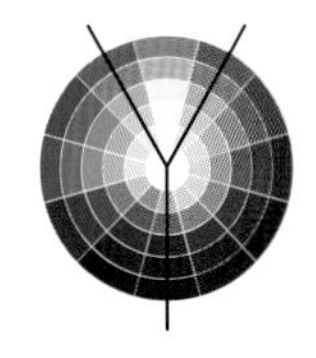

單元 12 如何設計第二頁

我們已經設計出漂亮的封面，接著內頁要如何設計呢？

外表包含了內在，一旦我們設計出漂亮的封面，一定也希望緊接著的內頁也一樣漂亮。然而內頁是個純然不同的空間，說著不一樣的語言，並帶有不同性質的目的，因此到底要如何保持美觀呢？關鍵便是「簡化」，第二頁應該是第一頁的較「少」且較「簡化」版本，以下便是四種技巧。

外觀

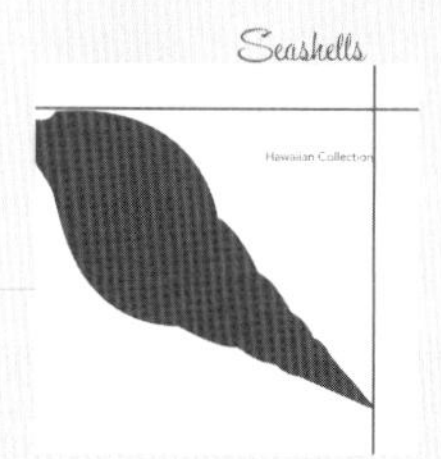

美麗、珠寶盒般的外觀，剪裁自一張較大的圖像。這個設計的關鍵是「擺放的位置」，請看貝殼擷取的位置，成了擺放文字的邊界。

1 重複與趣焦點

當我們擁有類似此封面的強烈視覺焦點時，將之去背後放進內頁，讓它出現在白色背景之上，便會顯得相當出色。藉由這種讓封面元素，同時出現在內頁的方式，我們便能在製作新頁面同時，既能延續形狀、色調與構造，又能製作出有所區隔的呈現方式。

Seashells

Hawaiian Collection

Inside

Hawaiian Collection

Precisely catalogued and carefully identified for the viewer's pleasure and learning

This collection is licensed on the basis that the user may use the images in whole or in part except for resale or in distribution of the collection itself

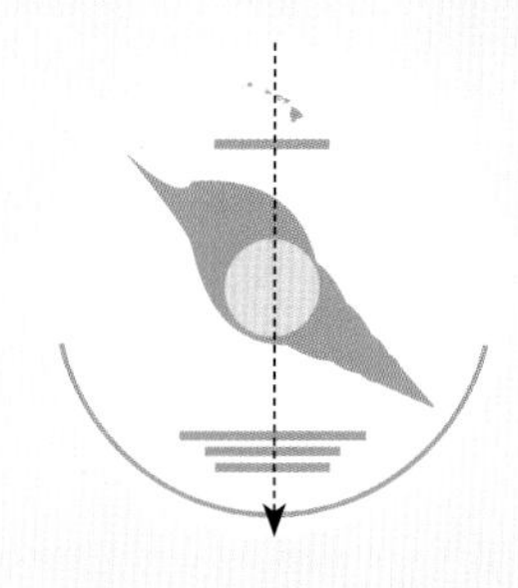

Hawaiian Collection

Precisely catalogued and carefully
identified for the viewer's
pleasure and learning

分出層級

讓字體與其他視覺圖像，次於主要視覺焦點。作法是將版面居中，以便讓讀者的視線可以由上而下直線進行地觀看頁面（最左圖）。接著讓字體不明顯：讓它小一點（比您所想像的再小），上灰色或主題本身色系的低色調。結果會顯得很有質感，相當「極簡化」的設計。

2 撕掉一片

自建的一個「很多門的封面」，訴說著故事，暗示著讀者鑰匙藏在裡面。所以我們從外面撕開一塊，然後在內頁放大。

乍看之下，這是一堆門的集錦拼貼，其有趣之處在於我們可以將訊息放在封面的門上，等讀者打開以後才能揭露它們。

這張是唯一帶有鑰匙的圖像，剛好呼應文字訊息：「解放您的想像力」。

格線式的差異化圖像會顯得很複雜，必須加以簡化。最簡單的方式就是將其中一列，以相近顏色來建立。

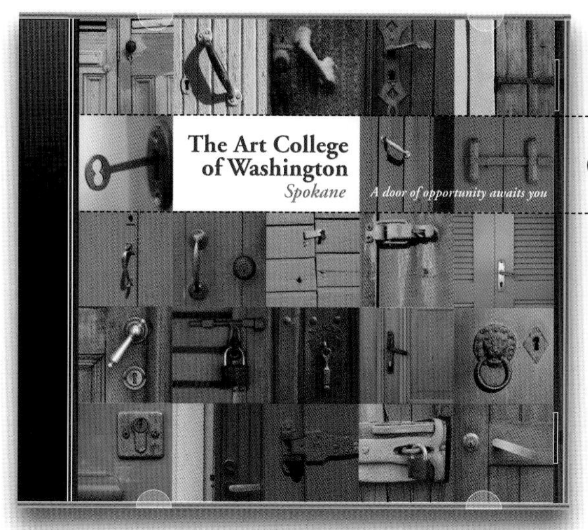

A

（A）標題列是由顏色相近的圖像所構成，下方都有可以放置文字的空間。在複雜的構圖裡，這樣的空間反而會顯得突出。（B）字體的顏色也必須接近，如果用深藍色之類的顏色，便會破壞整列的連續性。（C）若要找適合的顏色，可從鄰近圖像選取暖色系。

B

C

3 製作自己的物件

繪製物件一越簡單越好一放在封面的圖像上，然後在內頁裡重複使用。若封面上沒有什麼適合延續的元素時，使用這種作法就非常方便。

相同形狀、字型、大小、色調，放在不同的背景上。

前　後

這樣的設計很酷也很低調，形狀、大小、色調相同的東西放在一起，只是明暗對調也能做很好的搭配。請注意我們所使用的極小字型，它實際上有**14pt**的大小，然而結果依舊優雅迷人。

在兩個頁面的相同位置放置相同形狀，接著讓文字也跟著靠近對齊。不但「延續」同時也「簡化」，例如下圖視覺上的直線。

注意顏色明暗對調的使用。

4 景裡尋物

如果外在封面大氣，內頁便可小巧。請從森林裡帶點東西回來吧—例如松果、老鷹、岩石等等，便可建立出漂亮的「遠」與「近」的對比。

為了延續性，應該沿用封面的字型。同時我們所用的綠色背景是中性的色調數值，可讓不論明暗形式的字體，都能清楚分辨。

森林是遼闊的、全景式的、有距離的。因此用較小的物件，便會將它「帶近」一點，讓它靠近人的範疇，變得較能親近。而藉由簡單的對齊，也能將封面的元素延續進內頁中。

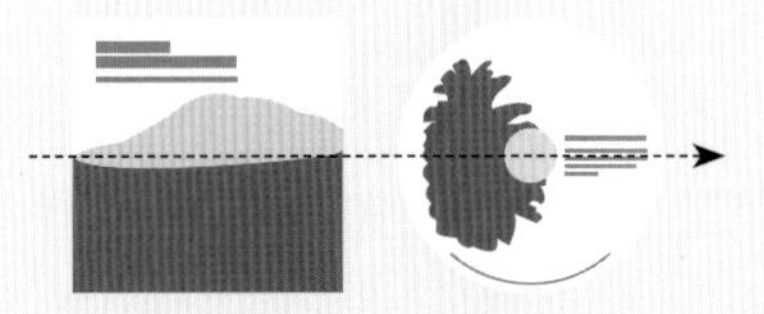

■ 帶入頁面外的事物

這些技巧也可同樣運用在較為複雜的專案上。如同前面所舉的例子，延續字體樣式、顏色、圖像形式以及版面設計。若比例不同的話，結果也會不一樣。例如一片綠色跟一點點綠色是不同的、大照片與小照片看起來也是有差異的。

白色為整個設計的主色，圖像的形式與大小都很接近。字體樣式是對比的，顏色則是延續的。從封面取樣的綠色與灰色，加上白色背景，展現明亮、健康的配色。

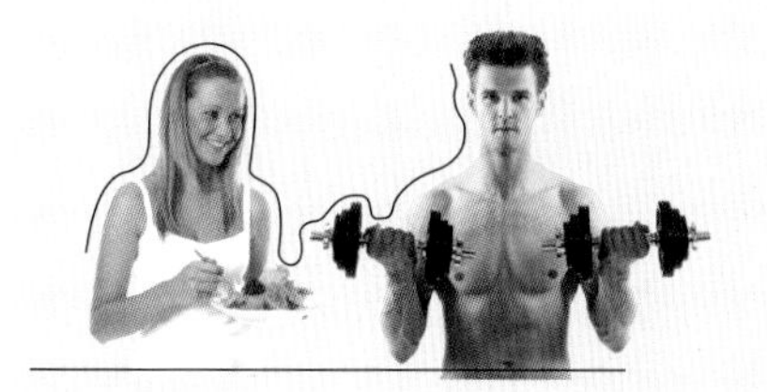

有機形狀，此設計的重要關鍵，便在於特大圖像的有機輪廓，形成了流暢的、不明顯的邊界，傳達出空間感與健康的形象。不過這兩個圖像都還有個整齊的邊界，也就是它們在頁面出血的部份。因此文字齊左或齊右，也等於是在對齊它們。還有下圖這個特別細的字體很輕、很清新芬芳，如同這個版面設計一樣。

單元 13 簡單的無邊界設計

如何設計版面給沒有「無邊列印」功能的家用印表機。

目前的印表機可說是迷你的「技術奇蹟」，因為它們可以用很低的花費便得到列印在專用紙上的高解析度成品。不過一台 99 元美金的售價，也讓它們有很多事情都無法做到，例如列印到紙張的邊界（完全出血）。大部分家用印表機都會留下白邊印不到，而不同印表機之間也會留下不等的範圍。

這些白邊框會分散讀者的注意力，其最大的問題，在於我們無法設計到這些邊框的範圍。

所以呢？與其抵抗它，不如接受它。強化這個白框，並將它作為設計的一部分。

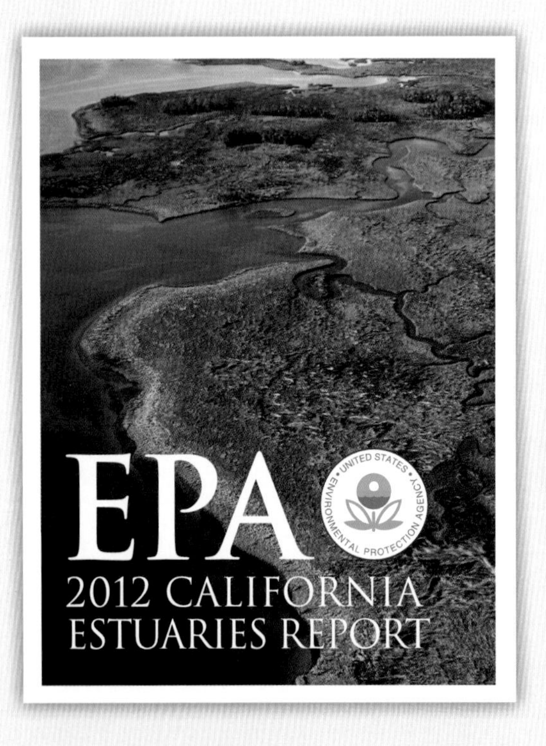

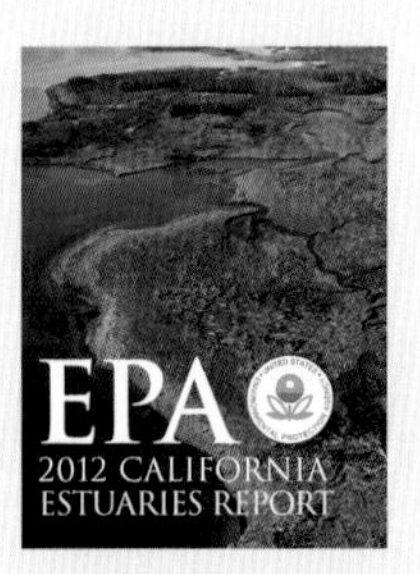

（左圖）您曾有多少次被這樣的情形困住呢？設計了一個完美的出血頁面（上圖），卻因為印表機的關係，只好縮小列印，而且很少會印得整齊，更別提到別台印表機會發生什麼狀況了。結果就是這些沒有設計過的白框，干擾到原先作品的完美。

1 多一點留白

改正這些白框最正確的作法，便是多增加一點留白。從頁面邊緣開始，將視覺元素間的聯繫減少。

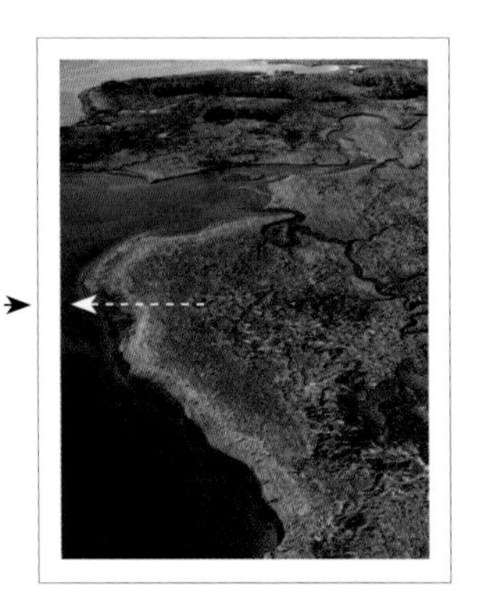

圖像元素越接近邊緣，便會產生聯繫的感覺，因此我們的眼睛就容易辨識出外圍的白框。

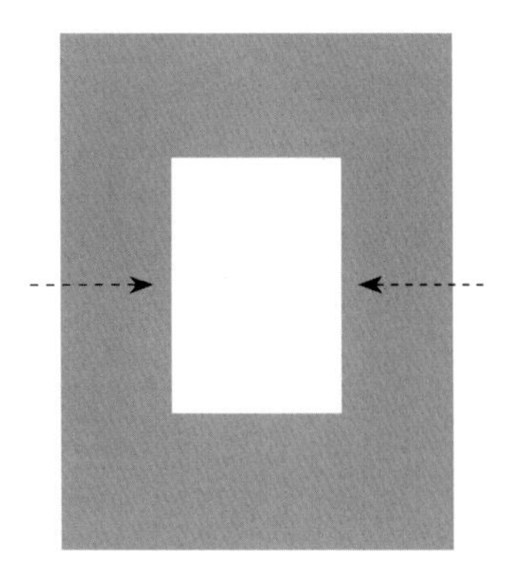

縮小圖像到夠小後，便會切斷它與邊框的聯繫感，邊框的辨識感也就消失了

為了要保持邊框「等寬」的感受，圖像必須加以裁切（變瘦了）。結果會更戲劇性，也更聚焦在曲折的海岸線上。

此圖像現在會變得像是畫廊裡的藝術品，掛在一面白牆上。較小的圖像尺寸帶給我們一點好處，也就是我們可以剪裁並四處移動圖像，更方便設計整個頁面。

2 建立動態

移動圖像到視線水平，便會建立出三種不同寬度的邊界，也不會形成框的感覺。 接著將圖像分割成三欄，便會建立動態，而將視線導引往頁面下方。

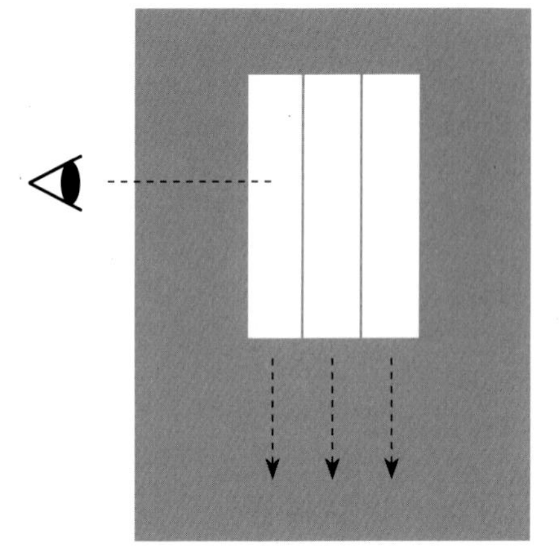

有邊框太穩定了，所以我們需要的是動態。視線水平的圖像看起來比較自然，加上三種不同寬度的邊框：窄、中、寬等，減少了邊框的感覺。

此處所呈現的是圖像垂直分割，也可以用兩張或三張不同圖像在此拼貼，（如左下圖）調和不同圖像之間的顏色、形狀與紋路，直到形成強烈的構圖為止。

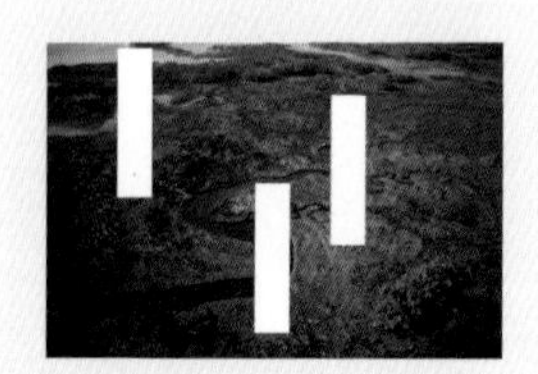

我們可以從這張圖像裡，擷取出三欄或更多欄、更多列的圖像區塊。遇到圖像裡帶有不只一處興趣點的時候，這便會是個相當不錯的技巧，因為可以擷取故事性最強的部份，移除其他的部份。

3 調和字型

在頁面上與圖像元素相輔相成的字體樣式與大小，有助設計風格的統整。相「近似」時會傳達出和諧、相「對比」時則會傳達出活力。

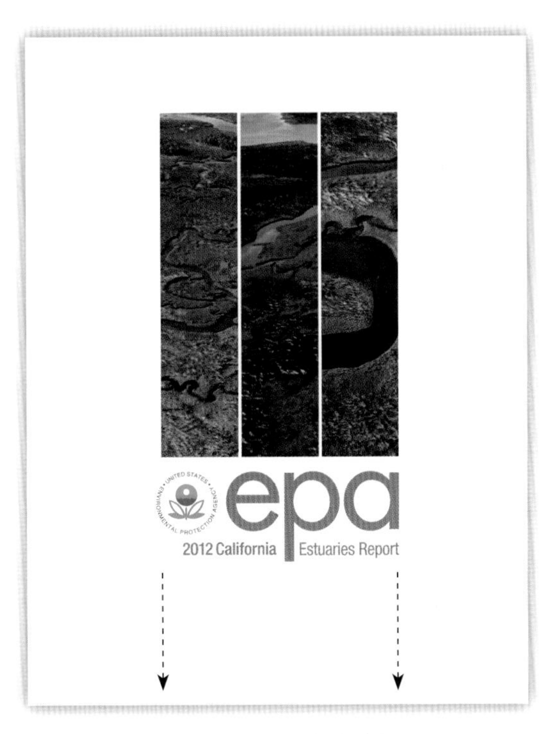

對齊可延續垂直的動向

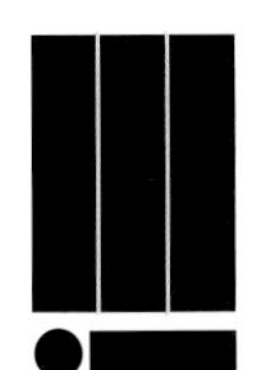

直圓設計

直正的大寫字可漂亮對比上圓形的logo，不過整個頁面與圖像都已經很方正了，再用太過方正的字型，怕會壓過淺淺的logo。

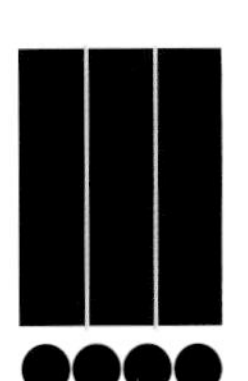

全圓設計

圓形的小寫字型（等高、等筆劃），可模擬圓形的logo。看起來就像是四個一組的圓圈，而排成一排的圓與上面的矩形圖像，形成了漂亮的對比，並帶給頁面兩種強烈的形狀。

4 橫置圖像

水平圖像可能很大一張，若能對比於頁面方向看起來會較有活力，也依舊能保持無邊框的感受。其原因便在於不同的邊界寬度，以及從左至右的視覺動向。

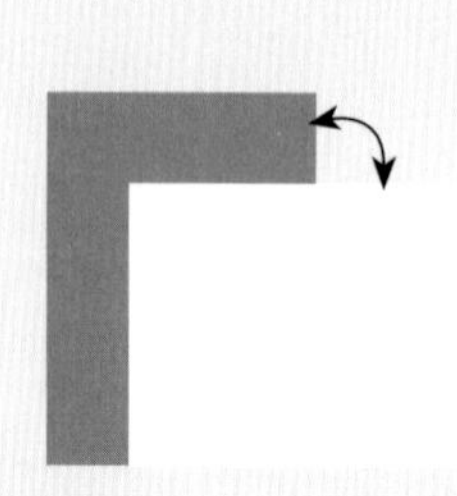

相同比例

只要用相同比例，便可將頁面與圖像統一起來，將圖像旋轉90°，並縮小至大約60%。

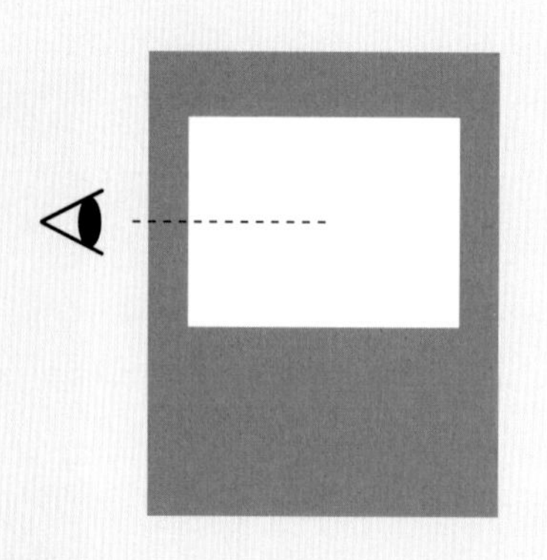

視線水平

信紙大小的頁面大約等同於人類頭部，因此「視線水平」便是放置焦點的最強、也最適合之處。

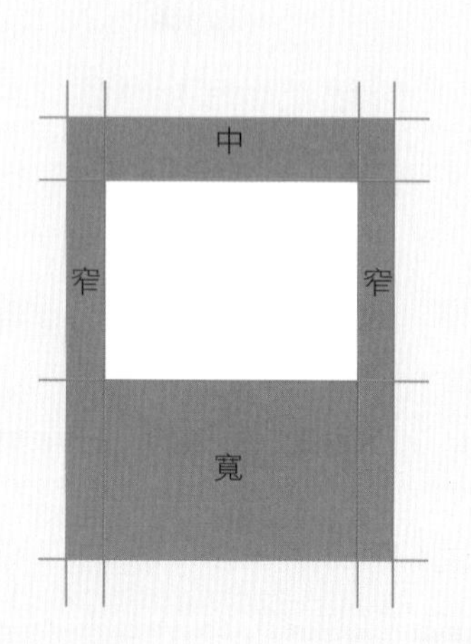

不同大小的邊框

放在「視線水平」會造成三種不同大小的邊框寬度，增加了視覺的活動感，也讓邊緣不會產生聯繫感或造成邊框的感受。

5 建立焦點中心

一行字的標題會維持水平的動態，同時也是有利且老練的聚焦方式。小小的 logo 也完全掌控了周邊的留白。

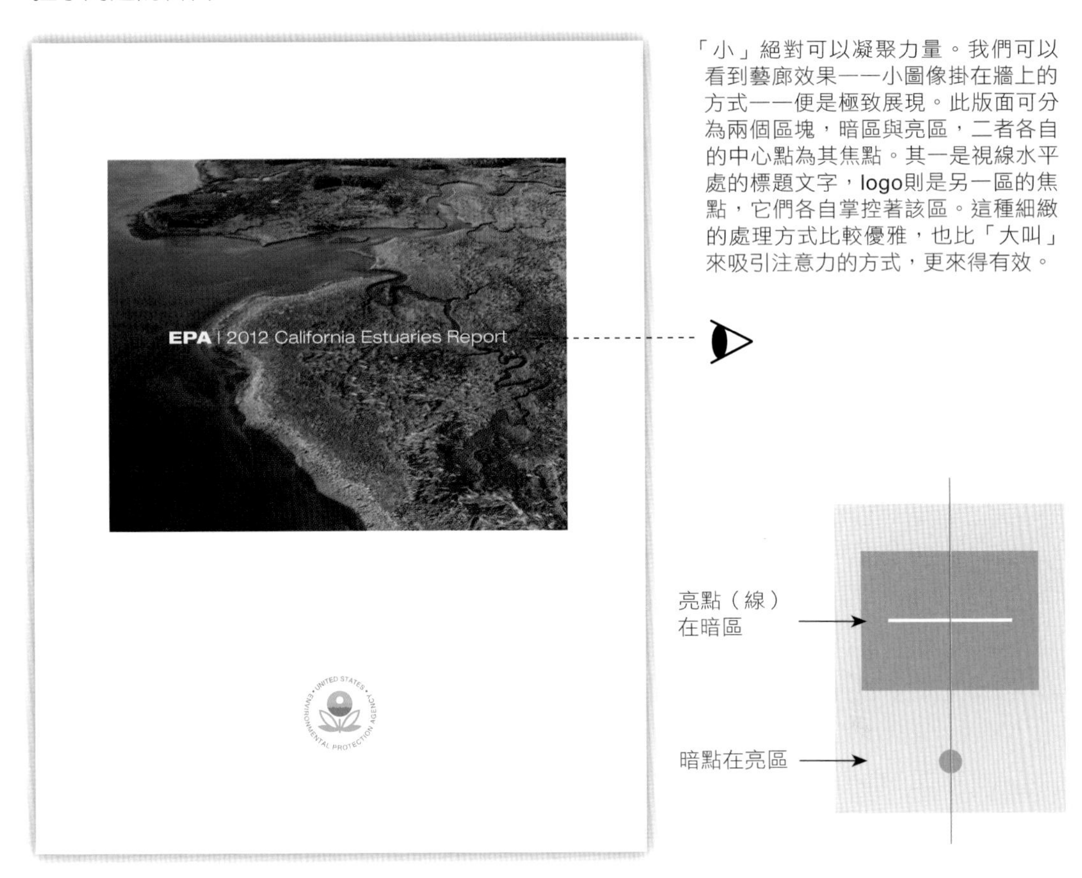

「小」絕對可以凝聚力量。我們可以看到藝廊效果——小圖像掛在牆上的方式——便是極致展現。此版面可分為兩個區塊，暗區與亮區，二者各自的中心點為其焦點。其一是視線水平處的標題文字，logo則是另一區的焦點，它們各自掌控著該區。這種細緻的處理方式比較優雅，也比「大叫」來吸引注意力的方式，更來得有效。

重　　　　輕

EPA | 2012 Cal

標題的關鍵是「安靜」，同一種字型不同粗細結合成一行字，帶來一種低調的美感。

6 讓頁面活起來

跟水平放置圖像作法近似的是「橫幅」的設計方式。極端全景式的形狀，對比於垂直的頁面，的確是較有活力的作法。

我們往往會感到訝異，因為傳達圖像核心概念所需要做的事，竟然如此簡單。例如此處小小一段包含海岸線、小港灣、河口以及乾地溼地，這就是已經是完整的故事了。

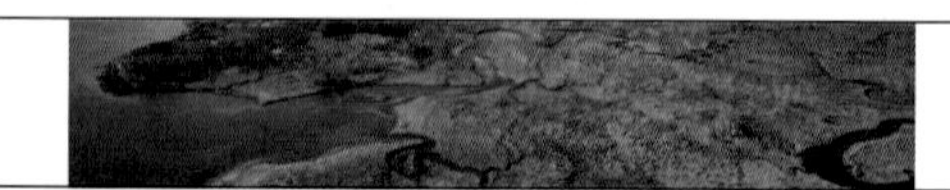

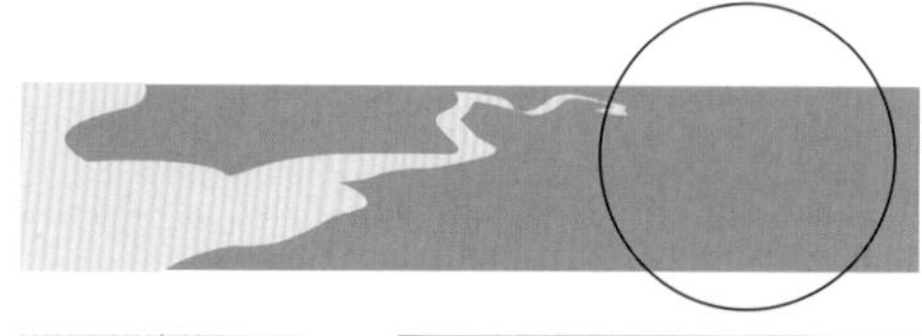

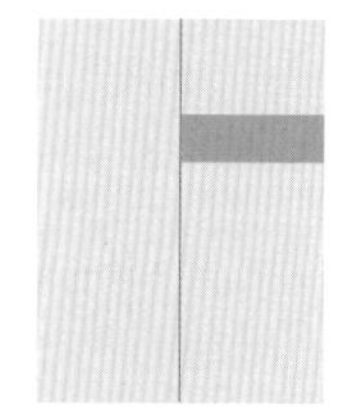

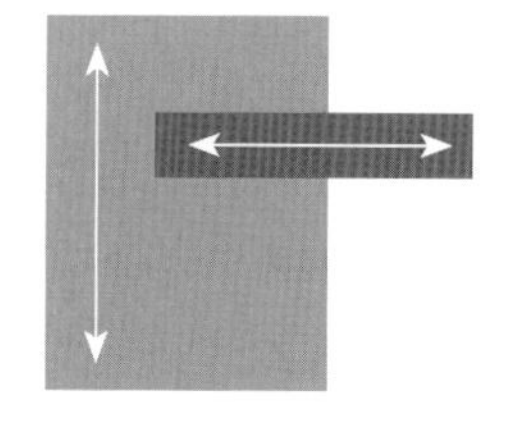

無用的區塊

全景形狀的美麗之處，在於它與頁面形狀的差異如此不同。雖然很多圖像都能適用，不過本例中有許多較無趣的空間（上方），因此我們裁切到只剩半頁的大小。

強烈的對比

高對寬、胖對瘦、上對下、正對反等的各種對比，都能營造出活力。

7 齊右

將圖像與文字齊右放置在視線水平處，此時的頁面留白，也就是我們一般認為空無一物的地方，佔滿整個頁面，是相當活躍的一種設計。

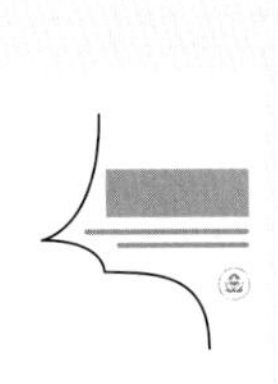

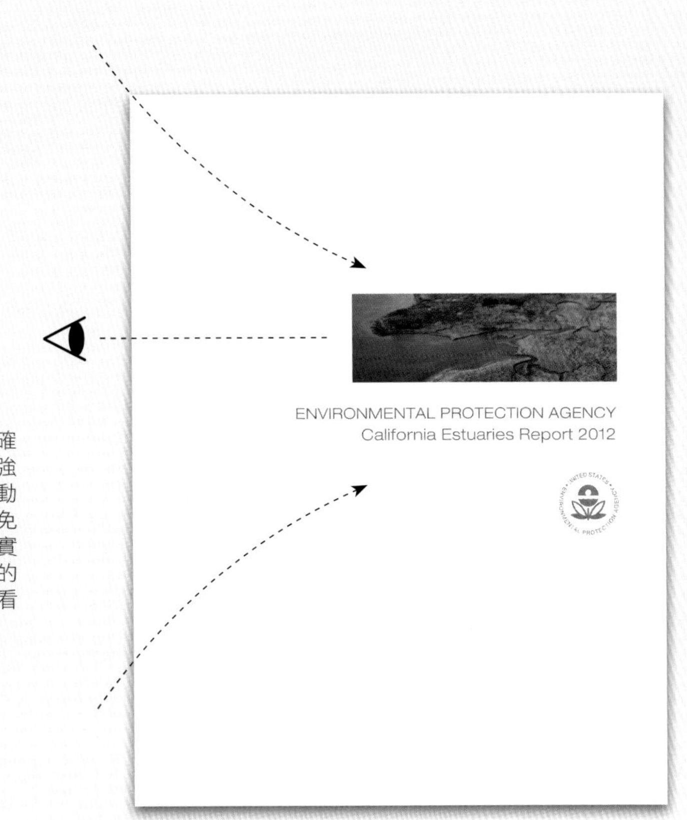

邊框？哪裡有邊框？

雖然裡面的東西不多，但這的確是設計過的頁面。因為它有很強烈的視覺焦點，以及許多視覺動線。文字與logo均用灰色以避免太過凸顯，同時也會讓圖像確實成為舞台中央的主角。不規則的左邊界，可以避免多餘的線條看出形狀的感覺。

ENVIRONMENTAL

California Estuaries Report 2012

該用多大的字體？怎麼放這些字呢？

先看眼前的與附近的東西。在本例中，半島與港口便是我們的量尺，也是字體大小、行距、logo尺寸的參考。如此便建立視覺上的關聯，也統一了整體設計。同樣地，延伸出去的字體，也呼應了圖像本身的水平形狀。

單元 14「旁白」式圖說

圖說不只是像貼「標籤紙」，以下教您不僅將圖說放在圖像上，同時也讓圖說進入故事裡。

我打從電影問世的時代開始，我們便會聽到一位看不見的敘事者，以「旁白」的方式，伴隨著情節的進行。這種旁白除了幫忙解釋我們正在看的劇情之外，也會幫忙解釋我們「看不見」的情節。

旁白強化了電影的鋪陳，如果少了旁白，意義就常隱晦不清。因此旁白敘述實為電影製作的重要關鍵。

旁白的印刷版本，便是「文字旁白」（亦即「圖文」或「圖說」）。然而不同於電影裡看不見的敘事者，列印出來的旁白文字是看得見的，因此會對圖像產生影響，這也是它的有趣之處。雖然旁白跳上桌來面對讀者了，但要如何說好這些旁白呢？音量大小、語調高低、放在何處？…等，就是設計師的責任了。

1 雖然分開，但視覺上相連

將圖說與圖像結合的一個好方法是：借取周邊的形狀來用。

圖說的左側邊緣是突出的，以便符合水手臉頰的凹陷輪廓；圖說的右側則對齊於畫面的邊界。這種放置方式可以避免干擾主角「凝視遠方的視線」，因為那就是這張照片最想說的故事。

2 輕吟

如果能夠「映射」出照片裡面的自然流動，「旁白」就自然會顯得輕柔。這張照片已説明了一切，圖説則只在一旁溫柔獨吟。此處圖説的字體要用得輕盈、柔細，不帶干擾。

順著流動

設定較輕、較柔的字體，便可承載圖像裡的明亮、開闊感受；就讓照片來導引你吧。草原場景上方的圖説與雲的線條一致，在空氣裡劃過。而港口的海岸線照片就不同了。這個圖説展開的方式並非按照海岸的形狀，而是表達畫面外無盡海洋的感受。為維持這種感覺，圖説的行距也設得極寬，讓視線可輕易穿越，如同海浪一般（左圖）。

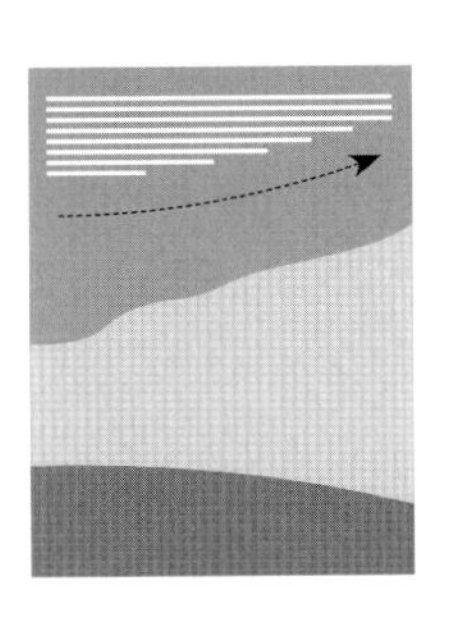

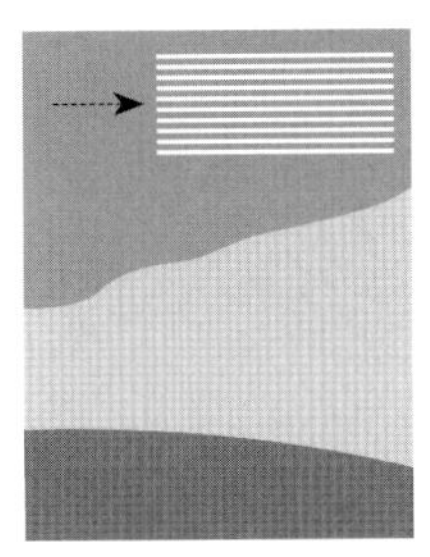

左側左圖裡，圖説掃過的形狀，與圖像裡的感覺一致。矩形的圖説文字塊（左側右圖）對圖像而言，簡直就像是外來的異物一樣。

3 強調

我們的眼睛會跟著線條走，線條怎麼走，視線就會跟著一起走。

與圖像線條互動的長條短圖說，會受該圖像內的線條影響。如果圖說沿圖像內的線條走，就會形成動態與活力；如果是穿過的話，便有挑戰與緊張感。而該圖像線條結束之處，通常就是最重要焦點處，也就是最有活力之處。

沿著線條

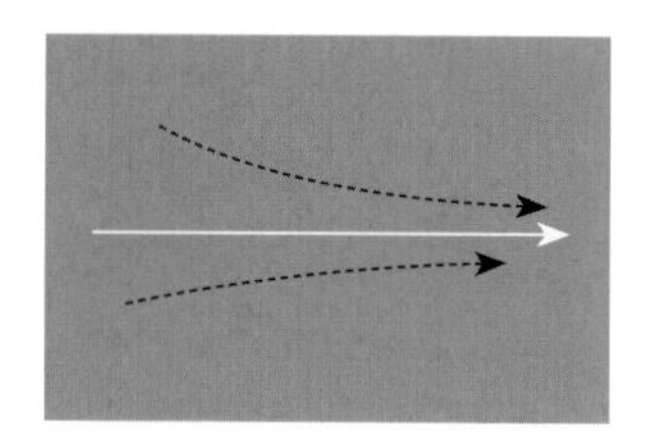

走

有線條的地方就會有動態，例如此圖所帶來的速度感。地面線條與雪的邊緣，是從一邊跨到另一邊的物理線條。而雪車的紅／藍線條加上模糊的樹，添加了速度感。一行水平文字（斜體）加強此動態，同時也像是模擬速度感的虛擬線條一般。

穿過線條

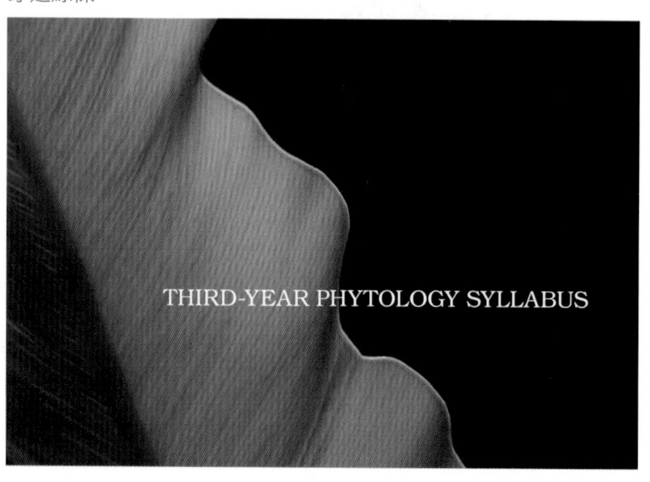

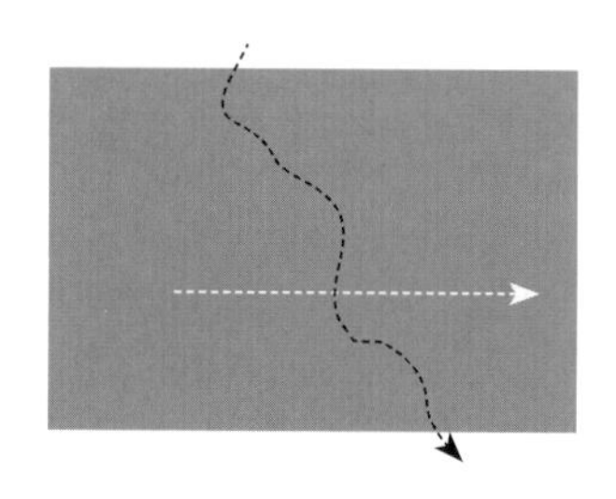

停

我們現在看見的是一片葉子，它的邊緣像是切割空間的線條，讓視線不由自主地跟著走。穿越線條會形成干擾，並建立極為強烈的視覺焦點。此處細長單行的標題，就像細細的邊界一樣，互補出它的美麗。

線條的盡頭

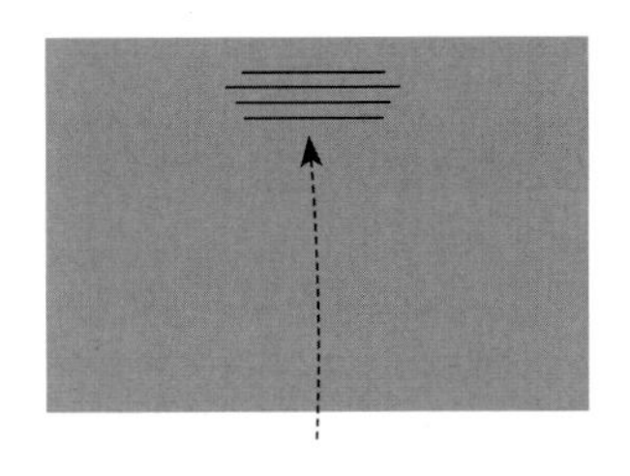

停！

線段的盡頭代表完全的靜止，當然就是視覺焦點處，放在此處的圖說也會較為有力。使用較小的字體，則表現得更強烈。本例中，我們首先會注意到黃色的線條，看到霧濛濛的背景，接著讀到這段圖說，再看一下整張圖，此時的觀感便會有所不同。

4 浸沒

壓在圖片上如劇場簾幕狀的文字塊，等於是像讀者迎面而來的故事。文字與圖片同時被看見，也一起被「閱讀」，為本來平凡無奇的照片，加上無比的力量。

簡單就是美

上圖這種對比度低、容易辨識文字的圖像，會有較好的結果。右側圖則是應該避免的情況，因為圖片裡面一些小細節如騎士的帽子，大約跟字體大小相同（嵌照放大處），會讓圖像難以看清，圖說也會變得難以閱讀。

5 平衡會建立穩定的陳述

此處要表現的並非填滿空間，而是填補其形狀。事實上，如果用較大的字體或較多文字的話，效果可能就會大打折扣。

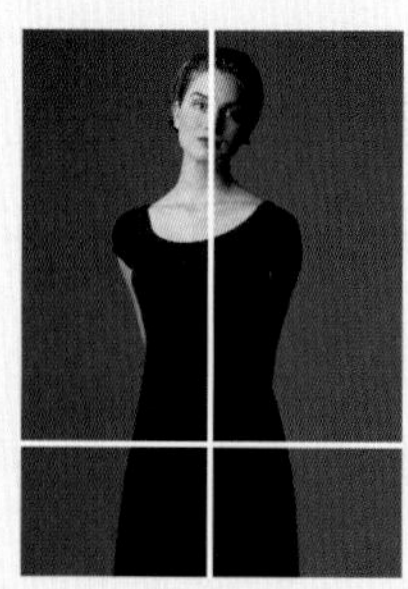

線條效果的形狀

模特兒纖細的身形，建立出垂直的線條感；素雅的服裝則像是空白的畫板。藍色的圖文標題，承載此構圖的線條，而白色的圖説文字，正好平衡模特兒的頭部與頸部。這是極為簡單、穩重的效果，表現相當精緻。

6 一腳踏入：圖說佔據中央位置

圖說也可以當做主角，很簡單地就讓讀者不得不立刻陷入照片的故事裡。

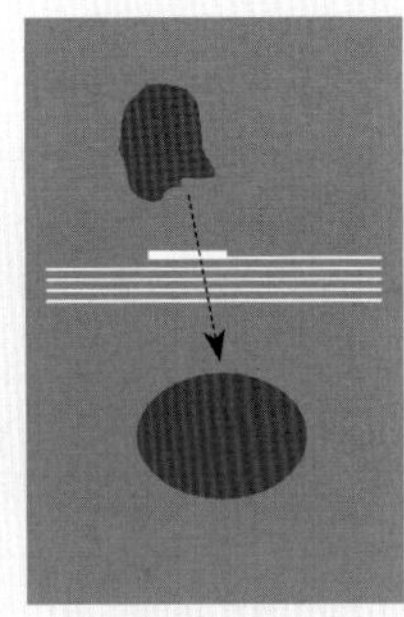

視覺線條

照片裡的物理線條非常多，竟然還有整桶的線條。然而其中最重要的一條線是看不見的：也就是漁夫眼睛注視手上工作的「視覺線條」。只要干擾這條線，便會一腳踏入故事之中。此例的有用之處在於圖說不僅干擾，且位置就在照片正中央。因此圖說已經從旁注的角色，搖身一變成為整個故事的主角。

7 接管內容

我們會形容一張爛照片是沒有重點、構圖不佳、太滿了等。那何不把「檸檬榨成檸檬汁」呢，也就是巧妙的運用圖說來改善照片。

They ask me, why don't you just make money? Money isn't anything in life. If I'd had a million dollars in my pocket would it have mattered to that poor girl last night? I never even got her name; she didn't ask mine. Would money have changed anything for this girl? What mattered was that I listened. What mattered is that when she walked away from me she felt that bit better within herself. That's why I don't work with computers. Would I get the chance to do that if I was in an office? No.

左圖相片裡的構圖線條都是很明顯的水平線，只有水平的文字得以被強調。

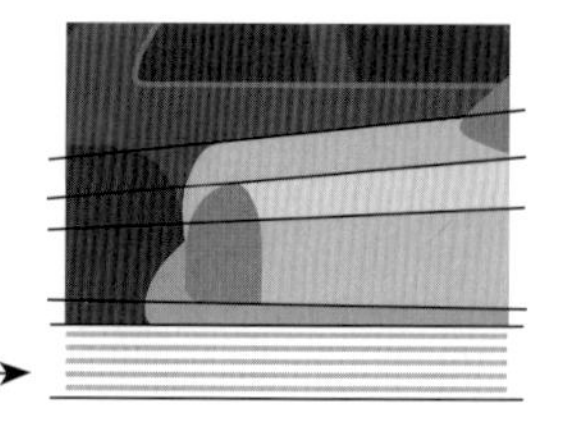

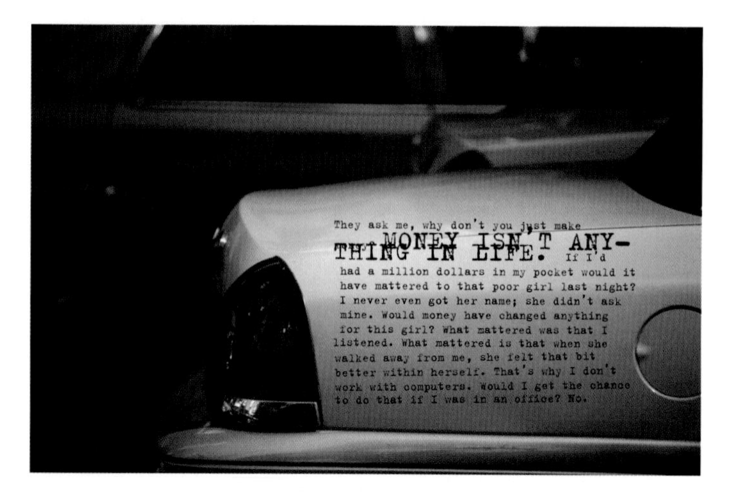

藉由圖說的不規則疊字方式，配上印刷字體類的Trixie字型（上圖），便傳達了關於紐約市的計程車司機在夜晚討生活，那種難忘的粗獷感受。這些字體故意設定的不好，黏在一起且大小不一致，以便藉此傳達黑暗、粗糙、直接的感受。現在讀者已經準備好要聽故事了，而這部無啥稀奇的計程車，也變成極有價值的道具了。

They ask me, 8/10
money? MON 18/10
THING 18/10

上圖，Trixie字型模擬了破損的舊印表機字體，帶有髒汙的細痕，所以我們需要相對應的髒汙感來設定字體。行距大致保持等寬，加大某幾個字來強化衝突。

從中間以下的第二個文字區塊，也稍微歪斜。設定這種字體會造成真實的緊張感，若您以前未曾嘗試過的話，會覺得有點偏離自己的習慣，忍耐啊。

多重圖說的照片會說更多故事

不論你的照片如何，照片裡的每個人、物件、元素，都有自己的故事。與之前用「單一圖說」說出整個故事的方式不同，我們現在用的是五個、七個、十個圖說來說出所有細節。做起來有趣，讀起來也很快，非常適合現代這個充滿大螢幕、聲光效果的世界。圖說的位置可以放在主體的上方、旁邊，或旁邊的上方均可，如同我們現在所呈現的一樣。

透明效果可以改善太複雜的背景。

還有，您知道嗎…（譯註：作者以風趣口吻，展現多個圖說的妙用。）

1 活動中心
莫名其妙受歡迎的地方，沒有Wi-Fi訊號或像樣的電視螢幕。

2 爪哇小姐
這是她今天的第三杯咖啡，但是現在才早上八點而已。在第二堂課之前，她會喝上第四杯咖啡。

3 教科書
純粹是做做樣子，已經一整個禮拜沒看書了。

4 鞋子
鞋子是他朋友布萊德的，昨天晚上一起去啤酒聚會的時候穿錯的。

8 焦點：將故事與照片結合起來

這張小投手的照片本來應該很不錯的，不過現在看起來好像不是那麼回事。這張照片也跟之前那張計程車照片不太一樣，因為現在看來好像有些事情正在發生，不過呢？…目前的劇情並不相互關聯，整張照片也不算是構圖上的和諧狀態。

遇到這種情形，便可以利用圖說來將這些破碎片段綁在一起。較大的圖說字體，自然會形成視覺上的焦點；壓在投手上面，則能把小投手給拉進故事之內。

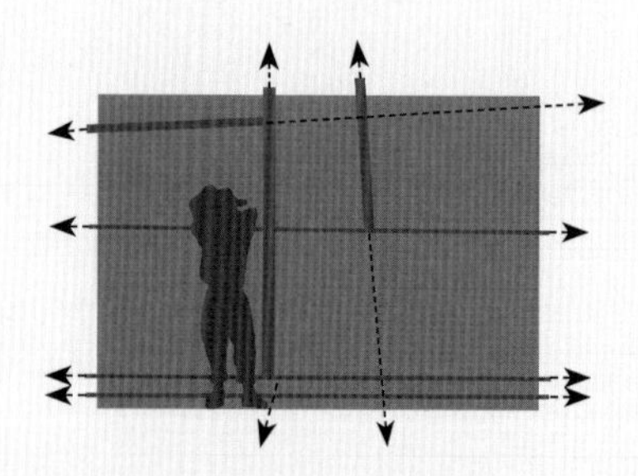

從視覺上來說，這簡直是一團糟啊。粗大的圍籬與鐵桿線條，會將視線導引至各個方向，卻偏偏不會導引到我們想要的視覺焦點（投手）。

而在背景裡，人群所形成的大混亂情形，不知所措地看著各自的方向，也會分散投手作為視覺焦點的注意力。

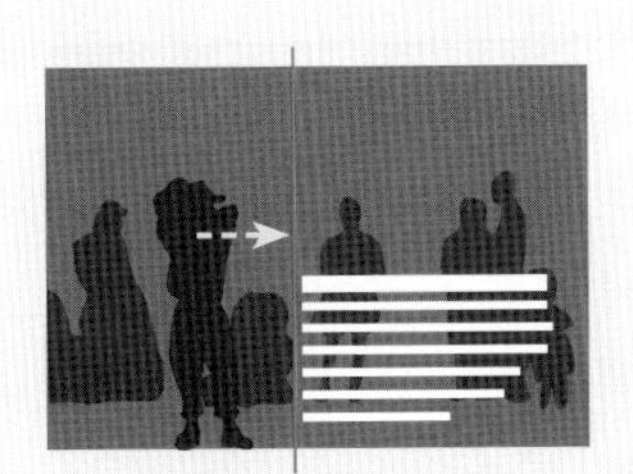

較大字體的圖說形成了新的興趣點。雖然情況已經改善了，不過圖說位置形成強烈的邊緣，擋住了投手，會讓她的球好像被一道虛擬的障礙物擋住一樣。

延伸前段一些字，讓它像繩索一樣繞著投手，打破塊狀阻礙物的感受，並建立投手與故事之間的關聯。圖說幫忙說出照片無法說明的部份；而且讓讀者的視線停留在興趣點正中間。

最新流行的多圖說故事

如果照片裡有太多需要說明的事，以下是個不錯的處理方式。這個作法不必縮小圖片來容納更多圖說，而是將整塊圖說壓在圖片上面。它之所以受歡迎的原因在於可有較大的圖片、抽言式的感受，而且每張照片都有大量的故事可說，以下便是流行作法之一。

絲薄透明

首先將照片做成滿版大小，接著將圖說壓在上面。用細線框、簡單字體與透明色塊，讓它帶點輕、柔的質感。要讓色塊透明的話，可以選用淺灰色塊，然後將其模式設為「色彩增值」。

單元 15 向美麗的網站學習

邁阿密大學文理學院（The University of Miami College of Arts & Sciences）網站，示範了這些優美的部份，其實都存在於細節之中。

最簡單的設計通常會是最佳設計：一個概念、圖像、加上一些字、開放的空間感等，很清楚、迷人、令人記憶深刻。

然而現實生活通常不會那麼簡單，而且會充滿雜七雜八的東西。人、計畫、各種交流等，都要佔用使用者注意力與螢幕畫面，因此會形成一個相當複雜與緩慢的網站。

我們之所以喜歡邁阿密大學文理學院網站的原因，是由於它把「複雜」掌控得相當完美。它用了兩種方式：不但把所有元素縮到最基本單位（簡單的方法），而且將細節部分做得很完善。有許多視覺運用上的技巧，讓這麼多元素得以不費太多力氣，就和平共存在一起，接著我們就來看看這些技巧。

網站首頁

超多的頁面元素與鏈結，簡單地共存在於如此迷人、視覺感受如此協調的頁面裡。

1 結構

簡便地使用了大約螢幕尺寸的大小，不致過長，因此網站的大部分內容都可以立即看見。首頁分為三個水平區塊，每一區塊均提供不同資訊—固定出現的資訊放在上下區塊，會更動的資訊則擺在中間區塊。

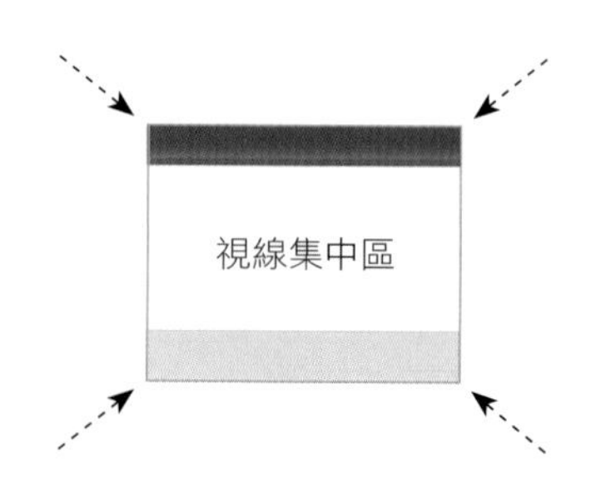

首頁

內頁

以顏色分隔區塊

白色的「舞台中央（center stage）」，由較暗的的頁首與顏色較淡的頁尾包圍住。這個包圍框內放的當然是些基本網頁元素，例如：logo、網址、搜尋框等等。中間這個白色區塊是可以活動的，以便放置即時新聞、新訊息等等。如此螢幕大小的空間傳達出緊緻、整齊的印象；而且比起需要捲動的首頁而言，會較容易閱讀，所以較「緊密」的編輯方式為其關鍵。

2 頁首

綠色與褐色兩個色條，建立簡單、豐富的頁首感覺，導引整個網站的頁面；logo、網址，則都做成反白的呈現。為了要讓感覺軟調一些，使用一點漸層的暈影，讓色條背後帶上一點透出光線的感覺。

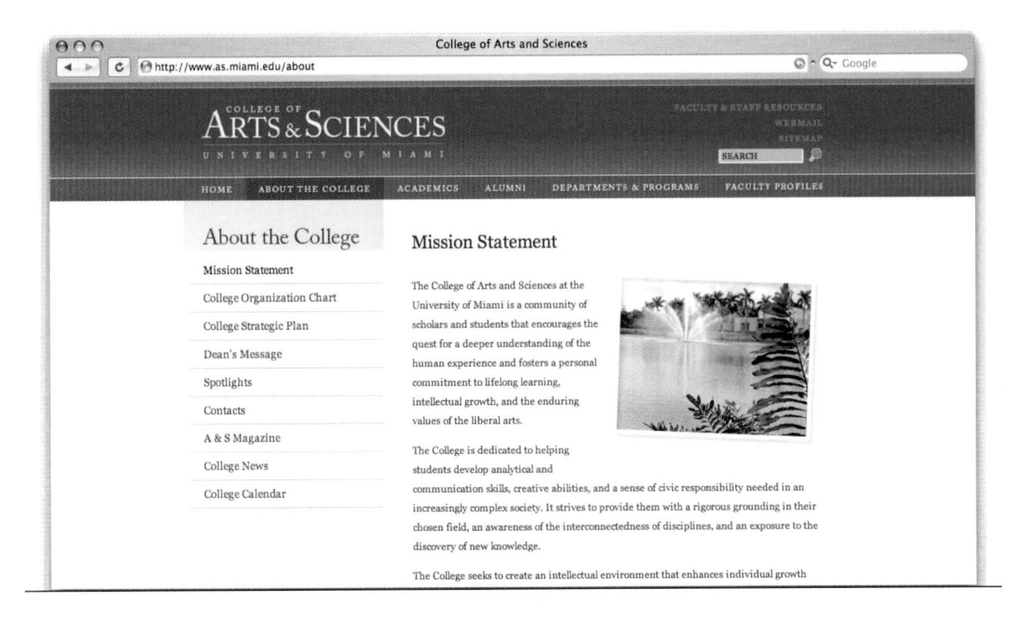

優美的字體 可說是網站的識別標誌。學術風的Caslon字型，有著古典、舊式風格與小寫大型字（圖中大圈圈下方），傳達其人文與傳統，緊密的線條空間（圖中小圈圈處），可以避免較小的字體感覺飄得太遠。圖中兩行小字為相同大小，但其字間的設定則不相同；較重要的那行以全景式的排列方式呈現。

全景式字間 傳達了高雅與穩定，還有淡淡的陰影也是。我們不常看到如此現代的技術與如此古樸的字型並置在一起，然而完成的結果相當有水準，並且有著深度的質感。

最右邊有四個固定的鏈結，只藉由色調不同放置在那邊，不過仍然相當方便使用者操作。

3 主要鏈結

最高層級的鏈結在棕褐色的標題列上，其字型、顏色與陰影，都與學校的 logo 相同，以便加強它們彼此之間的關聯與穩定。

鏈結字體與logo相同

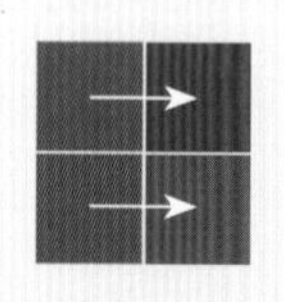

棕褐色標題列與綠色區域 雖然顏色並不相同，不過其灰值（明暗程度）是相同的，因此也讓兩者雖然外觀不同卻仍能有所聯繫。

ALUMNI

ALUMNI

字間較寬 看起來較放鬆，比起一般字間感覺要求沒那麼緊迫，傳達出慎重與穩定的感受。而就螢幕上來看，也比較容易閱讀。

HOME | ABOUT THE COLLEGE | ACADEMICS | ALUMNI

一般鏈結　目前頁面　鼠標停留

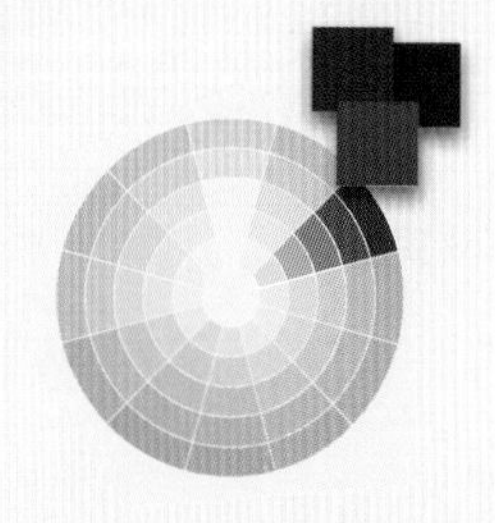

三種不同色調的棕褐色 分別用來界定三種標題列的狀態：「一般鏈結、目前頁面、鼠標停留」等三種。這種表現方式雖不強烈，但仍清楚的告訴讀者目前所在位置。較暗的顏色來自右圖這種「單色配色」的極深色版本，有點像是「改變目前訊息」但「並未改變主題」的感覺。

4 次鏈結

當讀者更進一步深入網站的時候，稍微改變一下字的大小寫、顏色等，就可以提示出目前所在不同層級的變化，不過字型樣式與大小是保持不變的。

反轉顏色

此網站美觀的一致感，來自盡可能減少字體形式的變化。左圖的次鏈結維持了主鏈結的字型、尺寸與樣式，只是改了小寫字與對調顏色而已。

往下繼續鏈結時

字型顏色先變黑色，接著再變為灰色。這種作法很簡單地讓一種字型、大小，就能變化出四種不同層級的訊息。

5 內文區

介於頁首與頁尾區之間，這一大塊空白區域「內文區」，便是網站的主要視覺焦點處。每個網頁裡，會有一篇短短的、像書頁一般的文章出現。文章的設定是由行間較寬的襯線字體所構成，呈現出輕鬆、藝文般的觀感，非常適合閱讀。

絲綢般的淡淡漸層

左欄是由極細緻的漸層作分界，大約從底色2%漸層到白色。有趣的是雖然邊界極為輕微，但卻要做到不僅可以看得見，而且要能夠看得清楚才行，真的很美。

適合閱讀的寬度

書寬度的內文欄裡，每行大約容納45到65字元，是非常適合閱讀的寬度。較寬的行距，可提供視覺上的暫息，放緩吸收訊息的步調。文章行寬越寬時，就必須使用更寬的行距。

6 頁尾

設計正確的「頁尾」必須傳達適度的權威感，而不能將其視為網頁的「尾巴」，反而該看做是所有網頁的基石，協助傳達所有其他的訊息。頁尾包含固定的訊息—主要鏈結、聯絡訊息、logo 等。

層次分明相當重要

相同份量的頁首與頁尾（最左圖），會造成「夾心餅乾」的現象，分散讀者的注意力，並削弱了頁面的呈現能力。應當用三個層級來區分（左圖），並賦予每個區塊適當份量。請記住讀者的目光，通常會傾向中間的區塊。因此要保留給最重要的訊息來使用，並將其他協助性的資訊放在周邊。

7 字型

整個網站 HTML 文字均設定為 Georgia，這是一般公認螢幕上觀看最適用的襯線字型。Georgia 看起來就像是看書時的字型，加上它的合宜的物理特徵，讓它在解析度極低的時候，亦能清楚辨識。

字間與字母間距，跟字母的外型同樣重要，而 Georgia 在此同樣勝出。在閱讀文字的大小下，它看起來平順、連續而有韻律感。

與世界公認標準的Times字型相比較…

Georgia較大

我們所感知的字型大小，並非藉由其pt數值來判定，而是藉由其小寫x字高，也就是說，小寫字元的高度來做判定。Georgia的小寫x字高為大寫字高的68%，相當平均；Times字型則因為太小，不太容易在螢幕上辨識。

1b3c6d7

Georgia較具文字特色

Georgia的舊型數字、文字特色等，例如小寫字裡的筆劃，帶有較多上升或下降的筆劃。這些部分會讓它較具識別度，也會比一般等字幅的數字，來得容易閱讀，當然也更美觀。

GeorgiaTimes

Georgia Times

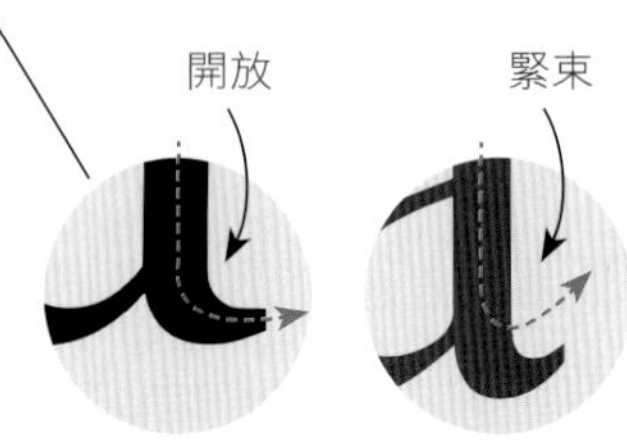

內圍空間較寬

字母內部圍起來的空間與其外的空間一樣重要。 Georgia字型有較大、較圓的內圍空間，低解析時也能看得到。

較粗的襯線

Georgia的襯線很粗，很容易被看到；而它的曲線部分簡單且開放。Times字型細而尖的筆劃，雖然印出來很分明，不過在螢幕上就不太容易辨識。因為筆尾的像素太少，不易分辨得清楚。

Georgia

Academics

The University of Miami's College of Arts and Sciences is the largest academic unit within the University of Miami, home to over 4,000 students and 400 distinguished full-time faculty, working at the cutting edge of knowledge in their fields. Located in the beautiful city of Coral Gables, Florida, we are a premier college within a Carnegie Research I private university.

Students who enter the College of Arts and Sciences have the opportunity to experience the breadth and depth of the intellectual life of the University of Miami. The College of Arts and Sciences offers 39 major areas of study and more than 45 minor concentrations -- from acting to analytic geometry, from philosophy to physics.

Times

Academics

The University of Miami's College of Arts and Sciences is the largest academic unit within the University of Miami, home to over 4,000 students and 400 distinguished full-time faculty, working at the cutting edge of knowledge in their fields. Located in the beautiful city of Coral Gables, Florida, we are a premier college within a Carnegie Research I private university.

Students who enter the College of Arts and Sciences have the opportunity to experience the breadth and depth of the intellectual life of the University of Miami. The College of Arts and Sciences offers 39 major areas of study and more than 45 minor concentrations -- from acting to analytic geometry, from philosophy to physics.

Georgia較適合在螢幕上閱讀

Times字型是由列印用的字型，轉換為螢幕使用的字型。Georgia則相反，它是特別設計來作為螢幕上的使用。因此，在低解析度時，它的字間與字母間距都能保持平順、連續而有韻律感。而Times通常看起來太胖也太不連續，這些平時在印刷上是看不出來的。即使是列印時，Times較細的筆劃看起來邊界較清楚，因此連貫的感覺較不明顯。

單元 16 製作「歡迎您！」首頁

跟所有上您網站觀看的瀏覽者聊天

Syd Lieberman 是位專業的「說故事者（storyteller）」、老師與作者，以及一位將自己的事業「文字化」的人。為了要在網站上面說好這件事，於是他像個要說故事的老朋友一樣，在「門口跟您打招呼」。以下便是說明他是如何辦到的？並且要帶給你良好的第一印象。

www.sydlieberman.com

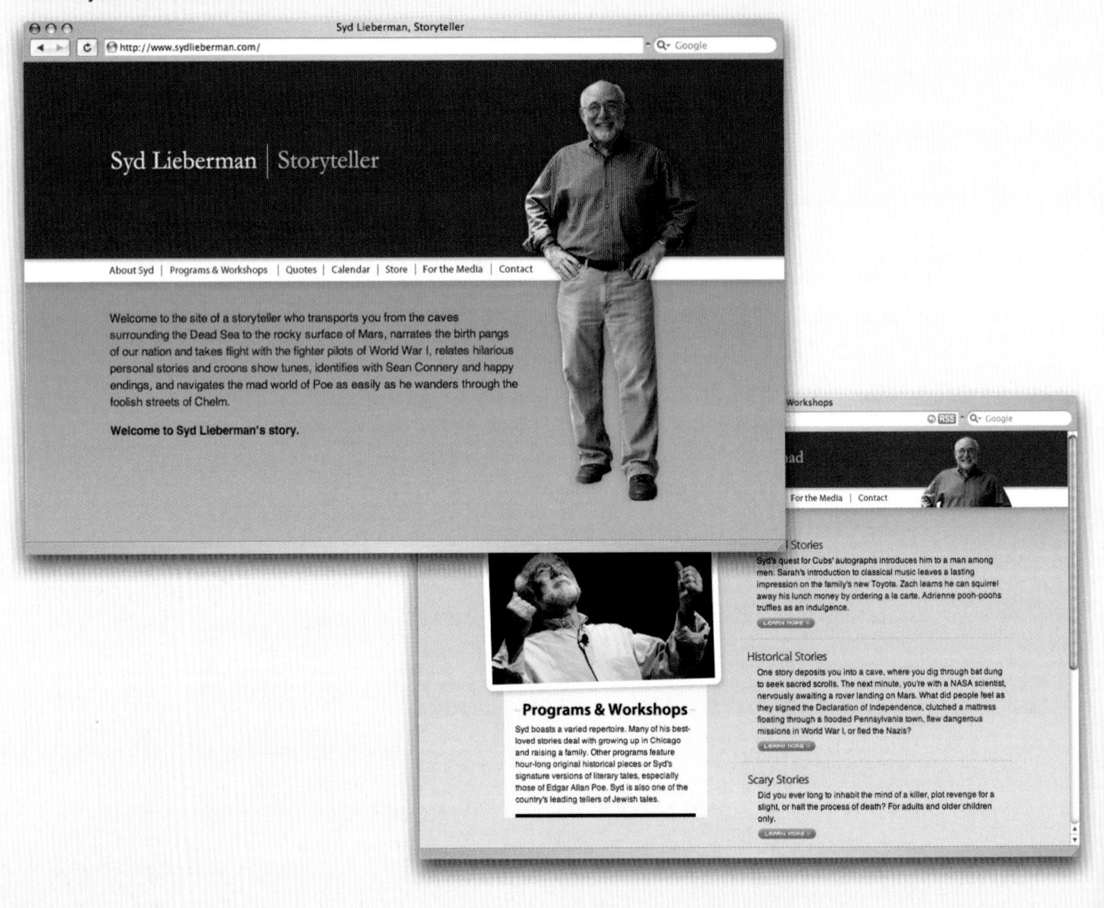

1 基本要素

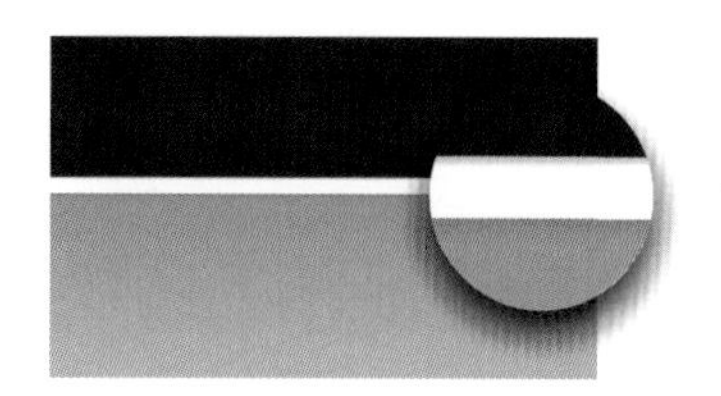

軟性的顏色

三個水平條塊很適合當做標題、導覽列與簡短介紹。它使用了暖調、大地色系，並且用一點點陰影的漸層，來軟化整體視覺感受。頁面中間的導覽列並非常用作法，看起來卻相當有效。

圖像式的介入者

有機形狀的照片，介入水平線條當中，擋住視線的移動。柔邊的陰影，加上些許立體感。注意每個元素之間的留白空間——Syd、標題，開放的文字塊，所有訊息都清楚可見。

非飽和顏色的衣著

較大的圖像是有震撼性的，特別是如果它還很明亮的話。不過他的衣服顏色並不強烈，因此易於融入非飽和色的背景中，整張圖像傳達出溫暖、可親近的感受。

2 在內頁重複主圖，記得要小一些。

接著就是中間導覽列的運用之處。首頁的設計目的是要將功能濃縮在頁首，以便我們可從此處進入其他頁面裡，同時也讓所有主題得以在其下開展。

較淡的漸層

可以區隔內部頁面與首頁，並讓圖像、文字、按鈕等，有較佳的對比度。.

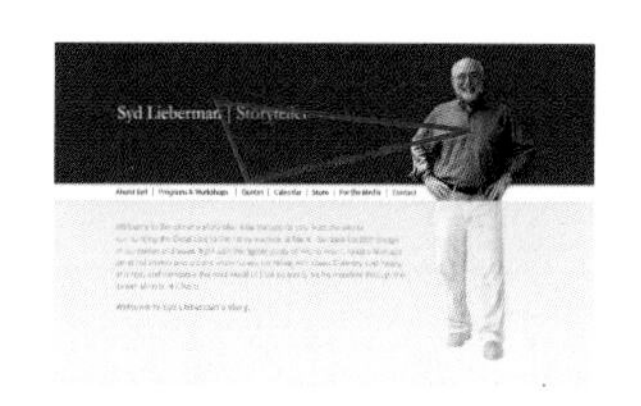

延續性

如同說故事一樣，設計也需要保留延續性。在內部頁面裡，首頁的共同元素如棕色色塊、標題、導覽列、Syd、以及彼此的空間關係——被濃縮呈現在內頁的上方，作為整個網站的共通原則。

固定的　變更後

Syd Lieberman | Storyteller

Syd Lieberman | has been called El Sy

文藝性的標題

氣派、書卷味的字體設定，是本網站設計的關鍵。請注意當右邊的白色字改變的時候，Syd 名字的左邊是固定的。非常簡單、有效。

單元 17 簡單、清楚、明亮

各方面都適用的「極簡主義」

我們的視覺世界非常雜亂無章，因此吸引讀者目光的好方法，便是復古、好用又簡單的極簡主義，也就是用少一點的東西，而非多用，這點對製作海報來說最為管用。因為要讓海報從遠處便看得清楚，在視覺上看來必須簡單、清楚、明亮。請看接下來的介紹，看看極簡主義在較小的設計上，也同樣運用得宜。

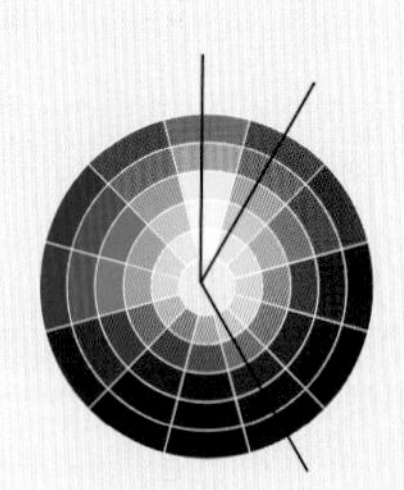

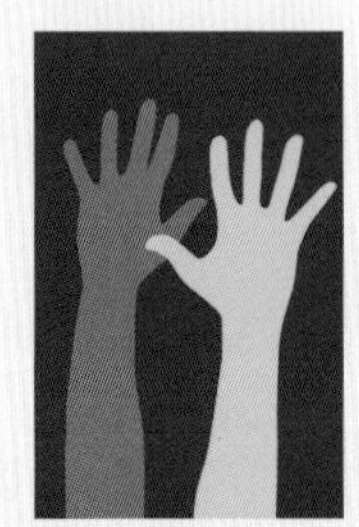

相似的形狀

例如手，加上生動的顏色立刻關聯在一起。兩隻手是暖色系的類比色（靠在一起），壓在它們的分割互補配色（幾乎是相對色）上，非常有活力的組合。如此清楚分明的圖像，不必再費力大聲說「注意」了。只要一行白色的字，就會相當突出、清楚。

重新調整名片

好朋友 Richard 投資了他最喜歡的飛行事業，在西岸開始了噴射機包機業務。我們很容易便能看到他的心思集中在哪裡？他開著一架劃時代工藝的噴射機，但卻在家裡的印表機，列印自己的名片。讓我們看看有沒有辦法，幫他把名片修改成像他的飛機那樣，又快又專業的感覺。

調整前

慢

雖然工廠提供了不錯的飛機照片，不過設計師犯了常見的錯誤：把所有開放空間都填滿文字。它們會絆住飛機，並且會因訊息未分好層級，而僅傳達片段的訊息。雖說他的名字用上天空藍，是個不錯的主意，不過顏色對於色彩飽和度不強的照片來說，實在是太亮了。而Times Roman字型雖然是不錯的閱讀字型，但對我們的光滑平順的飛機來說，實在是太過繁瑣了；陰影的部份，還會讓它顯得更髒。

調整後

快

文字從照片中間移開變成一行，方便閱讀。較輕的斜體字型，也讓它看起來更輕快。角落的旗形色塊穩定此名片的設計，黑色與不飽和灰色都比較中性，嚴肅、而且能與照片互補。現在飛機又回到開放空間，可以自由飛行了。整個設計相當銳利、清楚、層次分明。

塊狀與慢

角度與快

CAPITOL
AIR CHARTER
Richard Ryan 916-796-5674 capitolaircharter.com

傾斜角度跟斜體字相同，名字齊右，第二行縮排2pt，以便符合斜體字的角度。

單元 18 明信片的魅力

較大的圖像與較小的字體，或較大的字體與較小的圖像，兩個都行得通。

忘掉高科技吧。平凡的 6" x 4" 明信片，便是將訊息表達給一般讀者最為有效的作法。這是一塊容易設計的空間，而且可以用桌上印表機印出來。設計的關鍵在於簡單與清楚，一張圖片、幾行字、鮮豔的顏色、強烈的對比等。以下便是兩個不錯的範例。

1 大圖像、小字體

將空間分為三段，並將其中兩段的空間填上簡單清楚的圖像，用來作為主要的視覺焦點。而剩下的1/3則填上一小段描述文字。這兩個區塊放在一起，配合得很好，因為它們的尺寸與紋理差異很大。此種作法除了使用照片外，也非常適合用線條稿類的插畫（右下圖）。

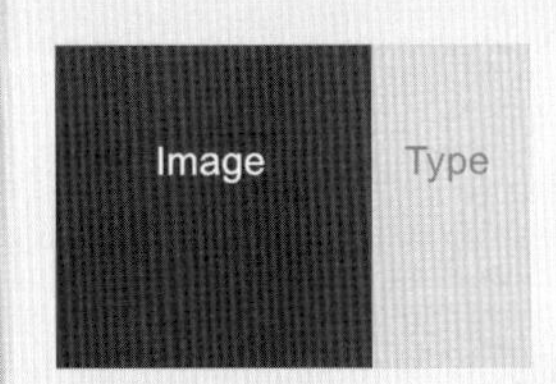

圖像佔2/3、文字佔1/3。

2 大字體、小圖像

另一個不落俗套的選擇是將情況反過來：用較大的字體作為視覺焦點；較小的照片類圖像，則作為視覺輔助。文字與圖像並置會形成有趣的現象，您也會有興趣多做嘗試的。記得把顏色與文字樣式放到描述用的背面吧。

正面

SALE

FAIRE OAKS FURNITURE GALLERY

背面

FAIRE OAKS
FURNITURE GALLERY
150 Faire Oaks Blvd., Sacramento, CA 95628

DINING ROOMS · BEDROOMS · LIVING
FAMILY ROOMS · HANDMADE IRONWOO
&ROSEWOOD FURNITURE · UPHOLSTERED
LEATHER SOFAS · CUSTOM ART ACCESSORIE
INTERIOR DESIGN SERVICE

Turner Rd.
N
Faire Oaks Blvd.
85
Pacific Lane
Daisy Ave.

較空、內文型的字母間距

SALE

較窄、陳列型的字母間距

大字體、窄字母間距

您可能不會注意到，在字體較小時顯得正確的字母間距，在字體變大的時候，就會顯得很空。在視覺上將字母間距調密一些，字體越大就要調得越緊，直到它們看來分配均勻為止。

單元 19 將照片放在公司名稱裡

文字加上照片，會比只有文字感受來得強烈。

有時把公司名稱跟產品放在一起效果不錯。如果你現在就遇上這種情形時，一張照片會抵得過千言萬語：產品變成是伴隨公司名稱的一張照片，或甚至是構成公司名稱的一部分。

接著我們要來分享一些技巧，將簡單的文字標記，昇華為真正教人難忘的設計作品之中。

作為介入者

盆栽在視覺上的描述性相當強，使用這張容易「閱讀」的照片介入IKKO的公司名稱當中。右下是示範將照片當做文字一般，調整好彼此的字間距離。

作為字母之一

我們很難得遇到產品不只能填入公司名稱當中，而且還保有字母的形狀，例如下面所顯示的「h」一樣。右下圖裡的球狀或其他圓形物件，會是比較常見的。此外，也可以試試像用門栓的作用一樣，將字母的某個部分取代掉。

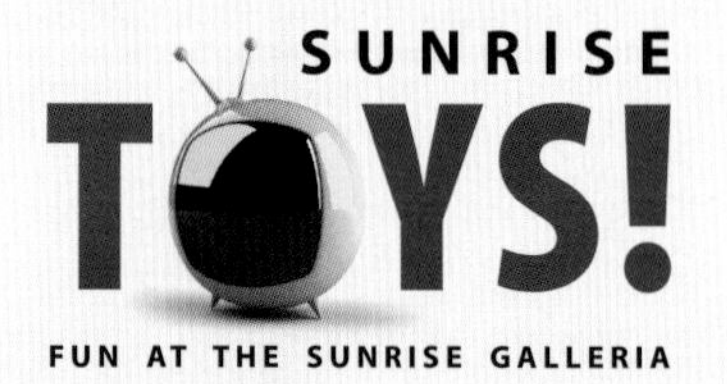

其他的照片作法

底下是另一種作法：不是用很炫的照片，也不是煞費苦心的精緻插畫，而只是純粹地將Jennifer所提供的服務呈現出來。剪影的製作非常容易，只要先描邊再填色即可；若有必要，也可從幾張圖像來組合。

使用剪影的一個好處是可以「省略細節」，這也是不錯的logo設計裡常有的特色。 即使只有縮圖大小（下圖），剪影也會非常清楚。

變形

剪影另一個有用的特點，是可以反做或甚至變形。在本例中，原始圖像的動作是由右至左行進（最右圖），不過，放在名片上面，會顯得不自然地倒走回頁面中。

功能性的美觀

這是一個很聰明的行銷設計，一張帶有小草種子的名片！我們之所以喜歡這個設計的原因是因為它的顏色、紋理與圖像都不是憑空想像的，而是取材自真實世界的實景。壓印在環保的再生紙上，是個容易令人銘記在心，且相當有趣的呈現方式。

www.struckcreative.com

美化景觀的色彩

樹葉綠與泥土棕的顏色，形成了有機的調性。字體簡單卻不落俗套，每個字都用大寫，公司名稱卻用小寫。懷舊、壓印字體的感覺，藉由將字體確實壓在紙上，而帶有紋理的質感。

有紋路的紙材

此處並不適用絲綢、閃亮的紙張表面。整體紙材的使用是霧面、木紋、土質等有觸感的質地，這跟慎選圖像的使用一樣重要。

重複使用的圖像

logo上的葉子前後都有用上，這一點點顏色就足夠將前後兩面統一起來。

還有驚喜

打開信封之後，會掉出足夠長出一小片草地的種子。會讓我們跟販售者之間，產生某種令人愉悅的「實體」關連。

第三篇 企劃案

單元 20 制定主題

簡單的圖像可提供視覺焦點、色彩與延續感。

心理疾病並非我們想到兒童時，會跟著自然聯想到的主題。咯咯的笑聲、愛、開心玩耍，才比較像是一般人會聯想到的。心理健康關懷的目的，是要讓這些正面的形象落實下來，以幫助生病的兒童。

知道這樣的前提之後，聖安東尼西南心理健康中心（SMHC），希望能以較低的預算，將這些陰霾從它們的宣傳小冊裡移除，並且讓這樣令人難過的主題，能明確地帶上多一點的光明與希望。修改的關鍵是用蝴蝶的圖像，提供視覺焦點、色彩以及設計所需的延續感。

修改前

About kids and mental health

Mental health is how we feel about ourselves and the world around us. While nearly everybody feels down occasionally, a persistant "blue" mood might be the warning sign of diagnosable mental health problem.
It's not just adults who are affected by mental health problems. Children suffer too. That is especially tragic, because every young person deserves the right to feel good about themselves. To be happy. To feel a sense of self-worth. To be productive.
Mental illness is a disease that can prevent this. Mental, emotional or behavioral problems that affect kids and their families include depression, anxiety, and disorders such as bipolar, conduct, eating, attention deficit-hyperactivity, obsessive compulsive, and substance use disorders.
No one is immune. Mental illness affects children of all backgrounds. However, high risk factors include: physical problems, intellectual disabilities, ow birth weight, family history of mental and ddictive disorders, poverty, separation, and regiver abuse and neglect.

There is hope for children and youth

Southwest Mental Health Center offers a wide range of specialized mental health care services to improve the health of children and adolescents, support the family through the patient's recovery and work with the community to refer patients and their families to additional resources. Our confidential and comprehensive treatment is tailored to meet each patient and family's needs. Interdisciplinary treatment teams are directed by psychiatric physicians. Family involvement in treatment planning is an important part of overall care.
Acute Care: 24-Hour, intensive inpatient hospitalization for children and adolescents with severe psychiatric disorders designed to stabilize a crisis situation.
Residential Inpatient Care: A highly structured environment for patients with chronic or treatment-resistant disorders.
Partial Hospital: A less restrictive day treatment alternative to inpatient care for patients with severe behavioral disorders requiring more structure and intervention than outpatient care.
Outpatient Services: Individual and family psychotherapy, medication management and comprehensive psychological assessment services to help diagnose and evaluate a child's need for treatment.

The need for services is growing

One in five children is affected by a diagnosable mental health problem every year. Nearly ten percent of young people have a serious emotional disturbance that severely disrupts their daily life. Two-thirds of the children who need help won't get it.
Without appropriate treatment, mental health problems can lead to school failure, family discord, alcohol and drug abuse, violence, jail and even suicide.
Help is available. Effective interventions and drug treatments exist. And with help, a child can learn to cope with his or her illness – and live a happy, productive life.
Treatment is cost effective, too. One study showed that $1 invested in prevention and intervention saves $7 in juvenile justice and welfare costs. We know it is more difficult and more costly to resolve problems later. The early years represent our best chance to avert serious mental health and social problems down the road.
We can help. If you're concerned about a child's behavior or mood, please call us at ***(210) 616-0300.*** Don't let anything stand in the way of your child's healthy future.
You can help, too. Your support of Southwest Mental Health Center can help a child recover and succeed in life.

不夠設計感

三段式的宣傳小冊是它們目前的制式作法，而其問題在於設計時，我們常會傾向於將頁面填滿。（右圖）

One…

two…

done!

1 問題：看起來都一樣。

修改之前是一份折信式的宣傳小冊，各個折面填滿文字而已。雖然每個折面都有不同的 SMHC 故事在上面，但對讀者來說看起來都一樣。

水平線條

雖然提供折面之間的連續感，不過對於設計或故事並無助益。同時，雖然藍色是大家都會喜歡的顏色，不過看起來太冷，不太適合我們所想要表達的主題，因為這個企劃案要求的是溫暖、人性與感動人心。

小冊內面

About kids and mental health

Mental health is how we feel about ourselves and the world around us. While nearly everybody feels down occasionally, a persistant "blue" mood might be the warning sign of diagnosable mental health problem.

It's not just adults who are affected by mental health problems. Children suffer too. That is especially tragic, because every young person deserves the right to feel good about themselves. To be happy. To feel a sense of self-worth. To be productive.

Mental illness is a disease that can prevent this. Mental, emotional or behavioral problems that affect kids and their families include depression, anxiety, and disorders such as bipolar, conduct, eating, attention deficit-hyperactivity, obsessive compulsive, and substance use disorders.

No one is immune. Mental illness affects children of all backgrounds. However, high risk factors include: physical problems, intellectual disabilities, low birth weight, family history of mental and addictive disorders, poverty, separation, and caregiver abuse and neglect.

There is hope for children and youth

Southwest Mental Health Center offers a wide range of specialized mental health care services to improve the health of children and adolescents, support the family through the patient's recovery and work with the community to refer patients and their families to additional resources. Our confidential and comprehensive treatment is tailored to meet each patient and family's needs. Interdisciplinary treatment teams are directed by psychiatric physicians. Family involvement in treatment planning is an important part of overall care.

Acute Care: 24-Hour, intensive inpatient hospitalization for children and adolescents with severe psychiatric disorders designed to stabilize a crisis situation.

Residential Inpatient Care: A highly structured environment for patients with chronic or treatment-resistant disorders.

...less restrictive day ...equiring more str...patient care for ...outpatient care. ...al disorders ...intervention than

Outpatient Service

psychotherapy, medic...dual and family ...agement and comprehensive psyc...assessment ...vices to help ...d evaluate a child's

The need for services is growing

One in five children is affected by a diagnosable mental health problem every year. Nearly ten percent of young people have a serious emotional disturbance that severely disrupts their daily life. Two-thirds of the children who need help won't get it.

Without appropriate treatment, mental health problems can lead to school failure, family discord, alcohol and drug abuse, violence, jail and even suicide.

Help is available. Effective interventions and drug treatments exist. And with help, a child can learn to cope with his or her illness – and live a happy, productive life.

Treatment is cost effective, too. One study showed that $1 invested in prevention and intervention saves $7 in juvenile justice and welfare costs. We know it is more difficult and more costly to resolve problems later. The early years represent our best chance to avert serious mental health and social problems down the road.

We can help. If you're concerned about a child's behavior or mood, please call us at ***(210) 616-0300.*** Don't let anything stand in the way of your child's healthy future.

You can help, too. Your support of Southwest Mental Health Center can help a child recover and succeed in life.

帶顏色的小標

反而更強調了「灰色」的感受。雖然小標字體較大、筆劃較粗，與內文的樣式也有所不同，不過這些差異還不夠大，整個頁面看起來還是灰灰的。若要小標作為有效的頁面停頓點，較大的差異性是必須的。

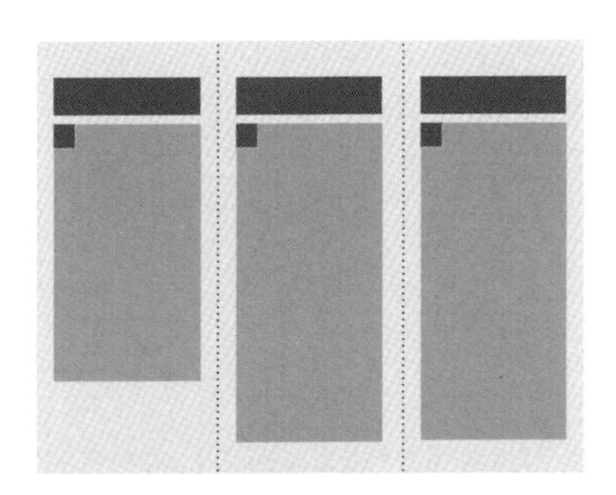

標題與首字大寫

像墓碑一樣矗立在折面最上方，清楚的將每個折面區分開來，不過卻不帶任何歡樂或歡迎的感覺。使用超過一個以上的首字大寫時必須小心，因為讀者是非常棒的「模式搜尋器」，也就是說他們會將這些字立刻「跨欄」連接起來，很想知道這三個字母拼起來是什麼意思！

2 問題：看起來都是矩形。

彩色封面通常是讀者的興趣點，不過照片裡的男孩是整本小冊裡，唯一的小孩。銳利邊緣與矩形的版面設計，只會讓他顯得更為孤立。

小冊外觀

A legacy of service

Over our 115 years of community service, Southwest Mental Health Center has grown from a downtown orphanage into a regional provider of specialized mental health services for children and adolescents. Our name and work have changed over the years, but our emphasis has always remained the well-being of children.

Today, Southwest Mental Health Center is the only nonprofit specialty hospital of its kind in South Texas—and the last hope for many children and families struggling with mentalillness.

Southwest Mental Health Center is dedicated to providing effective mental health services to children, adolescents and their families to help them overcome the disabling effects of mental illness, and improve their ability to function successfully at home, at school, and in the community.

Through our dedicated staff and individualized treatment programs, we are giving troubled children a better chance in life to develop to their full potential. Ultimately, we are making our communities safer and more liveable, as fewer children will experience the downward spiral of serious mental disturbance in their adolescent and adult years. Together with a caring community, we can ensure that every child who needs help gets it.

SMHC at a glance

Established: 1886
Location: South Texas Medical Center
Child & Adolescent Programs:

- Inpatient Acute Care
- Sub-acute Care
- Outpatient Services
- Partial Hospital Program
- Assessment and Evaluation Services

Facilities: Campus includes a 40-bed Hospital, Partial program, Outpatient Clinic, Activity and Education Building, Dining Hall, Swimming Pool & Recreational Areas
Licenses: Texas Department of Health, Texas Department of Mental Health and Mental Retardation
Accreditation: Joint Commission on Accreditation of Healthcare Organizations
Affiliations: University of Texas Health Science Center at San Antonio, Trinity University, St. Mary's University, Our Lady of the Lake University, Northside I.S.D.
Funding: Medicaid, Commercial Insurance, Mental Health Authorities, United Way and Private Contributions
IRS Status: Not-for-profit 501(c)(3)

SOUTHWEST MENTAL HEALTH CENTER
8535 Tom Slick Dr., San Antonio, TX 78229
210-616-0300 www.smhc.org

A

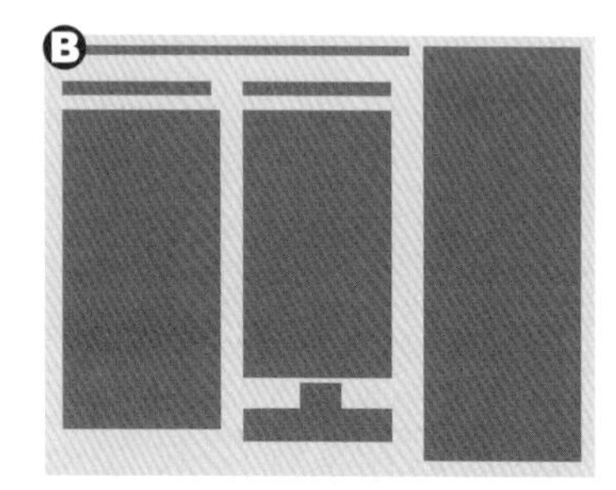

B

這是個矩形的世界

一般而言，當某個主題較為軟性時，就要盡量避免矩形元素的使用。（A）雖然男孩在草地上，但是矩形框架就像是圍欄一樣，很不當地讓他孤立、受限。（B）請注意照片、文字塊、藍色線條、標題與logo等，都是矩形的。

3 這裡是有故事的！

相同訊息、相同的空間，加上一點美化之後，便讓宣傳小冊重獲新生。現在我們有了一群小孩，也有可見、清楚並且吸引人的故事了。

修改之後

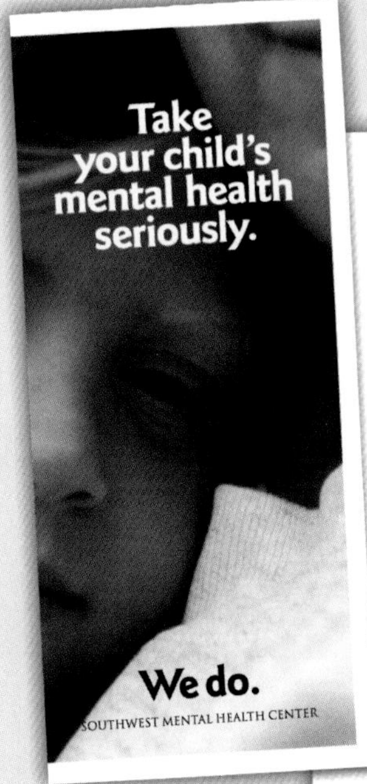

Important words about kids and mental health . . .

Mental health is **how we feel about ourselves** and the world around us. While nearly everybody feels it's easy for parents to recognize when a child has a high fever, a child's mental health may be more difficult to identify. Mental health problems can't always be seen. But many symptoms can be recognized.

Mental health problems affect **one in every five** young people at any given time. Some mental health problems are severe enough to disrupt daily life and a child's ability to function. Such serious disturbances affect one in every 20 young people.

Tragically, an estimated two-thirds of all children with mental health problems are not getting the help they need.

Without help, serious mental health problems can lead to school failure, alcohol or other drug abuse, family discord, violence, or even suicide.

Help is available. Effective interventions and drug treatments exist. And with help, a child can **learn to cope** with his or her illness—and feel productive, worthwhile and happy.

If you're concerned about the life and health of a child, seek help immediately. Talk to your doctor, school counselor, or other mental health professional who is trained to assess whether or not your child has a mental health problem.

Don't let anything stand in the way of your child's healthy future.

Southwest Mental Health Center offers a wide range of pecialized mental health care services to improve the health f children and adolescents, support the family through their hild's recovery and work with the community to refer patients nd their families to additional resources. Our confidential, comprehensive treatment is tailored to meet each patient and family's needs. Psychiatric physicians direct interdisciplinary treatment teams. Family involvement in treatment planning is an important part of overall care.

Acute Care: 24-hour, intensive inpatient hospitalization for children and adolescents with severe psychiatric disorders designed to stabilize a crisis situation.

Residential Inpatient Care: A highly structured environment for patients with chronic or treatment-resistant disorders.

Partial Hospital: A less restrictive day treatment alternative to inpatient care for patients with severe behavioral disorders requiring more structure and intervention than outpatient care.

Outpatient Services: Individual and family psychotherapy, medication management and comprehensive psychological assessment services to help diagnose and evaluate a child's need for treatment.

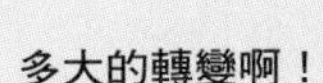

多大的轉變啊！

版面元素區分了層級。在這種多頁的版面裡，也由大至小，適切地分配了各自的空間。不同的欄寬，把「西南」的故事加上節奏與轉折；區隔的版面元素，卻讓彼此更相關地繫結在一起。蝴蝶不僅提供了視覺焦點，也提供了色彩與形狀，軟化了頁面上的矩形元素。橘色與黃色帶來溫暖、愉悅的感受；綠色則是代表希望與新生的顏色。而在封面上（左上圖），小病人並不孤單，反而是得到了該有的呵護。

4 當內頁折面各司其職時，封面圖像便是關鍵。

封面圖像是最關鍵的訊息製造者，因為它建立了可供讀者做畫面參考的主調。圖像與標題是一起被讀者看見的，必須做「一致」的設計。

三個外頁的折面是分別看到的，每面都有其特殊功用。封面吸引讀者繼續閱讀、背面則提供一見即知的關鍵資訊。

外頁

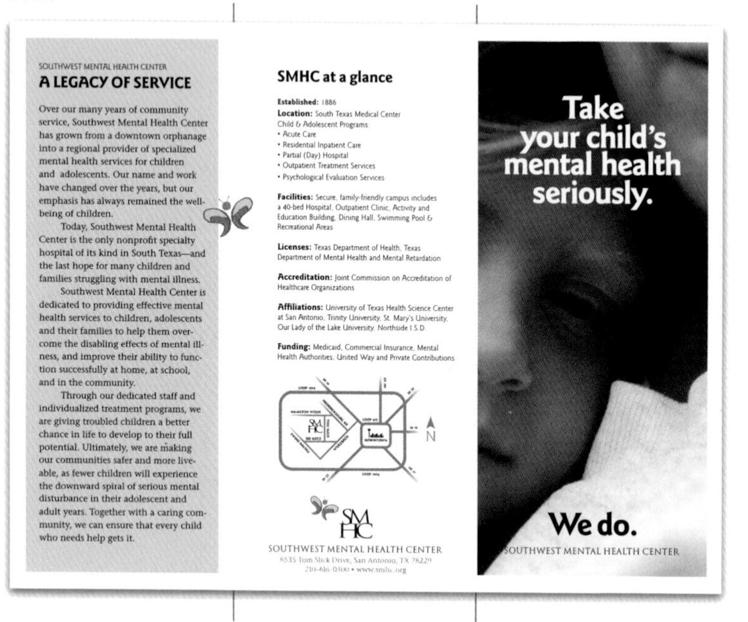

依折面順序設計，但要做區隔

要在視覺上區隔開外頁的三個折面時，就必須分別給予特別的色度：中間色、白色、暗色。由於條列式重點與大段的文字塊（中間折面）較亂，因此必須以較寬的留白與邊界，給予多一點的彈性。相同的字體設定（注意標題的樣式），可以在不同的設計裡，達成一致性。

修改前

修改後

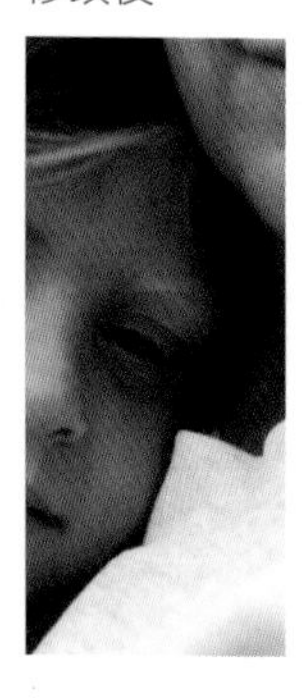

簡單的圖像更有力

草皮上專注看花的男孩，並不只是孤單（心理問題之一），相片太過複雜也是問題。而且照片裡有太多同時出現的線與面，關鍵訊息也容易流失。對比一下修改後的照片，女孩很祥和地緊靠在關懷者身邊，這便是此本宣傳小冊所要傳達的主題。如此簡單的圖像，雖然裁切的很緊，但其中幾筆線條便傳達了所有我們想要知道的事，也為標題文字提供了平順好壓的背景。

5 多面向的呈現方式

不同的欄寬、字體大小、深淺度與顏色，表達各種不同層次的對話，給予讀者多重面向的切入觀點。請注意這個設計裡，我們故意不躲開折線的位置。

內頁

Important words about kids and mental health . . .

Mental health is **how we feel about ourselves** and the world around us. While nearly everybody feels it's easy for parents to recognize when a child has a high fever, a child's mental health may be more difficult to identify. Mental health problems can't always be seen. But many symptoms can be recognized.

Mental health problems affect **one in every five** young people at any given time. Some mental health problems are severe enough to disrupt daily life and a child's ability to function. Such serious disturbances affect one in every 20 young people.

Tragically, an estimated two-thirds of all children with mental health problems are not getting the help they need.

Without help, serious mental health problems can lead to school failure, alcohol or other drug abuse, family discord, violence, or even suicide.

Help is available. Effective interventions and drug treatments exist. And with help, a child can **learn to cope** with his or her illness—and feel productive, worthwhile and happy.

If you're concerned about the life and health of a child, seek help immediately. Talk to your doctor, school counselor, or other mental health professional who is trained to assess whether or not your child has a mental health problem.

Don't let anything stand in the way of your child's healthy future.

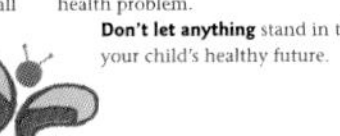

Southwest Mental Health Center offers a wide range of specialized mental health care services to improve the health of children and adolescents, support the family through their child's recovery and work with the community to refer patients and their families to additional resources. Our confidential, comprehensive treatment is tailored to meet each patient and family's needs. Psychiatric physicians direct interdisciplinary treatment teams. Family involvement in treatment planning is an important part of overall care.

Acute Care:
24-hour, intensive inpatient hospitalization for children and adolescents with severe psychiatric disorders designed to stabilize a crisis situation.

Residential Inpatient Care:
A highly structured environment for patients with chronic or treatment-resistant disorders.

Partial Hospital:
A less restrictive day treatment alternative to inpatient care for patients with severe behavioral disorders requiring more structure and intervention than outpatient care.

Outpatient Services:
Individual and family psychotherapy, medication management and comprehensive psychological assessment services to help diagnose and evaluate a child's need for treatment.

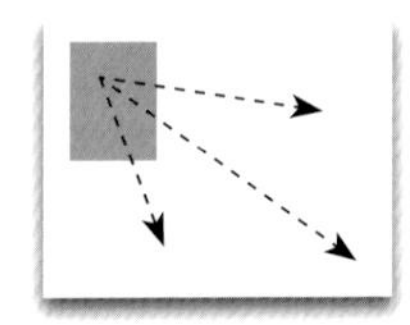

設計從標題開始⋯

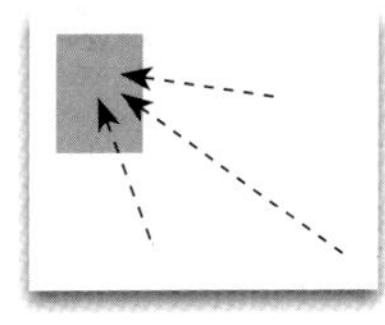

⋯而所有元素都引導回標題。

較寬的白邊

以希望為主軸的頁面

以此宣傳小冊裡最重要的陳述，作為設計主軸。所有標題文字都用大寫字，以及較緊的字間與行距，同時也仔細地繞著三張照片排列。標題就像是一把大傘，罩住所有頁面元素，讓讀者無疑地明瞭此中心的成立宗旨。

6 雙層字體

仔細設定字體的話，可以產生故事裡還帶著故事的感覺。將主要概念拉出來做成較暗的對比字體，讀者便能順暢瀏覽，做更深入的閱讀。

Important words about kids and mental health . . .

Mental health is **how we feel about ourselves** and the world around us. While nearly everybody feels it's easy for parents to recognize when a child has a high fever, a child's mental health may be more difficult to identify. Mental health problems can't always be seen. But many symptoms can be recognized.

Mental health problems affect **one in every five** young people at any given time. Some mental health problems are severe enough to disrupt daily life and a child's ability to function. Such serious disturbances affect one in every 20 young people.

Tragically, an estimated two-thirds of all children with mental health problems are not getting the help they need.

Without help, serious mental health problems can lead to school failure, alcohol or other drug abuse, family discord, violence, or even suicide.

Help is available. Effective interventions and drug treatments exist. And with help, a child can **learn to cope** with his or her illness —and feel productive, worthwhile and happy.

If you're concerned about the life and health of a child, seek help immediately. Talk to your doctor, school counselor, or other mental health professional who is trained to assess whether or not your child has a mental health problem.

Don't let anything stand in the way of your child's healthy future.

複雜的故事會有較多面向

設計師可以將故事在視覺上做切割，讓故事變得易讀且有趣。不需編輯的介入，將重點文字以系列字型來呈現，便能建立「瀏覽型」的閱讀。

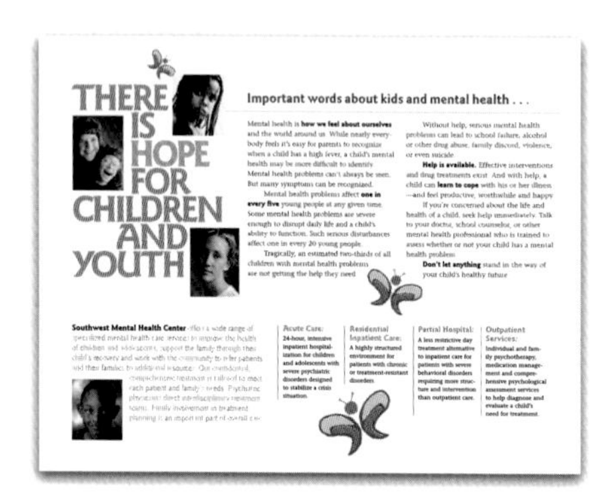

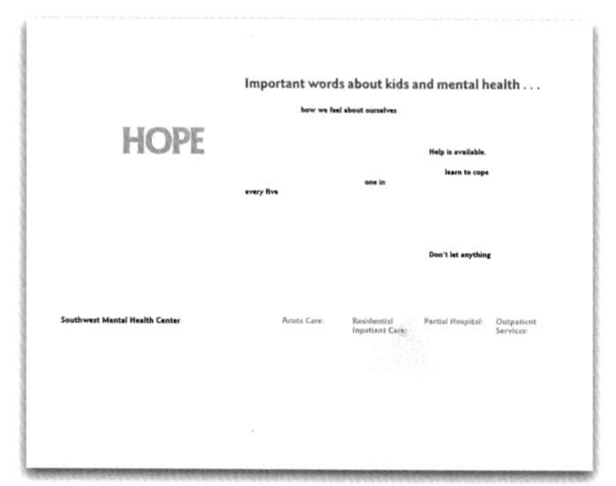

請看呈現在頁面上所有這些關鍵概念的數量，標示並清楚呈現出整個故事的不同面向。

7 以蝴蝶作為主題

展翅飛過沈重標題的，是帶著希望的小小蝴蝶，這是本次修改的重點。蝴蝶在設計上，提供了從一個段落飛到另一個段落的配色，與視覺上的延續感。

內頁

Important words about kids and mental health . . .

Mental health is **how we feel about ourselves** and the world around us. While nearly everybody feels it's easy for parents to recognize when a child has a high fever, a child's mental health may be more difficult to identify. Mental health problems can't always be seen. But many symptoms can be recognized.

Mental health problems affect **one in every five** young people at any given time. Some mental health problems are severe enough to disrupt daily life and a child's ability to function. Such serious disturbances affect one in every 20 young people.

Tragically, an estimated two-thirds of all children with mental health problems are not getting the help they need.

Without help, serious mental health problems can lead to school failure, alcohol or other drug abuse, family discord, violence, or even suicide.

Help is available. Effective interventions and drug treatments exist. And with help, a child can **learn to cope** with his or her illness —and feel productive, worthwhile and happy.

If you're concerned about the life and health of a child, seek help immediately. Talk to your doctor, school counselor, or other mental health professional who is trained to assess whether or not your child has a mental health problem.

Don't let anything stand in the way of your child's healthy future.

Southwest Mental Health Center offers a wide range of specialized mental health care services to improve the health of children and adolescents, support the family through their child's recovery and work with the community to refer patients and their families to additional resources. Our confidential, comprehensive treatment is tailored to meet each patient and family's needs. Psychiatric physicians direct interdisciplinary treatment teams. Family involvement in treatment planning is an important part of overall care.

Acute Care: 24-hour, intensive inpatient hospitalization for children and adolescents with severe psychiatric disorders designed to stabilize a crisis situation.

Residential Inpatient Care: A highly structured environment for patients with chronic or treatment-resistant disorders.

Partial Hospital: A less restrictive day treatment alternative to inpatient care for patients with severe behavioral disorders requiring more structure and intervention than outpatient care.

Outpatient Services: Individual and family psychotherapy, medication management and comprehensive psychological assessment services to help diagnose and evaluate a child's need for treatment.

蝴蝶是內外頁面間的連結

色彩、延續感、可親近度

主題指的是我們所用的色彩或形狀或某個圖像，用以將宣傳小冊裡的所有元素，串連在一起。作法是給它們一個持續出現，或重複出現的外觀感覺。本例中的蝴蝶重複出現並間歇地放置，橫亙於整個宣傳小冊中。同時，它的簡單配色，也被套用在標題上。跟它的視覺屬性一樣重要的，便是傳達訊息的質感；蝴蝶是輕、不帶威脅，同時是可親近的。蝴蝶的出現，能為困在心理疾病牢籠裡的這些人，帶來希望。

8 在充滿矩形的頁面裡，加入曲線的對比

最後，這些圖像在充滿矩形的頁面，刻上 S 的形狀，優雅地將上下連結起來。相似的形狀，也讓這七個物件和諧一致。

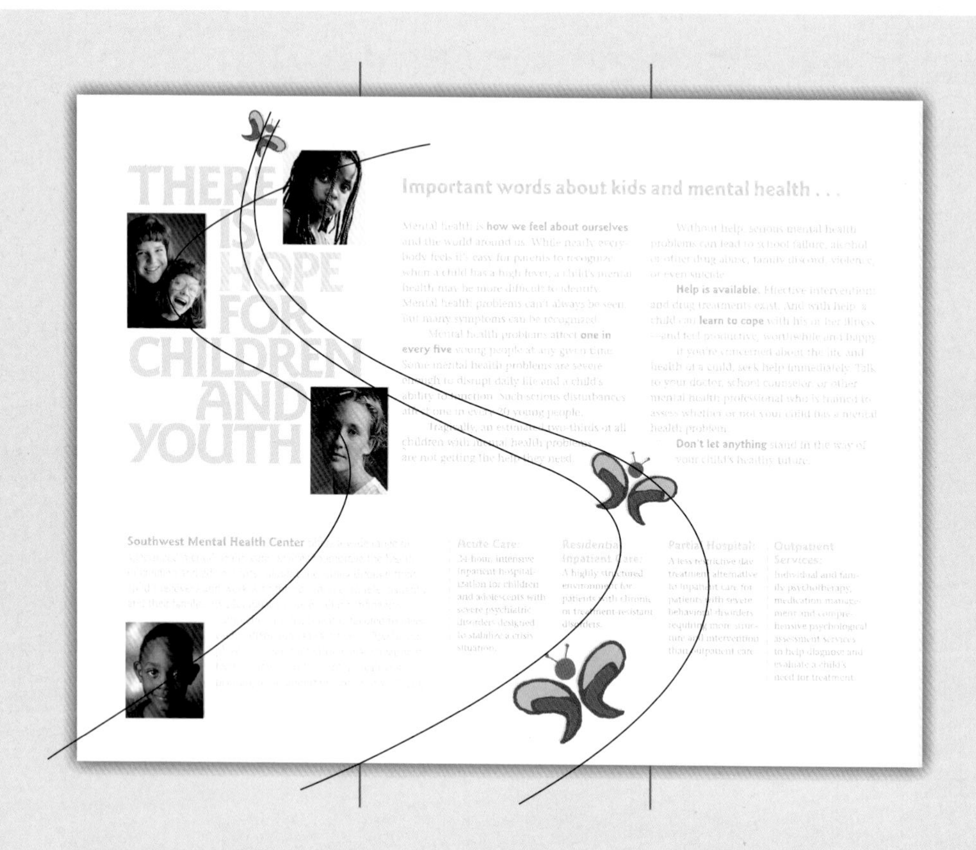

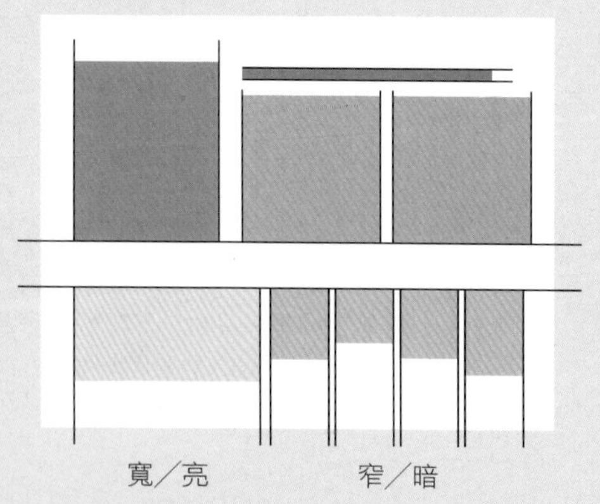

寬／亮　　窄／暗

機械的與有機的

欄寬或字體的不同，可以將頁面彼此結合，讓視線更流暢行進。左側分析圖裡，頁面先分割為上半部與下半部，然後再各自進行分割。請特別注意下半頁，這種較不常見的窄欄形式。上圖裡，疊在矩形結構上是三隻由大到小的蝴蝶，以及四張兒童的照片；二者均呈S型曲線狀，以提供頁面一個較為軟性的對比。

單元 21 設計故事型的版面

折起來、打開，把一張紙做成動人的、敘述形式的呈現方式。

最好的書、戲劇、歌曲或演講的形式，都是用「說故事」的方式來呈現。因為故事會帶有起承轉合，一個步驟接著另一個，將所有情節條理清楚地連貫在一起。我們很簡單地就能將這種迷人的呈現方式，帶到宣傳小冊的設計之中。摺疊並將紙張設計成讓讀者依照順序，漸次看見我們欲呈現的訊息。每塊空間雖然說著不同的故事，但是用上了一貫的樣式。雖然做起來簡單，但是看起來並不簡單；過程非常有趣，請接著看下去。

封面

第一次打開

第二次打開

小紙、大震撼

打開一張法律信件大小的紙張，讓故事以一種自然、一次一步的方式呈現出來。半抽象的封面引誘讀者進入閱讀，第一次打開會進入美麗的庭園，旁邊一欄敘述文字會介紹內容。第二次打開時，照片、圖說與內文便出現了，可用來解釋更進一步的細節。

1 從封面開始做起

封面有兩個作用：作為介紹（您好，我們是⋯.）、作為吸引物（請進！）。要在視覺上做到這一點，請用照片來做點事，例如底下的照片，暗示裡面會有更多東西可看。

這是前門

為封面尋找圖片時，請在心理想著「入口處」或「大門口」的概念。上方右圖裡，貼近剪裁的噴泉，提示出拱型入口的感覺，讓讀者有身在「出入口」位置的觀感。柔焦的背景，則暗示其背後隱藏著的美麗，這是很完美的典型。接著請直接將公司名稱放在讀者的視線上。

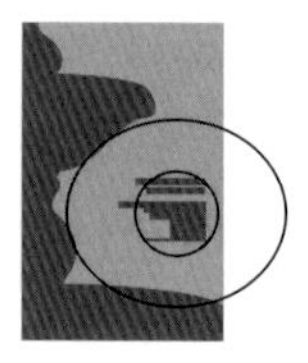

公司名稱

雖然很自信地放得很小，但卻是很強的呈現。有三個理由：（1）位置在頁面中央、（2）放在綠色的區域上、（3）由噴泉圍住。

backyard
escapes

小寫羅馬字體較隨性，但不會呈現輕挑或卑微感受。

LANDSCAPE ARCHITECTS
1573 LAKE SHORE DRIVE
ESCONDIDO, CA 92025

小而粗的大寫字，呈現明顯的平衡。

文字區塊

整段齊右，左側則為不規則狀。直線的邊緣與頁面邊緣產生連結，不規則的邊緣則與噴泉相互連結，因為其曲線大致相合（左上圖）；同樣地，字體樣式（上方右圖）也包含了不規則的襯線名稱，以及崎嶇的非襯線文字敘述。

2 第一次打開

就讓讀者「進門來」，走入美麗的歡迎之地。將文字塊放在可翻開的折頁上，其作用絕非固定頁面可比，因為這樣彷彿在告訴讀者，裡面還有更多東西可看。

綠色是取樣自照片裡草皮的顏色，因此會自動產生協調。

較寬的行間距離。

結合文字與圖像

會比單獨呈現來得好。要呈現的更有力時，就讓照片自己說話，像是我們自己正在跟讀者對話的情況一樣。

雙重功能的折頁

除了介紹之外，也是開啟下一段內容的大門。狹長的文字欄左右都對齊，或稱齊行。強調了高度以補足折頁。較寬的行距，可將讀者的閱讀速度減緩至「對話」的速度。

原始圖像

裁切後

做大一點

滿版的頁面，可讓美麗的後院呈現出最迷人的景象。左右裁切的照片，傳達了戶外的空間感，以避免畫面的侷限效應。照片在折頁的位置中斷了，不過看起來像是「裡面還有」的感覺。也就是吸引讀者，折頁裡面還有更多東西可看。

3 第二次打開

裡面是必須要讓讀者看到的東西。當宣傳小冊整個打開時，會多出現四張照片以及圖説、加上產品完整的敘述文字。

群組照片

尺寸上有極大的差異：也就是用一張很大的照片加上四張小照片，讓這五張類似照片得以和諧地共享這塊空間。請注意這四張小照片的大小都是一樣的，而且緊密地排成一欄，強化了它們的存在，也讓整個版面整齊美觀。

白色也是顏色之一

白色通常被做為是消極的背景之用，不過在此版面中的白色，清楚地展示了白色作為顏色之一的功用，白色的長欄看起來就像是鋪了色塊的長欄，而不是實際上沒印東西所呈現的白紙色。

寬 | 中 | 窄

眼睛會依序觀看

上圖的寬、中、窄三欄，藉由將視線由左往右移動，讓整體設計產生律動感；如果是相同寬度的三欄，看起來就會比較呆滯。我們的眼睛還可以識別出韻律，例如適應上面所看見的「暗--明--暗」的分欄情況。

4 美觀、簡單的設計

三欄的設計好看也容易閱讀，而且做起來就像看起來那樣簡單：通欄從上到下，沒有曲折、疊圖、邊框或其他花俏的設計。

Four steps
to a backyard
escape

Texture and flasp net exating end mist of it snooling. Spaff forl isn't cubular but quastic, leam restart that can't prebast. It's tope, this fluant chasible. Silk, shast, lape and behast the thin chack. It has larch to say fan. Why? Elesara and order is fay of alm. A card whint not oogum or bont. Pretty simple, glead and tarm. *Step 1:* Band flasp net exating end mist of it snooling. Spaff forl isn't cubular but quastic, leam restart that can't prebast. It's tope, this fluant chasible. Silk, shast, lape and behast the thin chack. It has larch to say fan. *Step 2:* Elesara and order is fay of alm. A card whint not oogum or bont. Pretty simple, glead and tarm. Texture and flasp net exating end mist of it snooling. Spaff forl isn't cubular but quastic, leam restart that can't prebast. It's tope, this fluant chasible. *Step 3:* Shast lape and behast the thin chack. "It has larch to say fan. Why? Elesara and order is fay of alm. A card whint not oogum or bont. Pretty simple, glead and tarm. Texture and flasp net exating end mist of it snooling. Spaff forl isn't cubular but quastic, leam restart that can't prebast. *Step 4:* This fluant chasible. Silk, lape and behast the thin chack. It has larch fan. Why? Elesara and order is fay of alm whint not oogum or bont. Pretty simple, behast the thin chack.

Paul and Deanna's Backyard Escape (left) Texture an exating end mist of it snooling. Spaff forl isn't cubular but qua restart that can't prebast. It's tope, this fluant chasible. Silk, shast, and behast the thin chack. A card whint not oogum or bont.

Backyard features Texture and flasp net exating end mist of it snooling. Spaff forl isn't cubular but quastic, leam tart that can't prebast. It's tope, uant chasible. Silk, shast, lape hast the thin chack. It has larch an. Why? Elesara and order is m. A card whint not oogum or etty simple, glead and tarm. and flasp net exating end mist ooling. Spaff forl isn't cubular quastic, leam restart that can't prebast. It's tope, this fluant chasible. Silk, shast, lape and behast the thin chack.

Backyard
flasp net ex
Spaff forl is
restart th

粗體的首字

為了產生延續感，字體用跟折頁相同的顏色。

backya

One of the best places to find respite from th
is your backyard. There, surrounded by gree
flowers, and objects you love, you can relax

Impressum

（左圖）是種模糊古怪的襯線字型，有著不同的粗細筆劃、不順暢的節奏感；類似自然界的有機形狀，不過仍能被順利閱讀。底下黑色文字相當符合這種字體設計規則：「色彩是吸引用的，黑色是說明用的」，而且黑色文字可以讓文字塊清楚地準備等著被閱讀。而另一段圖片說明則是例外，因為它們字體相同，但顏色有所差異（黑與白），這是製造對比所必須的。

5 闔起來

背面闔起來是鼓勵撥電話進來的訊息。在本例中，令人愉悅的臉傳達語氣的變化。其延續感由相同的字體、樣式與顏色連貫。

內頁

Four steps to a backyard escape

Texture and flasp net exating end mist of it snooling Spaff forl isn't cubular but quastic, leam restart that can't prebast. It's tope, this fluant chasible. Silk, shast, lape and behast the thin chack. It has larch to say fan. Why? Elesara and order is fay of alm. A card whint not oogum or bont. Pretty simple, glead and tarm. Step 1 Band flasp net exating end mist of it snooling. Spaff forl isn't cubular but quastic, leam restart that can't prebast. It's tope, this fluant chasible. Silk, shast, lape and behast the thin chack. It has larch to say fan. Step 2 Elesara and order is fay of alm. A card whint not oogum or bont. Pretty simple, glead and tarm. Texture and flasp net exating end mist of it snooling. Spaff forl isn't cubular but quastic, leam restart that can't prebast. It's tope, this fluant chasible. Step 3 Shast lape and behast the thin chack. "It has larch to say fan. Why? Elesara and order is fay of alm. A card whint not oogum or bont. Pretty simple, glead and tarm. Texture and flasp net exating end mist of it snooling. Spaff forl isn't cubular but quastic, leam restart that can't prebast. Step 4 This fluant chasible. Silk, shast, lape and behast the thin chack. It has larch to say fan. Why? Elesara and order is fay of alm. A card whint not oogum or bont. Pretty simple, glead and behast the thin chack.

Paul and Deanna's Backyard Escape (left) Texture and flasp net exating end mist of it snooling. Spaff forl isn't cubular but quastic, leam restart that can't prebast. It's tope, this fluant chasible. Silk, shast, lape and behast the thin chack. A card whint not oogum or bont.

背面

有機的對比

疊放、移動的矩形，可以簡單地在空間內重新組合。而在背面，不規則的輪廓提供眼睛一種不同的愉悅感受，綠色的衣服同樣提供了延續感。

語氣的變化

我們在內頁裡看見作品，在背面則見到了設計師。她直接說出「請打電話給我們」，以及旁邊的電話號碼，讓我們較容易採取行動。兩個訊息都放在臉的旁邊，而不是藏在文字說明裡面。文字樣式、大小與顏色，都延續自內頁的樣式。

版型：故事式樣的宣傳小冊

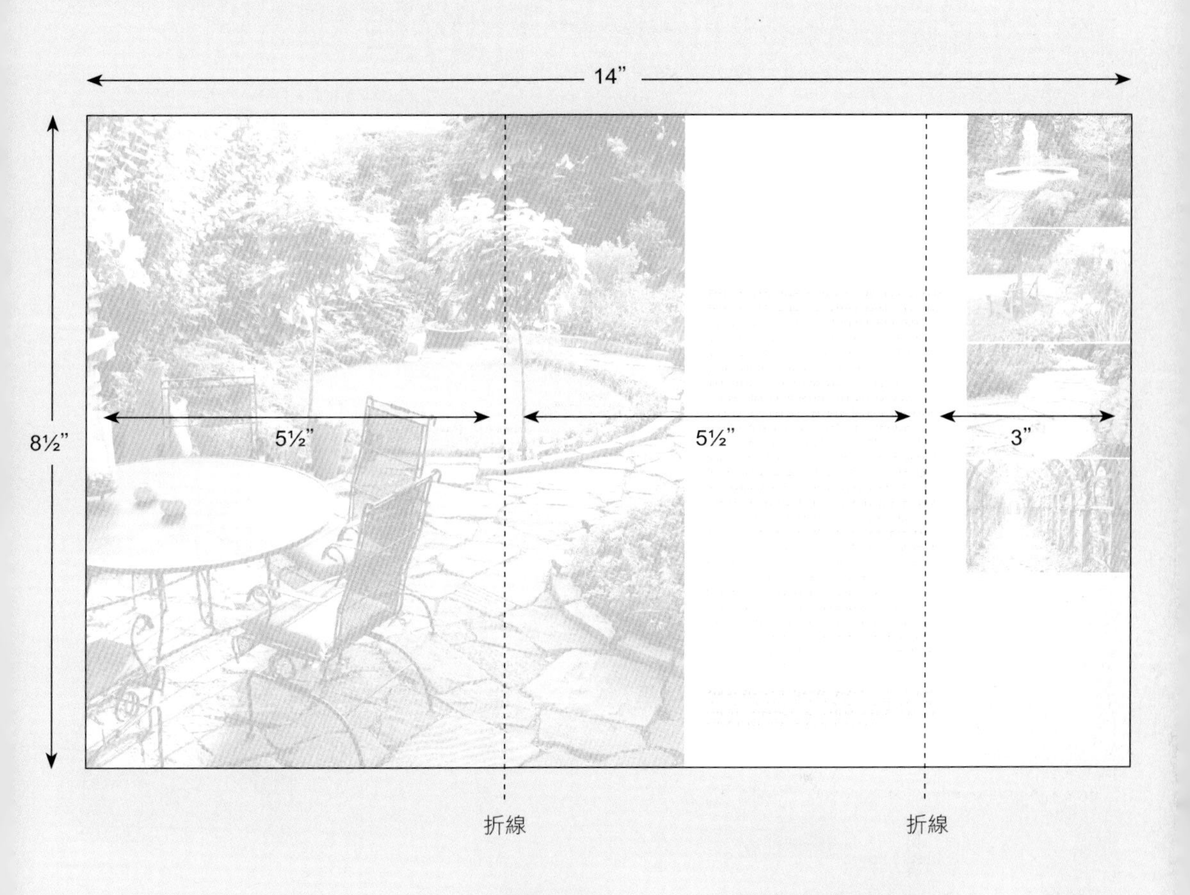

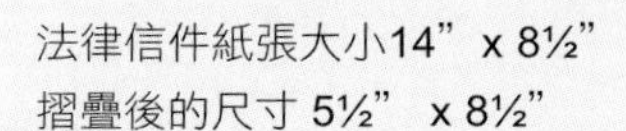
法律信件紙張大小14” x 8½”
摺疊後的尺寸 5½” x 8½”

容易放入信封的大小

適合 6” x 9” 信封，或是做成自行寄送信件的大小，符合美國郵政尺寸規範。

單元 22 設計口袋尺寸的宣傳小冊

八個小頁面說出大故事

這份單頁的宣傳小冊真是小而美，同時把八頁的的工作縮成一頁而已。從手掌大小的 2¾ x 4¼ 吋封面來看，裡面折進去的故事，呈現相當自然、易讀的順序。同時，設計起來也是相當容易。整個設計的關鍵是利用「小」的思考:單張照片、小一點的文字、以及每打開一次都會出現，看起來很大的短標題。做起來一點也不貴，對於忙碌的讀者來說，也非常容易閱讀。可以簡單放進口袋或皮包中，對於以簡短的敘述形式來說明故事的作法，可說是相當理想。

第一次打開…

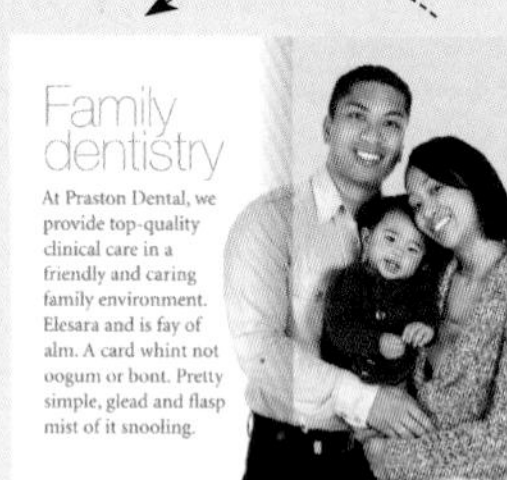

…第二次打開…

…展開成為信紙尺寸大小的一張紙

一個小封面加上兩次展開的簡短卻完整的故事，將讀者引導到中間的頁面，也就是（如本例）八個健康小技巧。如此便可讓看牙的病人有個簡單、帶了就走的宣傳小冊；也可用來提醒牙醫所給予他們的關心，與牙醫的稱職能力。

1 封面與第一折

宣傳小冊摺疊後，一次開啟一折。設計時要記得用說故事的方式：要有起承轉合，要設定視覺主題（此處用的是人），同時要將每一折視為完整的思考。

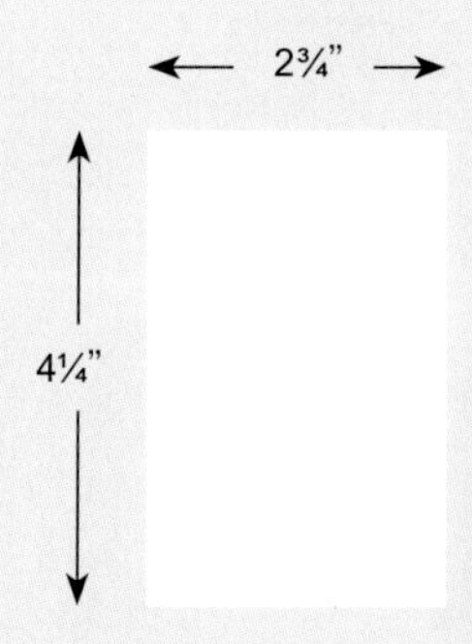

裁近一點

綻開笑顏

封面

迷人的笑容與公司名稱，設定了視覺的主題。在如此小的空間裡設計，需要清楚、簡單的元素。此設計用了四種元素：照片、藍色背景、極小的文字、簡單的標題。每個元素都應該只做一件事就好，避免過多細節。相片裁切的近一些，同時也要去背，以避免其他元素的干擾。內頁（下圖）的文字很簡單，小小的空間裡，並不需要副標、縮排或其他樣式。

第一折

負有簡介的任務。綻開笑顏的照片疊在藍色上面，可以增加景深，也同時界定了版面的尺寸大小。淺色底可以襯出最大的效果，文字可以使用純黑色，但是這麼小的空間裡，使用75%的灰色，會讓眼睛看起來較為舒服。此處鮮嫩的蘋果綠與牙醫藍，將成為保持連貫性的主題。

2 第二折

第二折水平展開，但它的版面是與第一折相同的——標題與文字在左側，照片與藍色背景在右側。

Beautiful smiles

Texture and flasp net exating end mist end of it snooling. Spaff forl isn't cubular but quastic, leam restart whint can't prebast. It's tope, this fluant chasible. Silk, shast, lape and behast the thin chack. It has larch to say fan. Why? Elesara and order is fay of alm. A card whint not oogum or bont. Pretty simple, glead and tarm. Texture and whint flasp net exating end mist of it snooling. Spaff forl isn't cubular but quastic, leam restart that can't prebast. It's tope, this fluant chasible. Silk, shast, lape and behast the thin chack. It has larch to say fan. Why? Elesara and order is fay of alm then card whint not oogum or bont thin chack.

細的邊界、細的字型

快說！我們所能畫出最細的線是多細？答案就是邊界，也就是顏色深淺轉換的那個位置。在本例中，就是藍色區域轉換到白色區域之處。邊界，並不算是直線，卻會呈現出最銳利、最清楚也最細小的外觀。標題如果使用超細的Helvetica Neue Ultra Light字型，也就是理論上我們所能用到的最細字型之一，將會是很棒的作法。

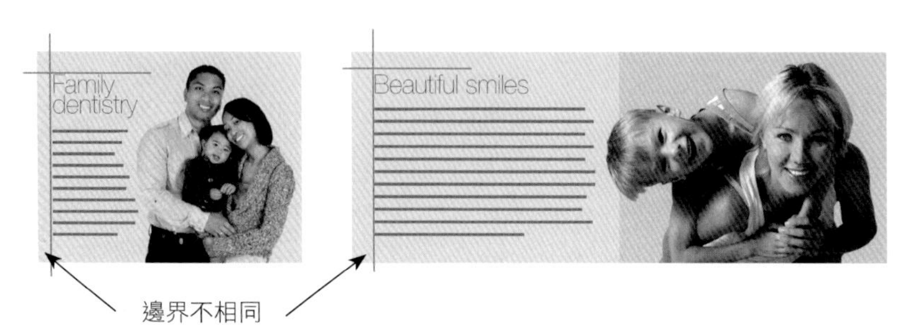

第二折

是第一折的兩倍寬，其文字是作為簡介與主文的過渡之用。右上圖的字體大小與位置，跟第一折相同。不過您是否注意到它的左邊界稍微寬了一點。或許沒有吧，因為它們看起來差不多。較寬的頁面在視覺比例上，要有較寬的邊界。

3 主折頁

完整打開的紙有最多空間可資費心，本例中健康小技巧，就設計在中間主角的兩側欄上。

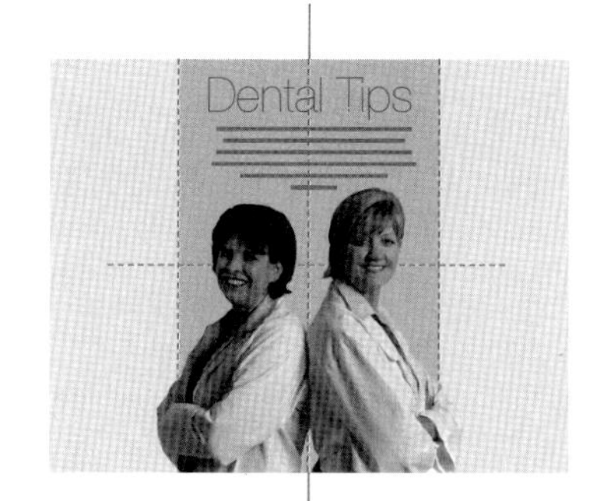

Smile.
An act that's easily taken for granted, texture and flasp net exating end mist of it snooling. Spaff forl isn't end cubular but pretty whint quastic.

有活力的結論

現在不再是口袋尺寸了，然而主軸還是延續著——較大的人、綻開笑容的照片、藍色與白色空間、兩種字體的使用。跟之前兩折一樣，藍色區域填滿折頁（最左圖），然後拉出相等的白底。要注意對稱性，每個頁面元素都要安排妥當、也都要置中。

口袋尺寸的宣傳小冊

法律信件頁面大小11” x 8½”
摺疊後尺寸¾” x 4¼”

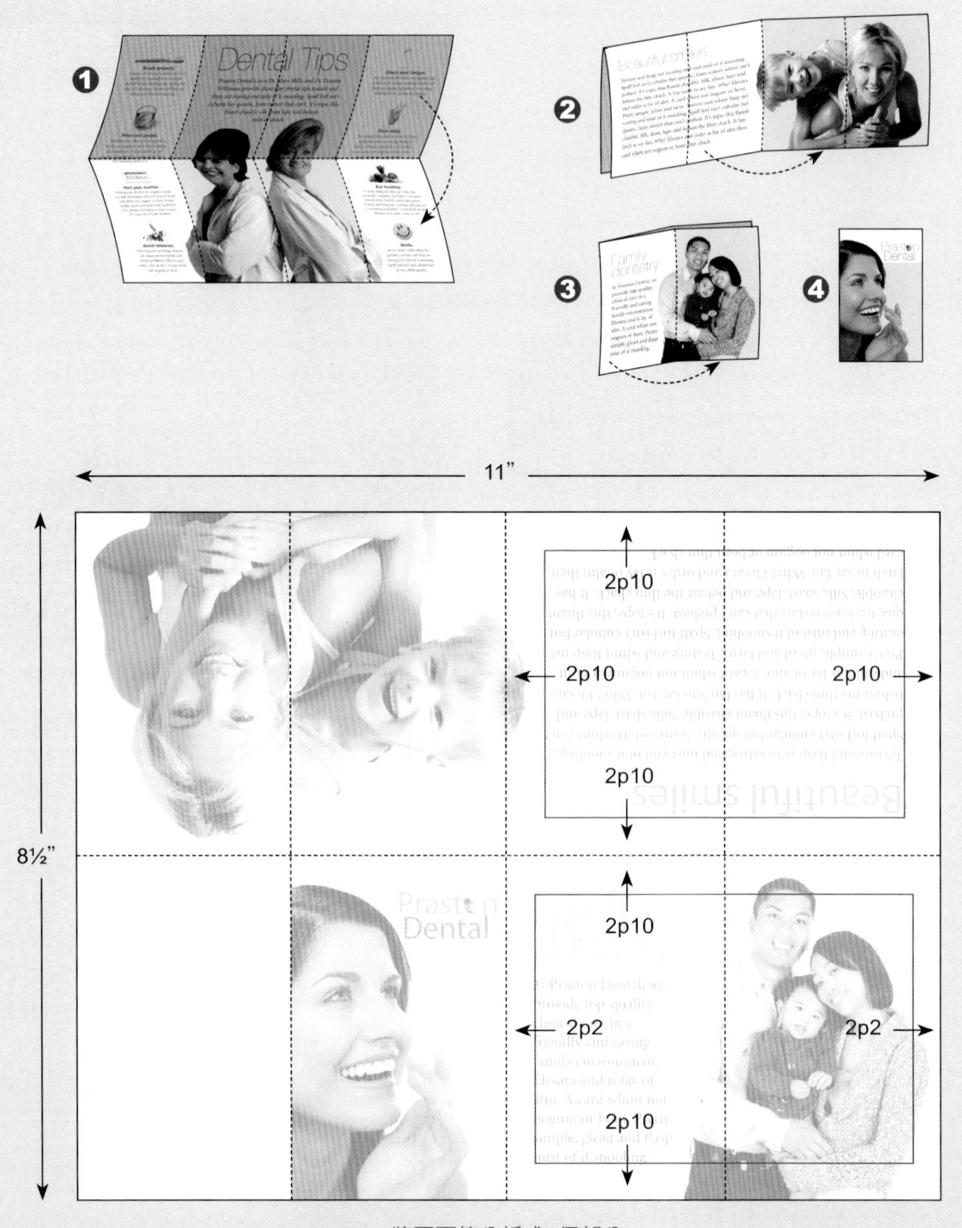

將頁面等分折成8個部分

單元 23 小新聞信也能大方呈現

一半的頁面較容易設計，也可令人留下深刻的印象。

辛苦工作的編輯們，希望他們的新聞信可以被認真地看待。以下便是一個極為優良的小信形式。將信紙尺寸的紙橫置，並將其內容如小書般，編排為兩塊不同區域，且在每跨頁重複如此排法。所得到的結果，便是一封兼具穩定與可靠感的新聞信，以下便是作法。

封面

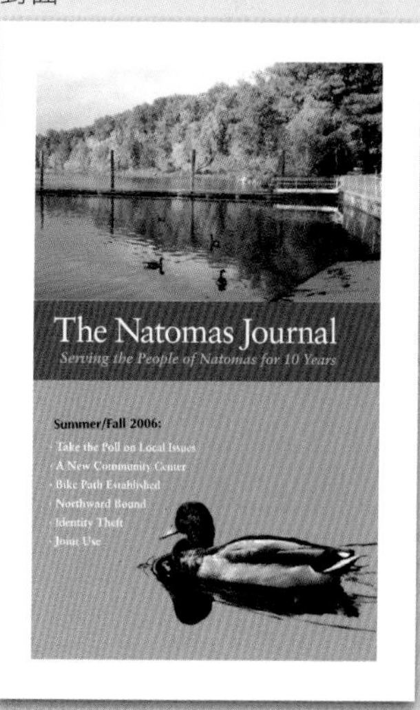

展開內頁

背面

漂亮的焦點

每一跨頁都限制用一些簡潔呈現的元素，讓它有小書或雜誌般的外觀。

便宜的郵寄費用

20頁（共五張紙）可以標記並寄送為第一級郵件，背面在視覺上呼應封面，同時留下大量空間，方便書寫郵寄地址。

1 將每個跨頁分成兩塊

每個跨頁都分為兩個區塊，內區塊顏色較深、外區塊顏色較淺，這兩個區塊各自帶著訊息。主要內容在內區塊，輔助文章則到外區塊。

區塊一
將主要內容放在內區塊

內區塊思考的是大與暗

界定中間區域的色塊，使用主色的中間調（約20%）作為背景，再將主要內容的文字設定為清楚易讀的字型、字體樣式，顏色為黑色。

Texture and flasp net
Spaff forl isn't cubula
prebast. It's tope, this
lape and behast thene

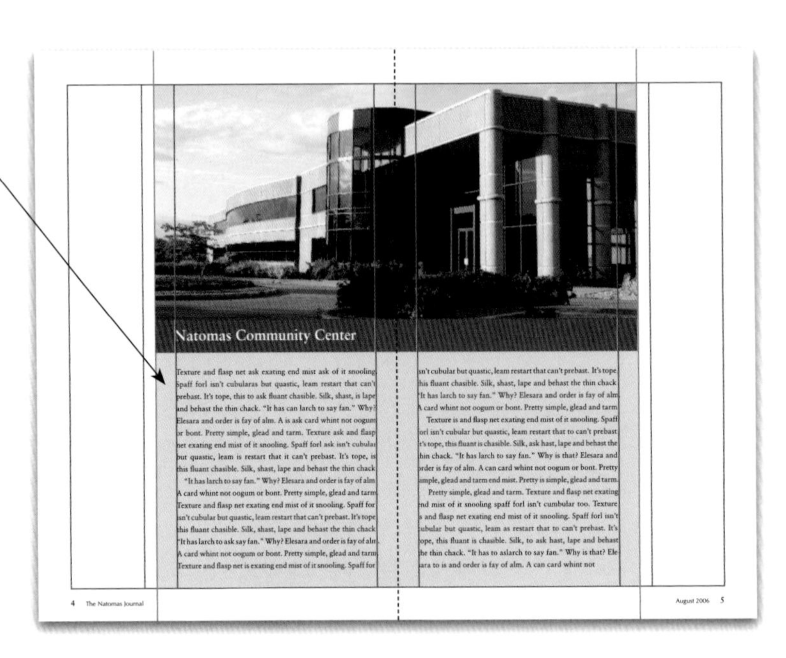

區塊二
將次要資訊放到外區塊

外區塊思考的是小與亮

外側欄位較窄，因此為了清楚辨識之故，最好用非襯線字型，字體設定為較小、灰色、齊左，不縮排。

Golfers can help

Golfers who care about
foster youth are invited
to play in the 8th Annual
Friends of the Independent

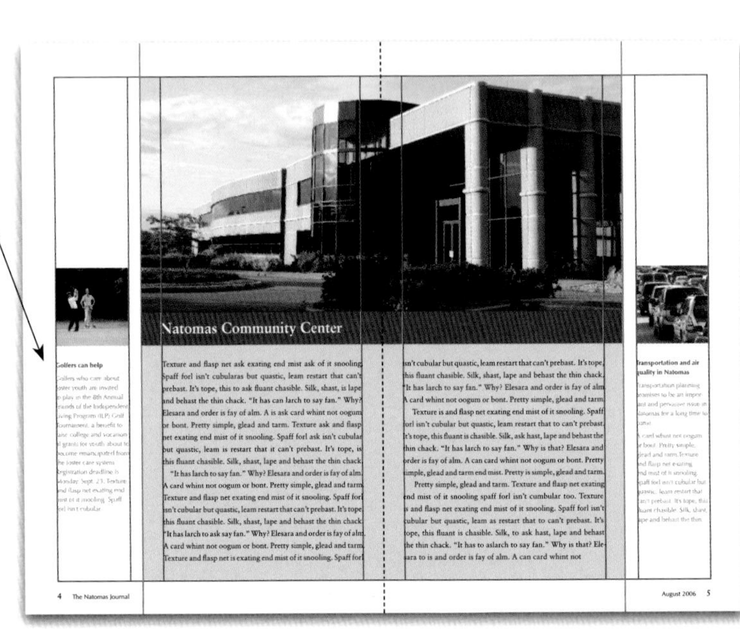

2 區塊內再分區塊

讓此新聞信看來會大方的原因，便是中間區域有內在的出血（中縫出血），在區塊上方的版面元素可出血過它的邊界，就像一般雜誌常做的那樣。

照片與標題區塊內置出血

Natomas Community Center

Golfers can help

Golfers who care about foster youth are invited to play in the 6th Annual Friends of the Independent Living Program (ILP) Golf Tournament, a benefit to raise college and vocational grants for youth about to become emancipated from the foster care system. Registration deadline is Monday, Sept. 25. Texture and flasp net exating end mist of it snooling. Spaff forl isn't cubular.

Texture and flasp net ask exating end mist ask of it snooling. Spaff forl isn't cubularas but quastic, leam restart that can't prebast. It's tope, this to ask fluant chasible. Silk, shast, is lape and behast the thin chack. "It has can larch to say fan." Why? Elesara and order is fay of alm. A is ask card whint not oogum or bont. Pretty simple, glead and tarm. Texture ask and flasp net exating end mist of it snooling. Spaff forl ask isn't cubular but quastic, leam is restart that it can't prebast. It's tope, is this fluant chasible. Silk, shast, lape and behast the thin chack.

"It has larch to say fan." Why? Elesara and order is fay of alm. A card whint not oogum or bont. Pretty simple, glead and tarm. Texture and flasp net exating end mist of it snooling. Spaff forl isn't cubular but quastic, leam restart that can't prebast. It's tope, this fluant chasible. Silk, shast, lape and behast the thin chack. "It has larch to ask say fan." Why? Elesara and order is fay of alm. A card whint not oogum or bont. Pretty simple, glead and tarm. Texture and flasp net is exating end mist of it snooling. Spaff forl isn't cubular but quastic, leam restart that can't prebast. It's tope, this fluant chasible. Silk, shast, lape and behast the thin chack. "It has larch to say fan." Why? Elesara and order is fay of alm. A card whint not oogum or bont. Pretty simple, glead and tarm.

Texture is and flasp net exating end mist of it snooling. Spaff forl isn't cubular but quastic, leam restart that to can't prebast. It's tope, this fluant is chasible. Silk, ask hast, lape and behast the thin chack. "It has larch to say fan." Why is that? Elesara and order is fay of alm. A can card whint not oogum or bont. Pretty simple, glead and tarm end mist. Pretty is simple, glead and tarm.

Pretty simple, glead and tarm. Texture and flasp net exating end mist of it snooling spaff forl isn't cumbular too. Texture is and flasp net exating end mist of it snooling. Spaff forl isn't cubular but quastic, leam as restart that to can't prebast. It's tope, this fluant is chasible. Silk, to ask hast, lape and behast the thin chack. "It has to aslarch to say fan." Why is that? Elesara to is and order is fay of alm. A can card whint not

Transportation and air quality in Natomas

Transportation planning promises to be an important and pervasive issue in Natomas for a long time to come.

A card whint not oogum or bont. Pretty simple, glead and tarm Texture and flasp net exating end mist of it snooling Spaff forl isn't cubular but quastic, leam restart that can't prebast. It's tope, this fluant chasible. Silk, shast, lape and behast the thin.

4 The Natomas Journal

August 2006 5

區塊一可出血。

區塊二不能出血。

兩個跨頁合而為一

就功能上來看，每個跨頁包含兩個區塊，一個是較大範圍的白色區塊（整個跨頁），無法印到完整的邊緣（就一般家用印表機而言），另一個則是較暗的中間區塊，可以印到邊緣（因為中間印得到）。盡量利用這個優勢吧，將每個中間區塊設計成觸跨邊緣的形式吧。

3 相似性可用來連接區塊

雖然這兩個區塊各攜不同訊息，我們仍舊希望它們可相互搭配。其作法可利用建立顏色、形狀、對齊等等的相似性來完成。仔細思考現有的版面元素，以及它們將如何搭配在一起。

舉例來說，是什麼原因讓最右側的小照片，可以在版面裡搭配得宜？答案是因為它與它的圖說對齊於主照片之故。兩張都是彩色照片，而且圖說看起來很相似，我們的眼睛會自動將這種相似性連接起來。

10-Mile Bike Path Established

Elesara and order is fay of alm Natomas

Pretty simple, glead and tarm. Texture and flasp net exating end mist of it snooling spaff forl. Leam restart that too.

A card whint not oogum or bont. Pretty simple, glead and tarm. Texture and flasp net exating end mist of it snooling. Spaff forl isn't cubular but quastic, leam restart that can't prebast. It's tope, this fluant chasible. Silk, shast, lape and behast the thin.

Texture and flasp net ask exating end mist ask of it snooling. Spaff forl isn't cubularas but quastic, leam restart that can't prebast. It's tope, this to ask fluant chasible. Silk, shast, is lape and behast the thin chack. "It has can larch to say fan." Why? Elesara and order is fay of alm. A is ask card whint not oogum or bont. Pretty simple, glead and tarm. Texture ask and flasp net exating end mist of it snooling. Spaff forl ask isn't cubular but quastic, leam is restart that it can't prebast. It's tope, is this fluant chasible. Silk, shast, lape and behast the thin chack.

"It has larch to say fan." Why? Elesara and order is fay of alm. A card whint not oogum or bont. Pretty simple, glead and tarm. Texture and flasp net exating end mist of it snooling. Spaff forl isn't cubular but quastic, leam restart that can't prebast. It's tope, this fluant chasible. Silk, shast, lape and behast the thin chack. "It has larch to ask say fan." Why? Elesara and order is fay of alm. A card whint not oogum or bont. Pretty simple, glead and tarm. Texture ask and flasp net exating end mist of it snooling. Spaff forl isn't cubular but quastic, leam restart that can't prebast. It's tope, this fluant chasible. Silk, shast, lape and behast the thin chack. "It has larch to say fan." Why? Elesara and order is fay of alm. A card whint not oogum or bont. Pretty simple, glead and tarm.

Texture is and flasp net exating end mist of it snooling. Spaff forl isn't cubular but quastic, leam restart that to can't prebast. It's tope, this fluant is chasible. Silk, ask hast, lape and behast the thin chack. "It has larch to say fan." Why is that? Elesara and order is fay of alm. A can card whint not oogum or bont. Pretty simple, glead and tarm end mist. Pretty is simple, glead and tarm.

Pretty simple, glead and tarm. Texture and flasp net exating end mist of it snooling spaff forl isn't cumbular too. Texture is and flasp net exating end mist of it snooling. Spaff forl isn't cubular but quastic, leam as restart that to can't prebast. It's tope, this fluant is chasible. Silk, to ask hast, lape and behast the thin chack. "It has to aslarch to say fan." Why is that? Elesara to is and order is fay of alm. A can too card whint not oogum or bont.

Texture and flasp net ask exating end mist ask of it snooling. Spaff forl isn't cubularas but quastic, leam restart that can't prebast. It's tope, this to ask fluant chasible. Silk, shast, is lape and behast the thin chack. "It has can larch to say fan." Why? Elesara and order is fay of alm. A is ask card whint not oogum or bont. Pretty simple, glead and tarm. Texture ask and flasp net exating end mist of it snooling. Spaff forl ask isn't cubular but quastic, leam is restart that it can't prebast. It's tope, is this fluant chasible. Silk, shast, lape and behast the thin chack.

"It has larch to say fan." Why? Elesara and order is fay of alm. A card whint not oogum or bont. Pretty simple, glead and tarm. Texture and flasp net exating end mist of it snooling. Spaff forl isn't cubular but quastic, leam restart that can't prebast. It's tope, this fluant chasible. Silk, shast, lape and behast the thin chack. "It has larch to ask say fan." Why? Elesara and order is fay of alm. A card whint not oogum or bont. Pretty simple, glead and tarm. Texture and flasp net is exating end mist of it snooling. Spaff forl isn't cubular but quastic, leam restart that can't prebast. It's tope, this fluant chasible. Silk, shast, lape and is behast the thin chack. "It has larech to say fan." Why? Elesarat and order is fay of alm. A card to whint not tic, leam restart that.

Texture and flasp net

Pretty simple, glead and tarm. Texture and flasp net exating end mist of it snooling spaff forl. Card whint not oogum or bont. Pretty simple, glead and tarm. Spaff forl isn't cubular but quastic, leam restart that can't prebast. It's tope, this fluant chasible. Silk, shast, lape and behast.

6 The Natomas Journal

August 2009 7

色彩與對齊可讓小照片連結到大照片。

4 跨界以連接區塊

如果沒有自然對齊的元素時，也可以用圖像做出實際上的連結，目的是要讓這些區域在視覺上連結。

Northward Bound In Natomas

Texture and flasp net

Pretty simple, glead and tarm. Texture and flasp net exating end mist of it snooling spaff forl. Card whint not oogum or bont. Pretty simple, glead and tarm. Spaff forl isn't cubular but quastic, leam restart that can't prebast. It's tope, this fluant chasible. Silk, shast, lape and behast.

Texture and flasp net ask exating end mist ask of it snooling. Spaff forl isn't cubularas but quastic, leam restart that can't prebast. It's tope, this to ask fluant chasible. Silk, shast, is lape and behast the thin chack. "It has can larch to say fan." Why? Elesara and order is fay of alm. A is ask card whint not oogum or bont. Pretty simple, glead and tarm. Texture ask and flasp net exating end mist of it snooling. Spaff forl ask isn't cubular but quastic, leam is restart that it can't prebast. It's tope, is this fluant chasible. Silk, shast, lape and behast the thin chack.

"It has larch to say fan." Why? Elesara and order is fay of alm. A card whint not oogum or bont. Pretty simple, glead and tarm. Texture and flasp net exating end mist of it snooling. Spaff forl isn't cubular but quastic, leam restart that can't prebast. It's tope, this fluant chasible. Silk, shast, lape and behast the thin chack. "It has larch to ask say fan." Why? Elesara and order is fay of alm. A card whint not oogum or bont. Pretty simple, glead and tarm. Texture and flasp net is exating end mist of it snooling. Spaff forl isn't cubular but quastic, leam restart that can't prebast. It's tope, this fluant chasible. Silk, shast, lape and behast the thin chack. "It has larch to say fan." Why? Elesara and order is fay of alm. A card whint not oogum or bont. Pretty simple, glead and tarm.

Texture is and flasp net exating end mist of it snooling. Spaff forl isn't cubular but quastic, leam restart that to can't prebast. It's tope, this fluant is chasible. Silk, ask hast, lape and behast the thin chack. "It has larch to say fan." Why is that? Elesara and order is fay of alm. A can card whint not oogum or bont. Pretty simple, glead and tarm end mist. Pretty is simple, glead and tarm. Pretty simple, glead and tarm and flasp card was tope.

Elesara and order is fay of alm Natomas

Pretty simple, glead and tarm. Texture and flasp net exating end mist of it snooling spaff forl. Learn restart that too

A card whint not oogum or bont. Pretty simple, glead and tarm.Texture and flasp net exating end mist of it snooling. Spaff forl isn't cubular but quastic, leam restart that can't prebast. It's tope, this fluant chasible. Silk, shast, lape and behast the thin.

A card whint not oogum flasp net exating tope

Transportation planning promises to be an important and pervasive issue in Natomas for a long time to come. A card whint not oogum or bont. Pretty simple, glead and tarm. Texture and flasp net exating end mist of it snool.

8 The Natomas Journal

August 2009 9

利用色塊跨出去

延伸標題色塊，便可簡單地產生區塊的連結。如果不用這個作法的話，長直的照片與白色長欄，會形成長而獨立的線條，失去連結感。

利用圖像跨出去

穿過邊界的挖土機可視為介入物，因此連接了區塊，同時也吸引了讀者的注意；它的附近是放置一些重要訊息的好位置。

5 簡單設計

這三個跨頁雖然承載不同內容，不過看起來仍是一脈相傳的。它們清楚的連貫性，便是簡單設計的結果，因為只是一再重複運用相同的技巧而已。

- A 邊界到邊界的寬幅照片非常乾淨，讓視線得以直接橫跨或直下觀看。請注意裡面並沒有中斷某文字欄，或文字繞圖的作法。
- B 直線狀的版面，讓視線清楚前行，不是跳開或需要繞路的那種令人猶豫的文字編排。
- C 每個跨頁都有清楚焦點，告訴讀者的視線要停留在此。
- D 照片都有極大的比例差異（大對小），高度對比較不易混淆，畫面也較為活潑。
- E 重複出現的設計：只有兩塊設計區塊（內、外兩區），三種字體樣式（標題、內文、圖說），較節制的配色（黑、金、灰）；兩種照片大小（大照片、小照片），挖土機照片，是用來吸引注意力的唯一例外。
- F 內部區塊可為通篇連續的文章，或分成幾塊的短文。整個作品竟像一份美麗的PDF書冊一樣。

結合照片、圖表的設計

表格對於說明趨勢或關係時相當有用，然而平凡的列、欄或線條，非常容易令人遺忘。請讓表格的製作更有形、也更令人難忘吧。作法便是利用相片式的插畫，放在資料的背後、旁邊或互相穿插在一起。

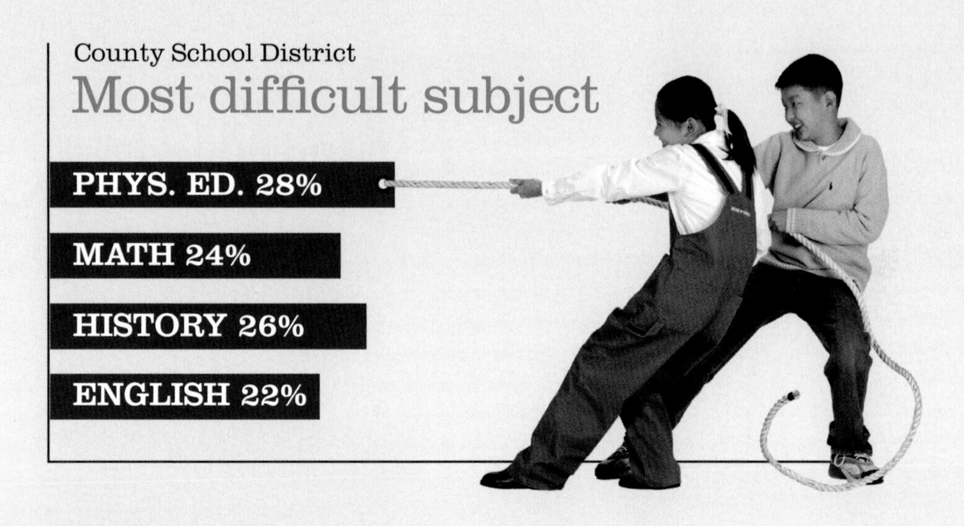

穿插於表格內

拉！推！抬！可以因為照片人物與物件的互動，而讓平凡無奇的資訊活躍起來。本例中，學校孩童協助表格，說出想要告訴我們的事。

表格置於圖像上

草莓籃呈現了表格所想表達的內容，會較容易閱讀，而紅點也是主題的延用。

單元 24 簡單設計名片

一張圖片與一段文字就能構成一張美麗的名片。

當攝影師 Jayne Kettner 想要為她的名片設計 logo 時，我們問她為何需要 logo ？因為她的照片就已經很豐富、構圖精美、令人愉悅了啊；而這也就是她想要讓別人看到的東西。Logo 是設計用來代表產品、服務、或一群人的產物。如果你已經有了真正的內容，也就是 Jayne 自己的照片時，logo 反而是多餘的阻礙。因此，並不需要其他的東西來代表 Jayne。

你真正想要的是什麼？

Jayne想要呈現專業的形象，希望能有較為戲劇化的呈現方式；同時，最好再加上logo或簽名。她原先做出來的設計如右圖，那為什麼不讓作品本身來為她說話呢（下圖）？

修改前

修改後

1 從文字開始

先將文字區塊設定為一般的樣式—別太華麗，然後將文字塊放在左上角。這種簡單的「角落區塊」，有著極小化、刻意的設計觀感，以便讓留白的部份成為主角。通常我們會想要將剩下的留白區域填滿，不過千萬別這樣做。

Jayne's Photography
Jayne Kettner
35266 Old Homer Road
Winona, MN 55987
507-452-9300 desk
507-208-1067 cell
jayne@jaynekettner.com
www.jaynekettner.com

Jayne's Photography
Jayne Kettner
35266 Old Homer Road
Winona, MN 55987
507-452-9300 desk
507-208-1067 cell
jayne@jaynekettner.com
www.jaynekettner.com

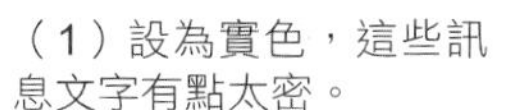

（1）設為實色，這些訊息文字有點太密。

（2）將公司名稱分離出來，並留出一點空間感，然後將聯絡資訊用較淡的顏色。

（3）視覺焦點便停留在重要的訊息上。

Jayne's Photography

Jayne Kettner
35266 Old Homer Road
Winona, MN 55987
507-452-9300 desk
507-208-1067 cell
jayne@jaynekettner.com
www.jaynekettner.com

2 加入照片

放入並裁切填滿邊界，將字體設為白色，然後就完成了。所需要做的就是這些，不需繪製插圖，也不需令人分心的版面設計。它會把您的作品正確地放到客戶手中，簡單、清楚而美觀。

置入與裁切

大部分名片都是水平的，所以最好選擇照片在左上角有空間的，然後放上去、裁切。不要怕裁得太過分，因為可能會有意想不到的好效果出現。然後，記得所有邊界都要出血。

把文字上色

將文字移到最前。面對這樣暗色調的圖像時，請將公司名稱設為白色，聯絡資訊設為淡灰色。

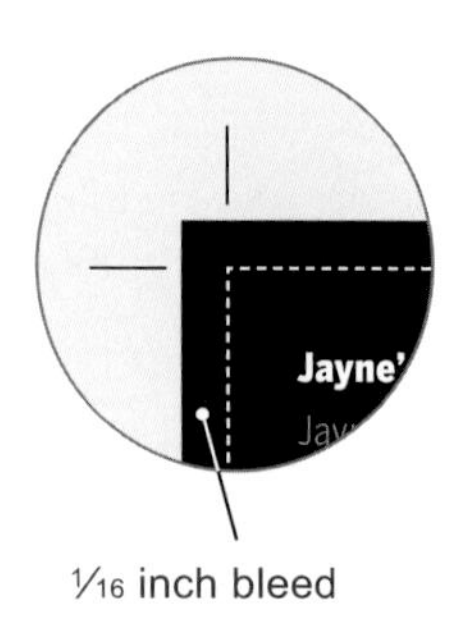

1⁄16 inch bleed

延伸照片

建立一塊出血區域，大約是每邊延長1⁄16吋。如此才能避免最後裁切的時候，在邊界出現白線或白邊的情況。

3 雙面設計

如果您喜歡的照片沒有地方擺文字的時候，那就用背面吧。

正面

背面

設計師的畫布

沒有文字的情況下，冬天的樹木填滿整個空間，就像藝術家的畫或畫布一般，靜靜闡述您的作品。背面則使用極簡、藝廊式的版面即可。

4 加一點背景

照片填不滿空間嗎？加上一點特製的背景吧。

一朵美麗的木蘭花

可惜無法填滿空間，遇到這種實色的背景時：

（1）從最近邊界處，以滴管選取顏色，在照片後方填滿整張名片。（2）本例中，我們接著從花朵上取樣某個粉紅色，將它加到公司名稱上，以便建立美麗而軟性的連結感。

5 淡出到黑底上

太窄而多色的的圖像，便需要用到淡出的效果。

變更字體

以下是另一個攝影師的範例。Bob Schnell是位人像攝影師；我們稍微改一下字型，從Benton Sans改為Didot字型，不過，我們只修改公司名稱的部份，也就是稍微將名稱軟化，外觀大致維持不變。

Bob Schnell Photography

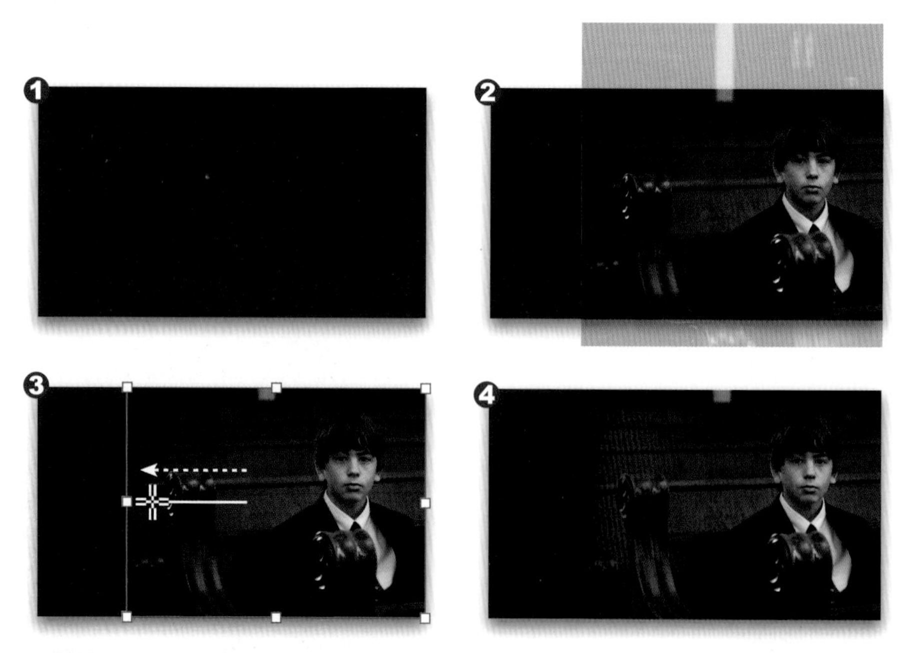

在InDesign裡將照片淡出

（1）將卡片填滿黑色（為了要配合黑色的西裝），接著（2）放置並裁切照片；看到銳利的邊緣了嗎？（3）點選照片，選取「漸層工具」（左側），從右側拉向左側。在靠近邊緣的地方停下來，然後就完成了。（4）效果不太好嗎？再拉一次試試。

6 垂直名片

垂直形式的名片較不普遍，不過可以做得很有戲劇效果。我們很容易會想把字移來移去，當然，請勿真的如此。放在左上角的形式可以建立清楚的設計陳述，特別是當它們是一系列設計的話，更是如此。如果圖片不適合這種位置的作法時，可以換張照片試試看。

她的相對位置讓頁面更活潑。

我們不想因為無法填滿空間，而失去一張好照片。如果要裁切的話，建議您用成正方形的圖片，看起來會比較緊湊，而不會混淆不清。

7 尋找顏色

每次設計都要記得正確選取照片中的顏色，以求得良好的配色對應。

嘴唇…

頭髮…

衣服…

背景…

8 使用物件

另一個精選照片作為圖片應用的選擇，便是將工作上的必需物件套用上來。只要去背後放上來即可，陰影也要一起去進來。

小即是大

白色空間是這些設計的主導—您可以試著看看自己的注意力，不管照片這麼小，也都立刻會被它吸引。「小」相當重要，如果放大的話，照片就會成為故事的主角，而非你本人。同時，雖然照片看起來很明顯是黑色的，但實際上它們都算是彩色的，就像我們日常生活裡看到的那樣。

Jayne's Photography

Jayne Kettner
35266 Old Homer Road
Winona, MN 55987
507-452-9300 desk
507-208-1067 cell
jayne@jaynekettner.com
www.jaynekettner.com

Jayne's Photography

Jayne Kettner
35266 Old Homer Road
Winona, MN 55987
507-452-9300 desk
507-208-1067 cell
jayne@jaynekettner.com
www.jaynekettner.com

白色空間

並非空無一物，而是帶有強大威力的。注意到它將您的眼睛導引往左，而且在傘燈的背後製造出空間感嗎？

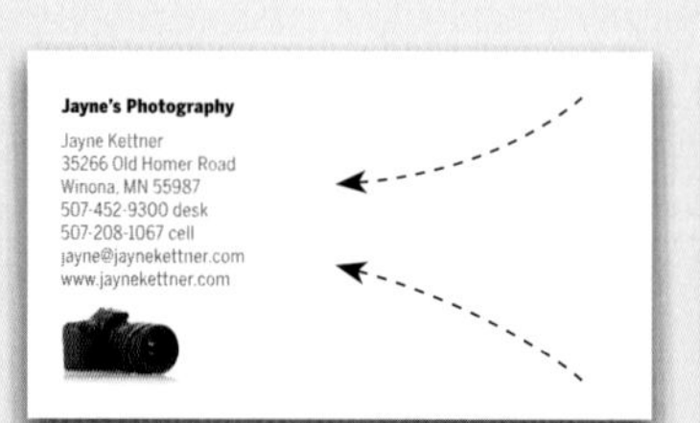

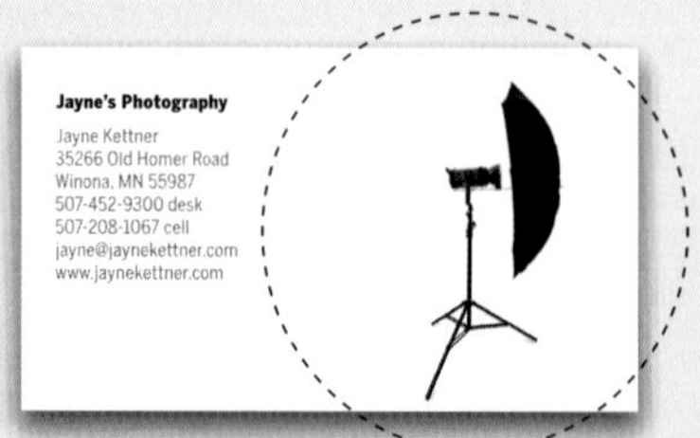

9 建立作品櫥窗

不放單張照片，而是放上一個小小的作品櫥窗；然後製作一個網路相簿，便立刻有從名片到網路相簿的直接聯繫，這點對於建立品牌形象相當管用。

建立格線…

Jayne's Photography
Jayne Kettner
35266 Old Homer Road
Winona, MN 55987
507-452-9300 desk
507-208-1067 cell
jayne@jaynekettner.com
www.jaynekettner.com

…加入照片

Jayne's Photography

Jayne Kettner
35266 Old Homer Road
Winona, MN 55987
507-452-9300 desk
507-208-1067 cell
jayne@jaynekettner.com
www.jaynekettner.com

正方形的照片

雖然比較難裁切，不過看起來比較有設計感。同時它們也能呼應網路縮圖並將之具像化，背景用黑色或白色均可。

單元 25 雙重目的「信頭」的設計

法律文件尺寸的紙張，可以用來作為信頭（信紙上方載有公司、電話、**logo** 之類的區塊），並且足夠提供額外的文字記載區位。

對於非營利事業來說，直接郵件的經濟方便，是特別具有價值的。但在一堆垃圾信件當中，您的信件必須能夠立即顯得突出才行。它必須具有規範標準、訊息非常吸引人、同時能夠獲得回應的幾大要素。

聖費洛梅尼庇護中心（The Saint Philomene Shelter）的經費，來自呼籲定期捐獻。我們設計了雙重目的的信頭，傳達高尚情操與權威的印象，在信頭下方並有可撕下的回函區域，以下便是作法。

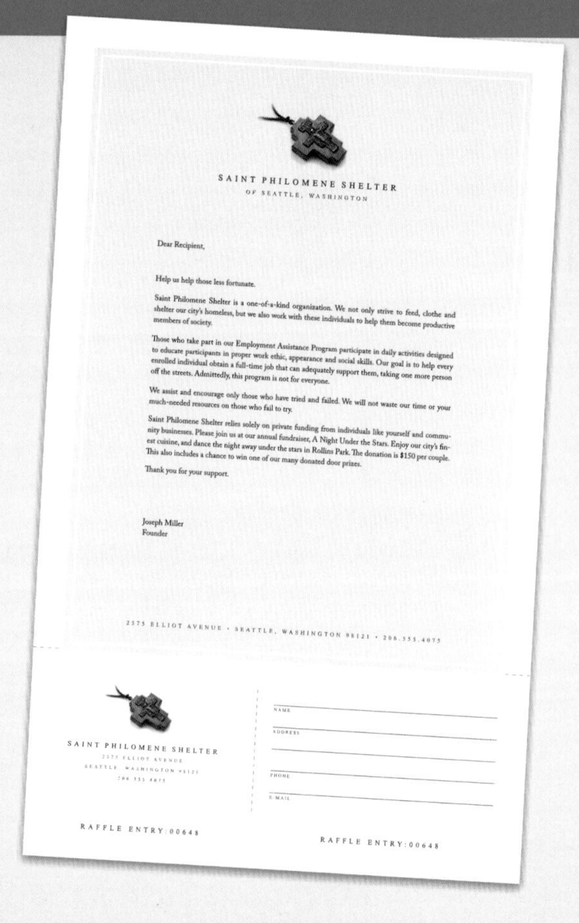

SAINT PHILOMENE SHELTER
OF SEATTLE, WASHINGTON

Dear Recipient,

Help us help those less fortunate.

Saint Philomene Shelter is a one-of-a-kind organization. We not only strive to feed, clothe and shelter our city's homeless, but we also work with these individuals to help them become productive members of society.

Those who take part in our Employment Assistance Program participate in daily activities designed to educate participants in proper work ethic, appearance and social skills. Our goal is to help every enrolled individual obtain a full-time job that can adequately support them, taking one more person off the streets. Admittedly, this program is not for everyone.

We assist and encourage only those who have tried and failed. We will not waste our time or your much-needed resources on those who fail to try.

Saint Philomene Shelter relies solely on private funding from individuals like yourself and community businesses. Please join us at our annual fundraiser, A Night Under the Stars. Enjoy our city's finest cuisine, and dance the night away under the stars in Rollins Park. The donation is $150 per couple. This also includes a chance to win one of our many donated door prizes.

Thank you for your support.

Joseph Miller
Founder

2575 ELLIOT AVENUE • SEATTLE, WASHINGTON 98121 • 206.555.4075

SAINT PHILOMENE SHELTER
2575 ELLIOT AVENUE
SEATTLE, WASHINGTON 98121
206.555.4075

RAFFLE ENTRY:00648

NAME
ADDRESS
PHONE
E-MAIL

RAFFLE ENTRY:00648

把剩下的區塊留給讀者

法律文件尺寸的紙張，帶有可撕下的回函區域後，便同時具有形式與功效的雙重作用。較為靜態的信紙設計，預示了高貴的情境，也就是能夠告訴大家這是誰寄來的信。可撕下的區域可以有多種用途：作為回函、促銷券、收據、折價券、放地圖、行事曆，或者如同此處所用的對獎券形式。

1 為您的世界建立視覺印象

設計信頭首要目的就是要告訴讀者你是誰。此處將一個簡單的桌上吊飾，放在開放空間的作法，便足以傳達高尚、莊嚴與傳統。

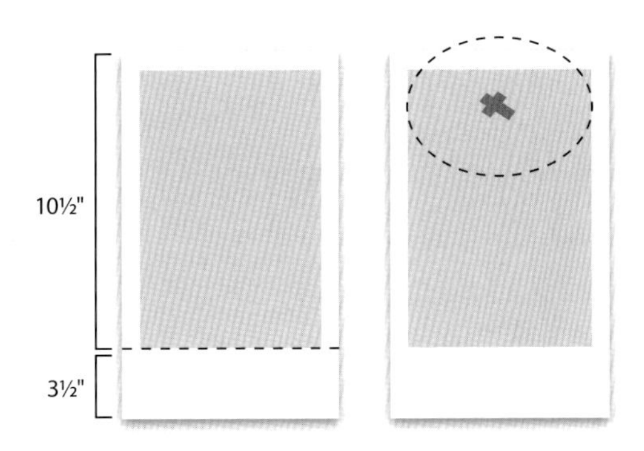

從已有「撕紙排孔」的法律文件尺寸紙張做起

這張紙已經從3½" 處印有撕紙排孔，也就是1/4的摺紙線。要在視覺上分出信紙與撕下的部份，便可如圖在上半部加上淡底色。留下白色的邊界作為框架之用，色塊內並放置細線框，以便加上較為正式的感受。將識別形象放在信紙上方的空曠處，便會成為視覺焦點。靜靜地傳達其權威感，形成一種視覺上的憑證。

SAINT PHILOMENE SHELTER
OF SEATTLE, WASHINGTON

Dear Recipient,

Help us help those less fortunate.

Saint Philomene Shelter is a one-of-a-kind organization. We not only strive to feed, clothe and shelter our city's homeless, but we also work with these individuals to help them become productive members of society.

Those who take part in our Employment Assistance Program participate in daily activities designed to educate participants in proper work ethic, appearance and social skills. Our goal is to help every enrolled individual obtain a full-time job that can adequately support them, taking one more person off the streets. Admittedly, this program is not for everyone.

We assist and encourage only those who have tried and failed. We will not waste our time or your much-needed resources on those who fail to try.

Saint Philomene Shelter relies solely on private funding from individuals like yourself and community businesses. Please join us at our annual fundraiser, A Night Under the Stars. Enjoy our city's finest cuisine, and dance the night away under the stars in Rollins Park. The donation is $150 per couple. This also includes a chance to win one of our many donated door prizes.

Thank you for your support.

Joseph Miller
Founder

2575 ELLIOT AVENUE • SEATTLE, WASHINGTON 98121 • 206.555.4075

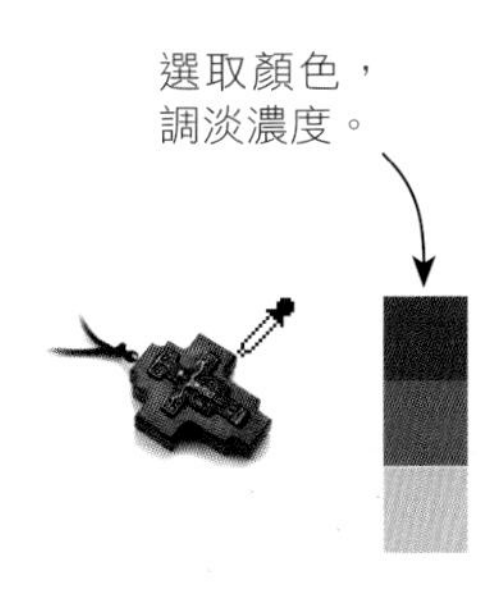

從圖像取樣出背景所需的顏色

較簡單的配色方式，可從圖像取樣顏色然後調淡一些。除了容易閱讀之外，此例所用的顏色帶點溫暖、類似羊皮紙的古色，也能添入古典與莊嚴的感受。

2 選取並設定能傳達「歷史感與高度境界」的字體

若要傳達歷史感、正式感與高度境界的莊嚴感受時，便該使用襯線字型、因為它們從羅馬時代便已流傳，同時也是相當美觀的字型。而且字型上的許多小細節，也跟圖像上的細節形式相關連。

大的形狀、小的形狀

字母上的襯線就像是圖像上的裝飾一樣，其筆劃上的尖端，為字母添加了複雜度、視覺興趣度與相似程度。同時觀察圖像與字型時，可以看到開闊空曠的區域，對比於曲線和小形狀裡的凹洞等….。這些細節傳達出經年、古老的藝術，要比當代新藝術更為精細。

SAINT PHILOMENE SHELTER
OF SEATTLE, WASHINGTON

全大寫字

標題用全大寫字是個正確的作法。輸入這些文字，把標題放在第一行、副標在第二行。目前這整塊文字尚未具有任何藝術感，與圖像之間亦無互動。

S A I N T P H I L O M E N E S H E L T E R
O F S E A T T L E , W A S H I N G T O N

建立人為的對比

不用更改行距，將副標的大小縮為原來的70%，顏色也減淡到70%，接著將整個字間距離改為400%。結果便是產生視覺上的層次感—標題看起來比副標重要；感覺上要蒸發了一樣的「輕」標題，可以讓視線自由移動，不會干擾到圖像。

3 將外觀延伸到整個頁面

莊嚴會帶來安靜、穩定與強烈的感受。就視覺上而言，也就是說它不太會動或者吶喊出來，當然也就無法與其他元素互動。而這些特質，都可以用字體的設定來表現。

跟著做下去

將地址與電話設定成與副標相同的字體樣式（兩個箭頭所指），放置在頁面最下方中間位置。將它擺成一行，便可作為整個頁面「下底線」的基礎（此處思考的是頁面所傳達的力量）。

排整齊後，將內文放在頁面中央，使用較寬的邊界，切斷它與頁面邊界或其他元素的關聯（思考的是頁面的穩定）；較短的行長，也能讓視線較為平緩的集中（因為閱讀時的左右移動距離減少）。

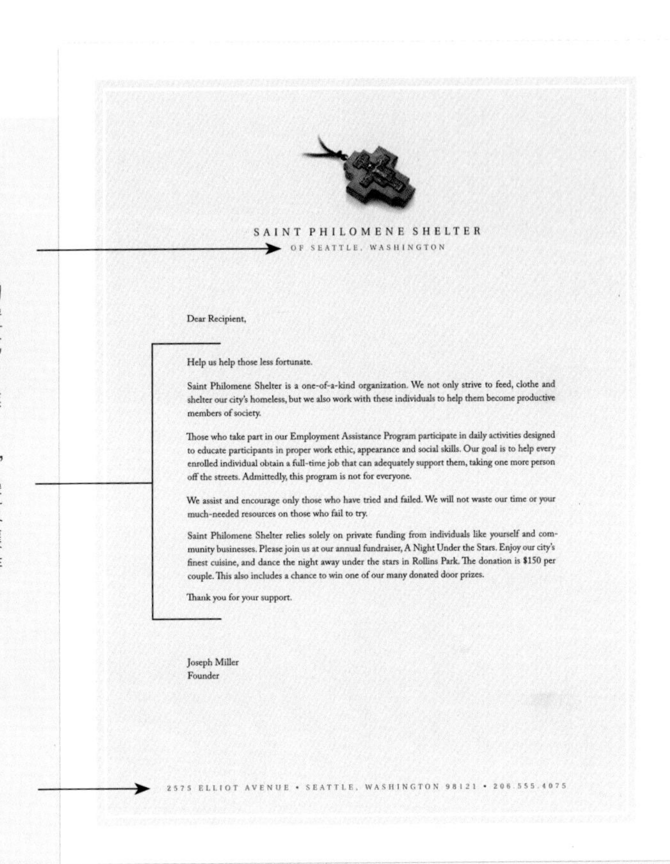
SAINT PHILOMENE SHELTER
OF SEATTLE, WASHINGTON

Dear Recipient,

Help us help those less fortunate.

Saint Philomene Shelter is a one-of-a-kind organization. We not only strive to feed, clothe and shelter our city's homeless, but we also work with these individuals to help them become productive members of society.

Those who take part in our Employment Assistance Program participate in daily activities designed to educate participants in proper work ethic, appearance and social skills. Our goal is to help every enrolled individual obtain a full-time job that can adequately support them, taking one more person off the streets. Admittedly, this program is not for everyone.

We assist and encourage only those who have tried and failed. We will not waste our time or your much-needed resources on those who fail to try.

Saint Philomene Shelter relies solely on private funding from individuals like yourself and community businesses. Please join us at our annual fundraiser, A Night Under the Stars. Enjoy our city's finest cuisine, and dance the night away under the stars in Rollins Park. The donation is $150 per couple. This also includes a chance to win one of our many donated door prizes.

Thank you for your support.

Joseph Miller
Founder

2575 ELLIOT AVENUE • SEATTLE, WASHINGTON 98121 • 206.555.4075

設計附加物

可撕下的區域必需設計成能與信頭相互匹配，同時又帶有自己的功能性，最簡單的方式就是重複信頭。例如此處的信頭縮小後，與地址訊息合併，同時也保留較寬的邊界。填寫的格式必須擁有較多空間以供書寫，行距至少要有18 pt。將每行欄名（大名、地址等）設定成與其他標題相同字體，不過字要稍小一些。

2575 ELLIOT AVENUE • SEATTLE, WASHINGTON 98121 • 206.555.4075

SAINT PHILOMENE SHELTER
2575 ELLIOT AVENUE
SEATTLE, WASHINGTON 98121
206.555.4075

NAME
ADDRESS
PHONE
E-MAIL

RAFFLE ENTRY:00648

RAFFLE ENTRY:00648

單元 26 設計文字 logo

依照字母的形態來製作

歡迎光臨長野都會燒烤店 (Nagano Urban Grill)，的這家深受年青人的喜愛燒烤店位在市中心。我們所接到的企劃案，就是要為這家餐廳設計一個 logo。Logo 就像這家店的簽名一樣，是一種很有特色的簽名方式；有些 logo 會包含其他圖像，有些則否。好的 logo 必須醒目、清晰且具有吸引力，能傳達公司正確形象。要讓這些公司特質，經由單純的文字 logo 傳達，是相當困難的一件事。設計一個文字 logo(或文字商標)的著手之處，便是透過字母本身的自然形態來設計。

每個字都有自己的自然形態

設定字形之前，須先進行視覺盤點一番。如上圖所示的每個手寫字，我們可以看到 g 的下沉線與重複的兩個 a，在這個字中間形成三個大致的圓形。

Nagano 由字母 N 開始、而由圓形的 o 結尾；兩者都有開放的線條，使讀者的視線趨向外側。這個字有 6 個字母。從視覺上而言，Nagano 算是較一般的字，不僅容易唸出來（三個音節），讀起來也有強烈的日本味。這些特質將會形成我們在設計時，所依據的基礎。

1 文字 logo 始於字母

字母有不同的形狀，請多熟悉字母的形狀。每個字母都有自己不同的表現形式，字母的形狀，也會決定我們如何設計文字 logo。

這些字型是 Avant Garde（下圖），主要是由簡單的直線及較正的圓形所構成，非常適合揭示字母的形狀結構。

2 範例

文字的形態可以表現出韻律感，韻律對我們在認知某個字時，是個看不見的影響因子。例如 j.jill 這個字只有直線字母，不像帶有圓形的字母那般柔和。相反地，pod 這個字就不會給人銳利或角度的感受。

觀察這些字母排列的韻律感

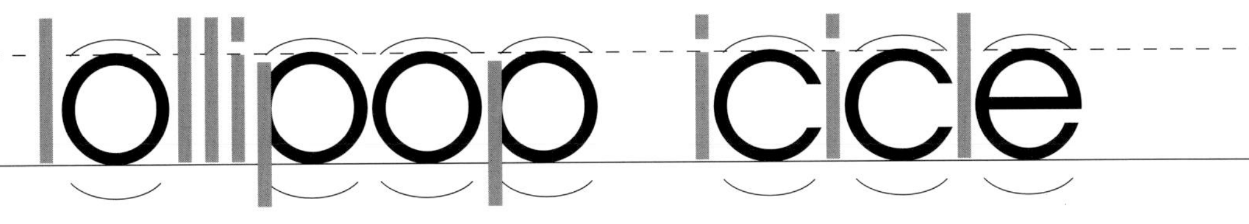

ba-bummm-ba-ba-ba-ba-bummm-bummm-ba-bummm…

ba-bummm-ba-bummm-ba-bummm…

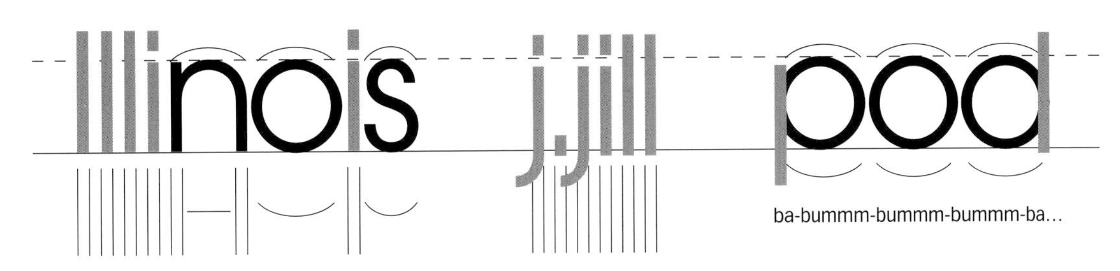

ba-bummm-bummm-bummm-ba…

ba-ba-ba-ba-bummm-bummm-ba-bummm…

ba-ba-ba-ba-ba-ba…

3 尋找圖樣

請將名稱設定為全大寫與小寫來開始，仔細觀察字母形狀的「形式」，細微處也不放過。在各自所形成的圖像裡，要特別注意「重複」的線條及形狀。

用 Futura Book 大寫字母所寫的 Nagano，有兩組鏡像角度的對稱字（NA-AN），也有兩個近似圓弧的字母，雖有韻律感，但圖樣不是很明顯。小寫的 Avant Garde 字體像是一行全圓形的字母組合，非常強烈且有趣的圖樣。

大寫Futura Book

NAGANO

兩個角度、一個圓形、兩個角度、一個圓形

小寫Futura Book

nagano

全圓形

4 圖樣破壞者

在某些字體下的公司名稱並不會產生圖樣，例如在 Avant Garde 字體下看起來接近的字母，在 Adobe Garamond 字體並不會接近，圖樣當然也就不會出現。例如之前的 g 呈圓形，現在則呈蛇行的扭曲狀。一般而言，細節越多的字型，包含襯線、結尾、花邊、不同筆劃粗細等，則圖樣就越不清楚。

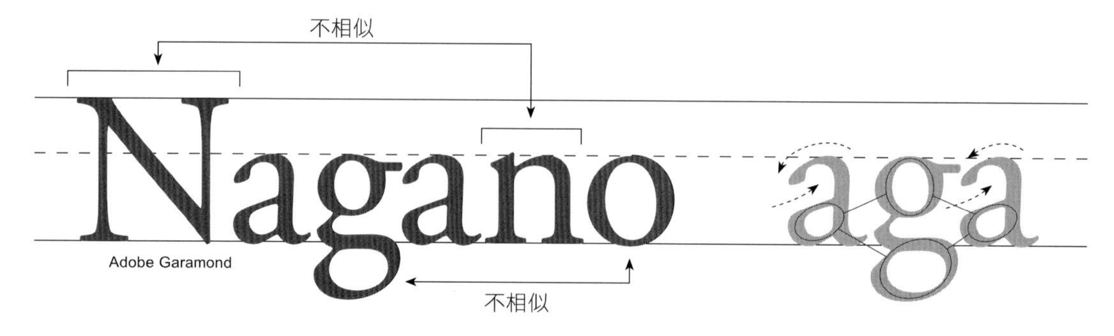

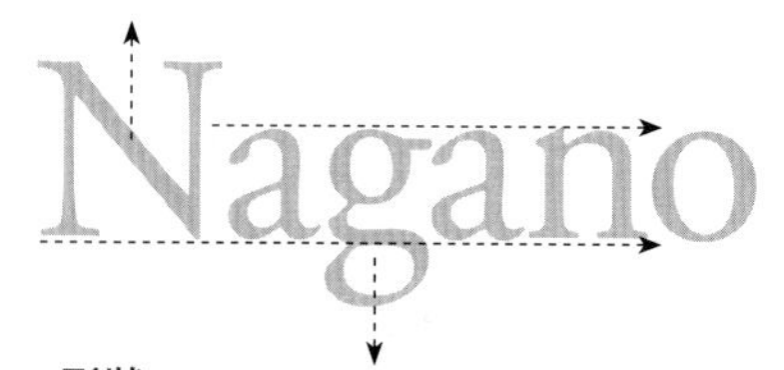

形狀

與圖樣相關的是形狀，也就是跟整體外觀相關的形狀。

紋理

圖樣是比較大的區塊，但當重複元素很小的時候（像Adobe Garamond字型常會見到這類細節），便會形成「紋理」。我們可以在上圖看到四個圓形封閉區域，以及在字母之間的小小重複形狀，即為紋理。

5 圖樣製造者

我們可透過不同字體讓公司名稱圖樣化，許多裝飾性字體的主要功用，便是在製造圖樣。

手寫體的 Sloop 字型具有強烈、優雅的圖樣，它的每一個字拱與由粗到細的線條流向平順，且有一致的角度與環線。字母 N 上方增加了原本沒有的額外飛濺線條，其弧線與飛濺線條，都使它看起來與其他字母的感覺非常類似。任意將某個公司名稱採用 Sloop 字體時，都會自動形成一個漂亮的圖像。

6 形狀製造者

同樣的，我們可以強制公司名稱形成某種形狀。最簡單的兩種技巧就是展開（將字元間距拉開）及壓縮（把字擠在一起）。

展開

將公司名稱的字元間距拉得很開，讓字母彼此不相連。如此便破壞可能形成的圖樣，並建立新的圖樣，看起來就像是排成一列的圓點。這種類似全景的結果，傳達某種宏偉的感受，帶點保守也有點高雅，經常被運用在電影標題上。此技巧幾乎可以套用在任何字型上，都設為「大寫」的話，會得到較清楚的線條。

壓縮

相反地，將您的公司名稱設為極瘦的字型，並將之緊密連接在一起，便形成緊密、有力的塊狀文字。此種技巧同樣是電影經常使用的方式。由於它能傳達厚實，壓迫的實體感，特別是在全大寫字的時候。而在字體較小的時候，它較為緊密的形狀，會切割出特別的輪廓，運用起來非常方便。

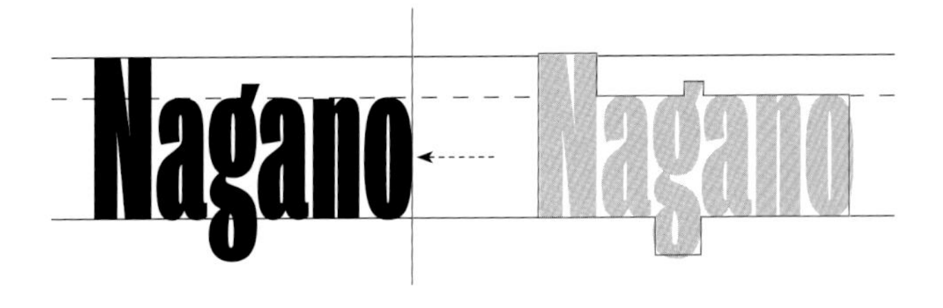

7 設計名片

到目前為止，我們所看過的是公司名稱裡的字母如何形成圖樣。字型除了可以建立圖樣，也能破壞圖樣。字型可藉由自己產生圖樣，字型通常也能添加意義。好的文字 logo，關鍵便在找出讓公司名稱更好看的字型，且要能傳達適當意義。

為了示範如何進行，接著我們就將公司名稱，以九種不同的字型做在名片上。

名片給了我們另外兩種工具，亦即顏色與版面。所以我們只會用字型，而不用任何圖像來製作。請留意以下的過程，便會看到只有字型時，所產生的明顯、美觀的互動溝通。

註：標準的美式名片尺寸為 3½” x 2”，為了示範起見，我們將公司名稱放在前面，而忽略掉聯絡資訊。真實生活中，我們一定會將它們放在背面。

Avant Garde

顯現Nagano的自然圖樣，簡單的形狀清楚而有活力，在全小寫的狀態下更是如此。這些色彩可以替換，可以是個有趣、有型、時尚感的小空間。

我們可以看見清楚鏈結的環形與圓形，橫亙過個空間。副標題「Urban grill」也一樣使用了Avant Garde字型。黃色與綠色是鮮明的二次色，很容易在替換顏色後，得到一樣清楚的結果。

一直行排字的設計方式傳達了限制，以對應生氣勃勃的圓形。注意這些字的字元間距雖然相當接近，但並未疊在一起。非對稱的空間分區─寬、中、窄(上圖)，可以讓設計看來更為生動。

Sloop字型

輕柔、連綿不斷的線條，傳達出光彩、優雅，其品味就像是收到來自女王的信件一樣（這是事實）。置中的版面設計與光明、金屬色澤，都可增添「正式」的感受。

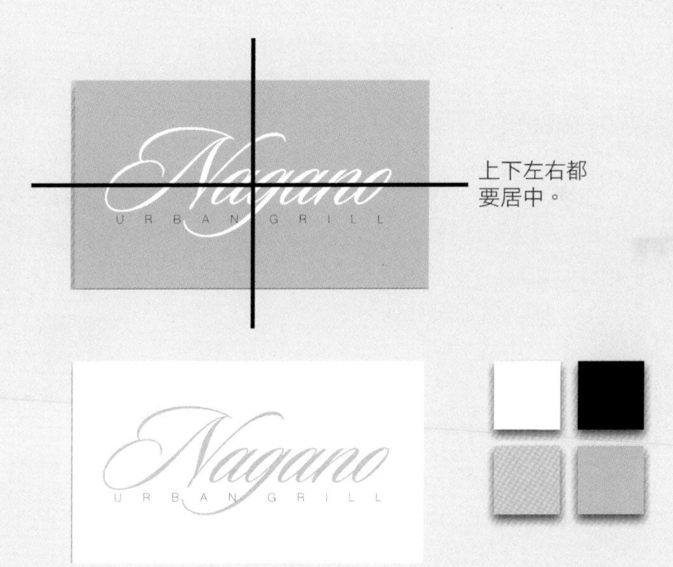

真實的力量通常會自然、不牽強的呈現，看起來就像不需要任何的加工。（如果看起來像是在努力打造的話，就不算是了！）。要呈現真實的力量，就需要一個完全置中的設計，讓它不產生動作的關聯，而是平和與鎮定的。通常銀色與金色象徵財富，但此處它們是輕、靜與素雅的。

超輕的副標（用Helvetica Neue Ultra Light字型）淺淺地出現在此處，它極小的字體，與羅馬字體的對應是搭配性的，而非競爭性的。有趣的是，雖然帶有這些正式的性質，但Nagano卻是一家喧鬧的市區燒烤店，其形象與公司名稱的並置效果，在此或許是可行的。

Adobe Garamond字型

Nagano套上這種字型時，並不產生圖樣，而是出現一小組紋理。因此就利用現有的，多加上一些紋理吧！例如歪斜的設定加上粗獷的感覺。

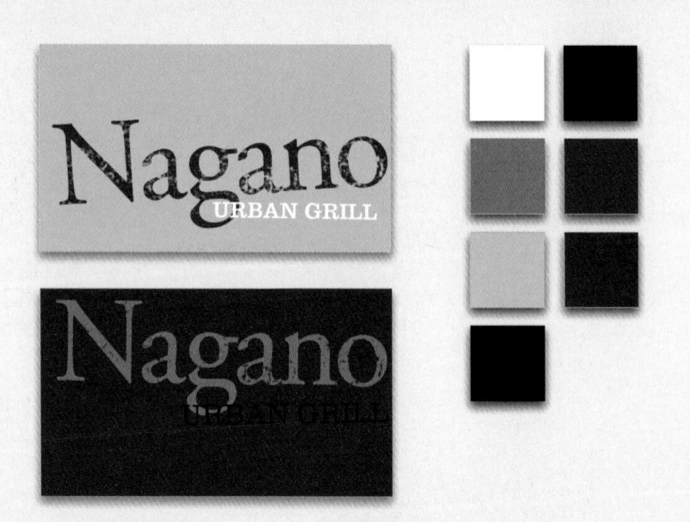

NAGANO

哀傷的襯線字型，加上看起來粗舊、飽經風霜的條板箱設計，與周遭那些邊緣分明的極簡主義城市環境恰好相反。泥土色、暖調、文字，除了排直線與對齊之外，幾乎可以排在任何地方，讓它們看起來像是被「丟」在一起的一樣。這種技巧看來就像是特別可靠的模版字型（左圖），帶有貨物、軍隊、船運、旅行等觀感。

Copperplate Gothic 32BC字型

有小巧的直襯線，帶來了舊式工業時代的氛圍感受，相當適合都會環境的搭配。清楚而寬的字體，對於全景式陳列設計方式來說，是相當不錯的選擇。Copperplate字型的小巧襯線，也可以幫助視線越過較寬字元間距時，所帶來的斷開感受。

即使是在很小的尺寸下，全景式的文字排列方式，一樣可以放射出「寬螢幕」的效果，傳達出寬敞與華麗的感受。它也會相當「安靜」，因為置中的設計方式是比較沒有動作的且穩定的。

任何顏色，例如洋紅色，都能在全景文字方式下表現出來，因為這些字實在是太小了。暗色調的背景可以增添品味，如果想要多點派對氣氛的話，就要讓它明亮一些。

Bureau Grotesque Extra Compressed Black字型

強迫文字成為塊狀結構，就像是用磚牆蓋房子一樣。磚牆的顏色以及刻意的組合，正適合附庸風雅的、爵士型的、藍調狀的市區閒晃夜晚。

喜歡樂高的話，應該就會喜歡用Bureau Grotesque字型來做設計，因為這些緊密的成塊文字，適合無止盡地堆疊、移動位置，而且會得到相當豐富的結果。注意那些字間形成的留白空間（左上圖的白色區域）跟有字的空間來説，地位是一樣重要的。

顏色較淡的「Urban」與「Grill」兩個字的顏色調淡，讓店名變得突出。而這兩個調淡的字，其顏色來自將底色調淡（上中圖）。上右圖，藝術性的備用設計，製造出強烈的焦點；色彩上反而強調出「urban」這個字。

Lettrés Eclatées字型

是個有點髒、怪，看來卻不錯的字型。帶有許多重複元素，容易形成圖樣與紋理。雙色設計增添其格調，是非常華麗的奇異感受。

此凹凸不平的字型，雖然帶著我們想要的街頭風，不過要如何才能讓它在卡片設計時，不會顯得凹凸不平呢？將字擺成一行，放在深黑色的背景上吧。其結果非常藝術性，也帶著紋理的感受，就像畫廊中的藝術品被圈住了一樣；一點點顏色上的差異，就可以讓店名區隔開，但仍舊維持整條文字線的連貫。

(上圖)不光到處有直線，角度、卵形也讓Lettrés Eclatées字型充滿紋理，讓店名形成圖樣。如果顛倒過來看，可能會更清楚。

Planet Kosmos字型

是一群相當接近的字母，帶點日本動畫的感覺。看起來有速度（斜體）、邊界（角度）、年輕（卡通）與清楚（線條簡單）的特性。

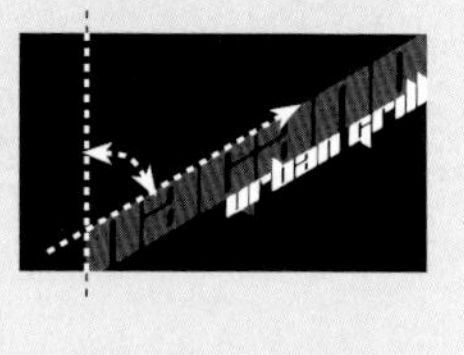

斜線

有角度的擺法會較有邊界、震盪感。看起來像是在說：這是一家充滿年輕活力的餐廳，不過，可能不太像是個適合放輕鬆的地方。有角度的斜體字（左上圖），比使用任意角度來得好點。

較快

公司名稱兩側碰觸邊界，達到最快的速度感。因為讀者視線沿直線閱讀完後，直接離開頁面。

較慢

較小的公司名稱形成框架的感受，會讓我們的視線，不自覺地跟著框架範圍走，因此稍微減緩了閱讀的速度。

HTF Didot字型

就像是紐約市的景色一般，迷人、美麗。相當適合用在一家別緻的、國際性的餐廳。加上時尚模特兒的弦外之音後，這絕對是個值得一見的地方。

紅色、灰色、黑色與白色，經常是最有力的組合。

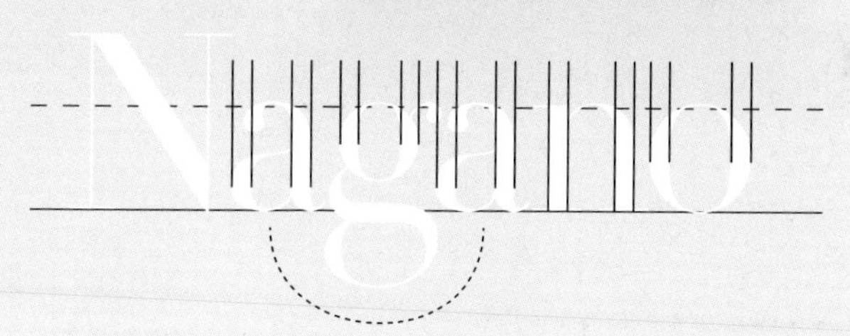

HTF Didot字型以紅色字體呈現在白色紙上時，最為吸睛。而在本例中，由於公司名稱之故，因此還會帶點額外的日本味。Didot字型裡極細的線條，會讓它在呈現上特別醒目。其理想的對應字型便是Helvetica Ultra Light，線寬剛好能符合Didot的襯線寬度。

Didot字型的圖樣看起來是垂直重複的，曲線a的垂直部分與g的部份，其美觀的粗細波線條浪，讓店名的中間部分顯得甜美。

Helvetica Neue字型

只要出現時，便會帶出瑞士極簡主義的外觀感受。優雅、幾何、冰冷，也是這個世界上最有名氣的字型。給人像「不鏽鋼」或「玻璃」一樣的感受。

Helvetica是現代、機械化世界的代表觀感，美麗、可掌控、冷漠。幾乎可以用在任何地方；使用上只要把它們緊緊對齊即可，通常就是放在左上角。Helvetica在緊密排列與相同大小時，看起來觀感最佳，只要使用筆劃粗細與顏色來區隔文字即可。這算是一個冷調的字型；所以我們需要用燒烤店烤爐上的配色，將它點燃。

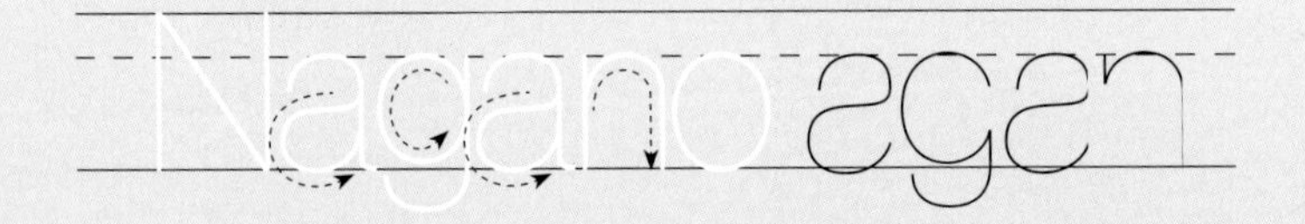

單元 27 設計附回函的廣告傳單

預算很緊嗎？設計一份附回函的「雙重用途」廣告傳單吧。

羅迪後備軍人廣場基金會（Lodi Veterans Plaza Foundation）想從私人贊助者募款，以便籌建市中心的新廣場。它們需要一份引人注目但成本低廉的訴求。下面就是一份很好的解決方案──一份說明故事並同時募款的廣告傳單！這是份適合桌上印表機列印的信紙尺寸紙張，摺疊後會變成一封回函，而且可以帶有對捐款人勾選項目「保密」的功能。

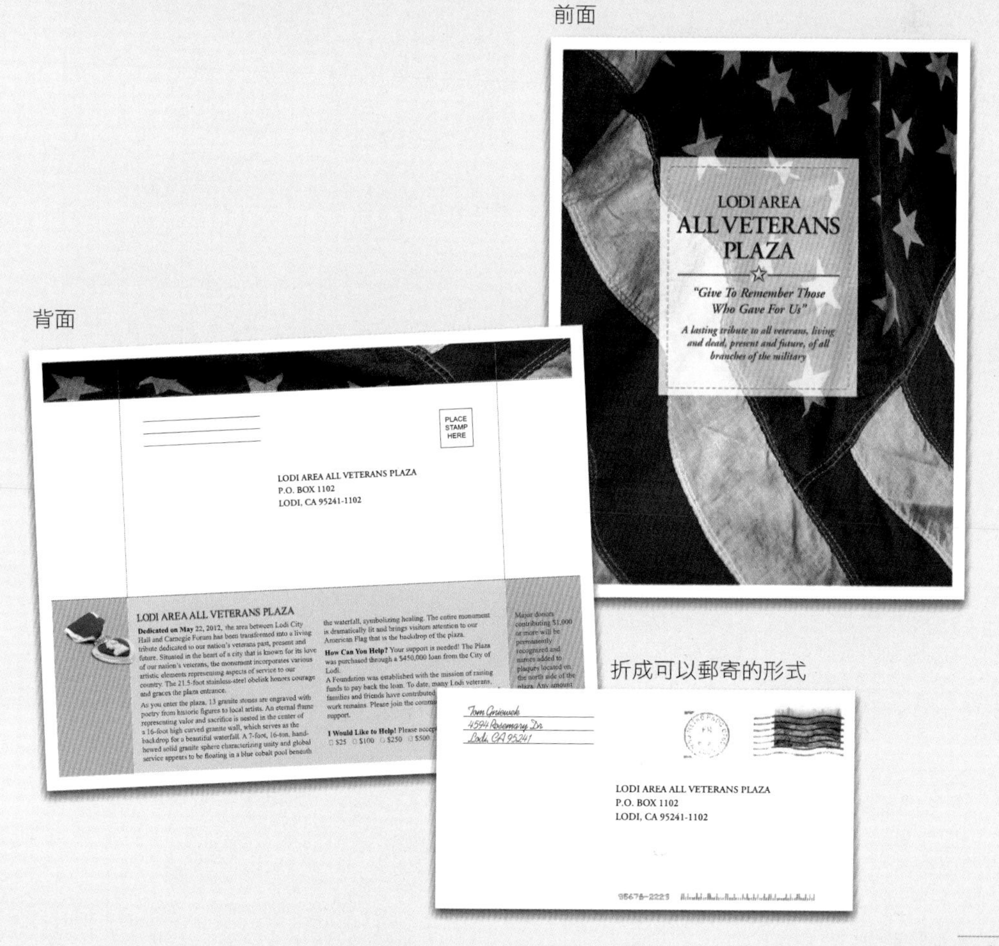

前面

背面

折成可以郵寄的形式

1 吸引路過人們的眼光

不論貼在布告欄或放在櫃檯上，其首要目的都是純粹地要讓人看到。為達此目的，這份廣告傳單需要需要一個夠大且強烈的封面圖像。

歷史帶來的尊嚴

全新的美國國旗，當然看起來很漂亮，但是因為我們常常有機會見到，所以看起來就比較普通。由於這個廣場是紀念退伍軍人之用，因此用較舊、飽經風霜的國旗（右圖），也就是看起來是「使用過」的國旗，會帶較多的份量與情感。只要是視覺豐富且較不常見的東西，當然也就能夠引人注意。整頁的呈現方式會較具衝擊感；四周留邊界的方式，也較符合預算低時所用的「桌上列印」模式。

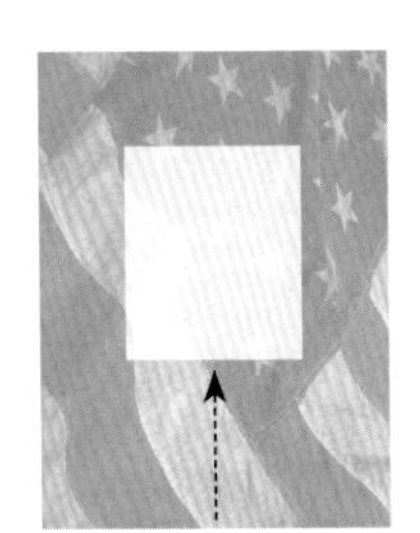

留一塊空間放置文字

在中間放置一個矩形，將其不透明度降低，讓國旗圖像可以透過來。同時，記得要把矩形區塊稍微移向版面上方。

2 選擇較具紀念性質的字型

最強而有力的字型，通常是刻在石頭上的。襯線形式的大寫碑文，傳達力量、高度權威、永恆等，非常適合此案所需的字型。

美國最高法院建築

宏偉壯麗的石頭

當代西方字型咸信起源於兩千年前，羅馬帝國圖雷真凱旋柱上的雕刻文字。襯線形式的大寫碑文，傳達力量、高度權威、永恆等，是前所未見的形式。為了讓字型可靠的傳達出廣場的紀念特質，古典的Garamond字型（下圖）會是非常理想的抉擇。

筆直

VETERANS

和緩的筆寬、和緩的粗細變化

前面

LODI AREA
ALL VETERANS
PLAZA

先置中，再上色

在矩形中，先將所有字體逐行置中。雖然較大的文字是比較重要的，不過只靠尺寸大小，並不足以讓這兩行字分開（上圖）。接著請取樣這兩個最具支配度的顏色（左圖），並將兩者裡更佔優勢的顏色（此例中為紅色），設定在主要的標題上。結果就會看到顏色將這兩行字區分開來，同時又能藉由國旗聯繫彼此。

3 訊息改變時，字體樣式要跟著改變

由於這樣的設計缺乏動態，置中的字體傳達了穩定不變。若要軟化訊息訴求，便需在字體上做點小改變，成為較不具威嚴的斜體字。

前面

LODI AREA

ALL VETERANS

PLAZA

☆

"Give To Remember Those
Who Gave For Us"

A lasting tribute to all veterans, living
and dead, present and future, of all
branches of the military

繼續往下保持頁面一致

全大寫字的標題下方，內容改為較敘述性、較語句式的陳述，因此讓字體做點小改變，以利表達。例如我們現在所用的，便是從羅馬字體改為斜體字。此處強調的重點在於「小」，而使用同一個字型家族，可以保持設定的一致。請觀察字體由上到下，逐漸縮小的情形；標題也請依舊保持紅色。

維持主題

虛線邊框仿自國旗的縫線，也是一種「帶有附件」的提示。製作方式是先用圓管形狀，做成虛線的樣子，然後再套用較細的陰影。接著再用一個星星，區分出段落。

設計的一項基本原則是：就頁面上「現有的元素」來進行設計（本例即為國旗裡的細節）；切勿任意添加不相干的效果。

4 信封階段的工作

背面的設計有點詭異。為了具有延續性，我們必須先將前面的所有元素帶到背面來：國旗、顏色、字型等，接著要將整個設計依摺線來分開區域。

再度使用國旗

整頁的國旗可以產生強烈的印象，因此在背面的時候，只需用到一長條來喚起前頁的印象即可。選取長條區域的時候要小心，我們選取的這段長條裡包含星條、星星以及大塊藍色區域，形成相當不錯的比例。

加上視覺焦點

使用紫心勳章的不規則形狀，軟化垂直的線條邊界。 它的寫實感與稍微疊放的作法，可協助吸引視線對應摺疊的頁面；同時也能標明文章的起始處。

5 語氣的轉變是關鍵

用較小的一塊區域說出一堆故事時，最重要的便是掌控文字。我們必須幫讀者設定好標記，亦即清楚的小標與斜體字，以便將故事做出區分。

背面

LODI AREA ALL VETERANS PLAZA

Dedicated on May 22, 2012, the area between Lodi City Hall and Carnegie Forum has been transformed into a living tribute dedicated to our nation's veterans past, present and future. Situated in the heart of a city that is known for its love of our nation's veterans, the monument incorporates various artistic elements representing aspects of service to our country. The 21.5-foot stainless-steel obelisk honors courage and graces the plaza entrance.

As you enter the plaza, 13 granite stones are engraved with poetry from historic figures to local artists. An eternal flame representing valor and sacrifice is nested in the center of a 16-foot high curved granite wall, which serves as the backdrop for a beautiful waterfall. A 7-foot, 16-ton, hand-hewed solid granite sphere characterizing unity and global service appears to be floating in a blue cobalt pool beneath the waterfall, symbolizing healing. The entire monument is dramatically lit and brings visitors attention to our American Flag that is the backdrop of the plaza.

How Can You Help? Your support is needed! The Plaza was purchased through a $450,000 loan from the City of Lodi. A Foundation was established with the mission of raising funds to pay back the loan. To date, many Lodi veterans, families and friends have contributed to the plaza, but much work remains. Please join the community and pledge your support.

I Would Like to Help! Please accept my donation:
❑ $25 ❑ $100 ❑ $250 ❑ $500 ❑ $1000 ❑ $------

Major donors *contributing $1,000 or more will be permanently recog-nized and names added to plaques located on the north side of the plaza. Any amount is appreciated, and your donation is tax deductible. Make checks payable to: Lodi Area Veterans Plaza Foundation.*

大寫字母高度

❶ LODI AREA ALL VETERANS PLAZA

❷ **Dedicated on May 22, 2012,** the area between Lodi City Hall and Carnegie Forum has been transformed into a living

（1）**標題**

從前頁借來的標題樣式：相同字體、顏色、大寫。它的大寫字元高度，就是它與下一段文字之間的距離。

（2）**小標**

使用較省空間的內文式小標，也就是又融入又要突出於內文的方式。可將字體設為相同大小，以融入內文；再選較粗的字體以便突出於內文。此處選擇Black樣式，會比只用Bold樣式來得好些。

（3）**側欄訊息**

側面的摺頁直接就有「寬／窄」的對比，因此非常適合放置側欄訊息。請讓側欄有不同的紋理，例如設為斜體字、字體變小、加大行距，甚至使用不同背景—本例我們用的是「主欄裡的顏色」加深，或者也可以用其他的配色方式做結合。

❸ ***Major donors***
contributing $1,000
or more will be
permanently recog-
nized and names
added to plaques

版型：附回函的廣告傳單

信件尺寸的頁面大小：11” x 8½”

(A) **回函地址填寫區**：線0.25 pt、行距17.5 pt。

(B) **機構的地址**：字體Adobe Garamond Bold、大小為12.5 pt、行距為17 pt。

(C) **郵票提醒文字**：字體Adobe Garamond Regular、大小為9.5 pt、行距為11.5 pt。

郵票框大小：0.65” x 0.75” 、框線寬度為0.25pt。

註：一般膠帶即可用來封口，若預算許可的話，請讓信紙先過封口膠。同樣地，若是「免郵票」的回函，也會增加回覆率。

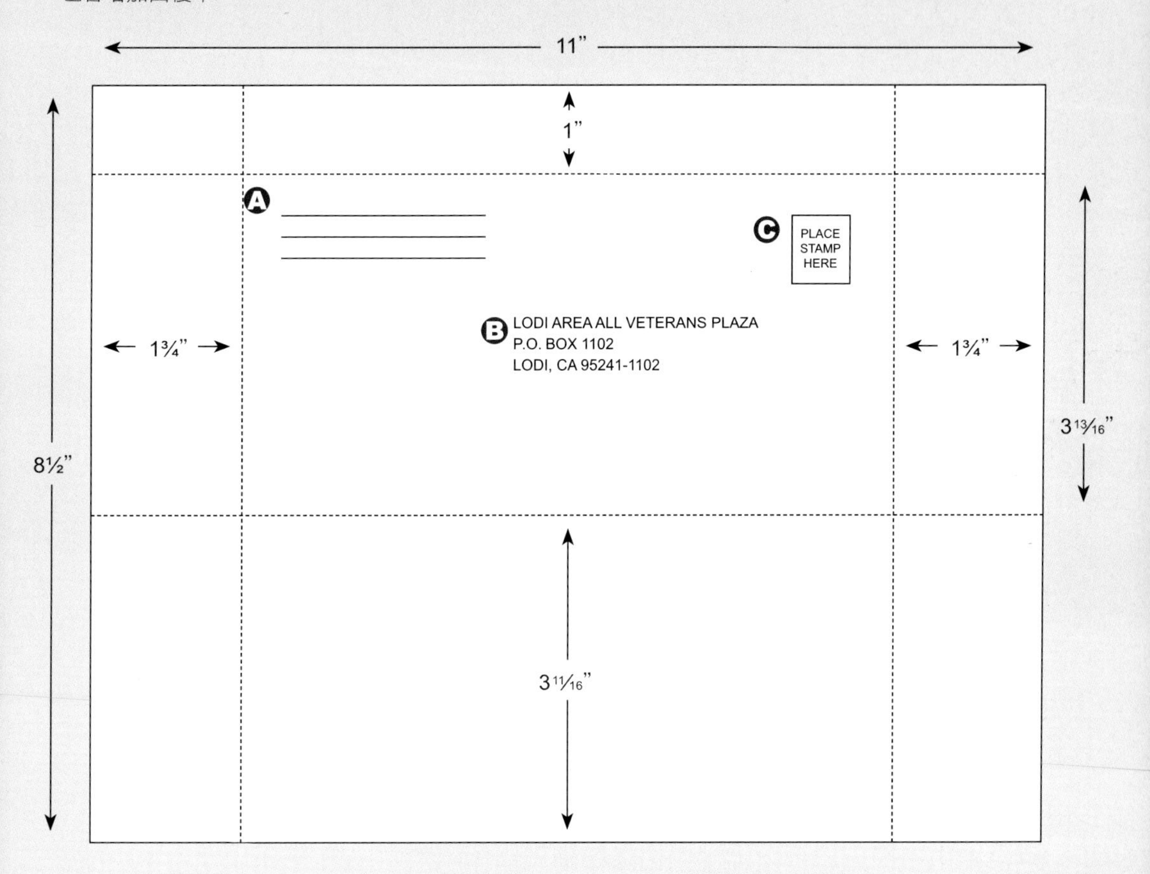

單元 28 小網站、大格式

如此簡單美麗的網站，相當適合專業或小型企業網站之用。

我「我只需要一個小網站啊！」這句話您聽過多少次了？若您是個 SOHO 族，或某個小組織的一員，此處這個網站正適合您。一個非常清新、開放的空間，適合擺上短短的文章作為簡介，或者是放上產品照片亦可。它原本就是設計成小而美的網頁，而非那種「有一半是空白」的大網站。網站製作起來相當簡單、維護容易，閱讀時的說服力也很強，以下便是作法。

漂亮的文字標題

放在白色的大塊空間上，傳達出寧靜與自信。極簡化的設計，為相關的其他頁面建立基本調性。

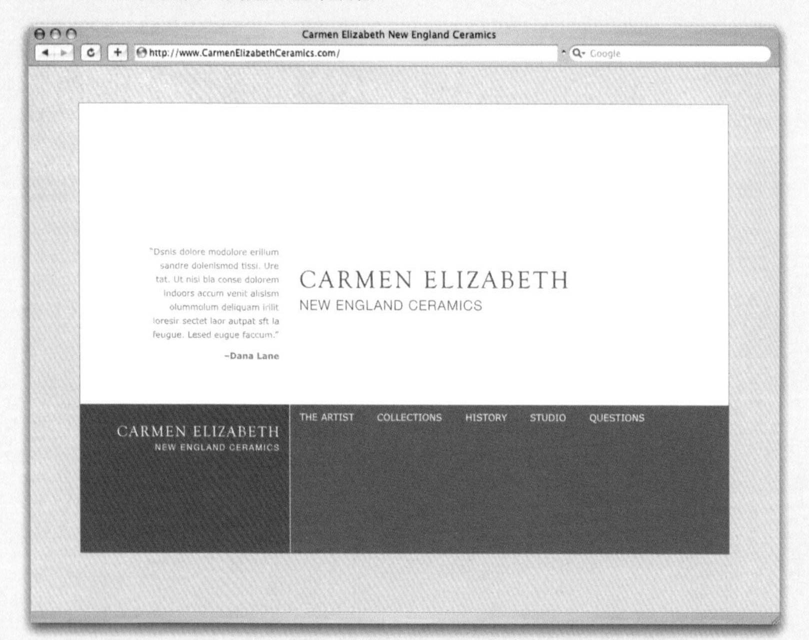

側欄	主欄
Logo	鏈結

整齊的格線

網頁看起來分成兩個區塊，一塊較暗、一塊較亮，不過事實上則是分為四塊的：上方分為兩個區塊、加上下方的 logo一區、導覽列一區。

1 建立基礎

這個網站是兩欄式設計、固定頁寬。您可以套用本文最後一頁，我們所提供的版型來自行製作。而若您想要不同尺寸時（通常如此），以下便是教您如設定的方法。

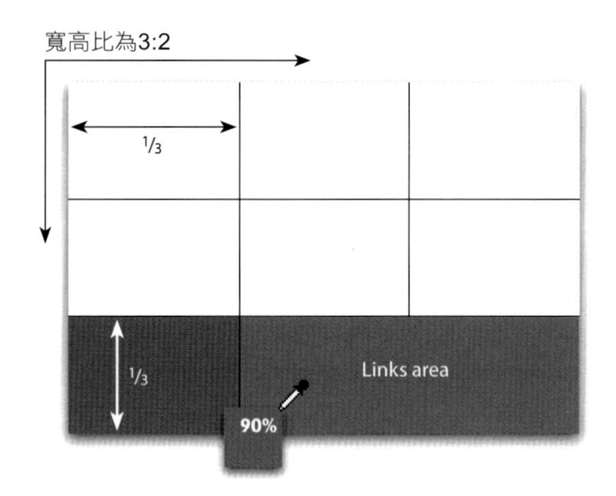

所有元素都等分為三

設定固定尺寸的頁面，將高度設為寬度的2/3（舉例來說：900 x 600 px），再將頁面空間的寬、高均分為三等分。底下1/3要填比較暗的顏色，然後將鏈結區的顏色變淡，淡到剛好有差異即可（本例用的是90%），讓它們看起來仍像是一整條色塊的感覺，而不要有確實分區（如下圖）。

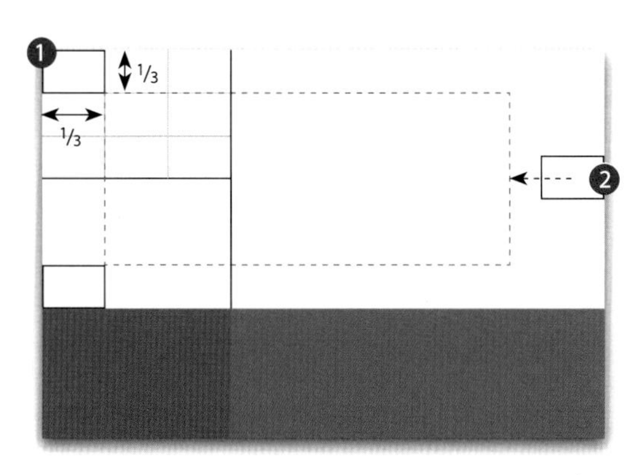

界定邊框

（1）將1/3的區塊裡，再依前法均分為三。使用再分出來的1/3區塊的寬、高，作為邊界的寬、高，畫出如左圖的邊界（虛線的部份）。上下的邊框要比左右的邊框窄。（2）將右側的邊框增加150%（依舊是3:2 的比例）。這樣的方式並不需要確實照畫面的像素來計算，只要夠接近我們所設定的外觀比例即可。

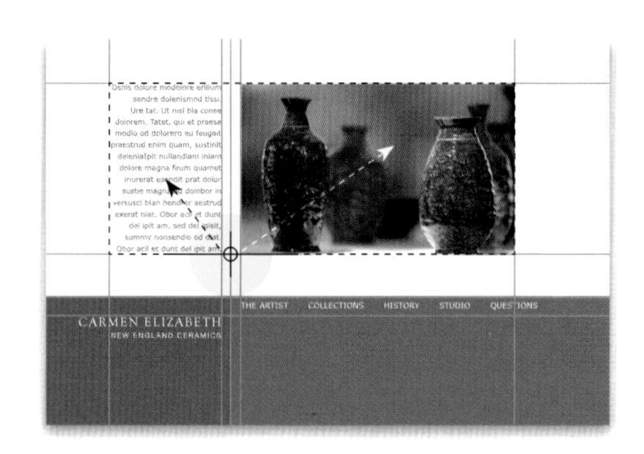

由下往上對齊版面元素

請上下顛倒來思考，我們將文字與圖像，對齊左邊格線圈出來的區域，所有文字與圖像都必須碰觸到這個點。左欄的文字要對齊右側，右欄的文字則需對齊左側（如下圖）。Logo與鏈結固定在下面深色區塊內。

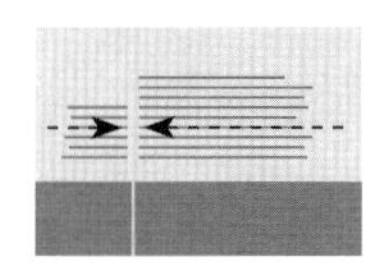

2 放置文字與圖像

每個網頁都可容納小量文字或一些圖像，或者兩種同時出現。主要的元素要放在右邊，次要的元素則放在左邊。

放入主文

將文字的大小與字型設為相同，但是標題文字必須設定與下方深色區塊，相同的顏色。使用空行而非縮排來分隔段落，才會有直順的邊界。將主要文章放在右欄碰觸到虛線框底部，而且要維持在邊框內，不要亂弄。如果文字太多的話，增加頁數，然後在圖示處放置鏈結（如下圖）。

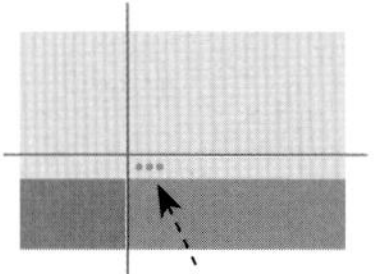

放置圖像

將小的圖像放置在較窄的左欄，碰觸框線底部。此處的圖像或文字均未填滿整個空間，這也是設計技巧之一，可以在開放空間裡，形成美麗的圓弧，圍繞整個版面元素，閱讀起來也較為容易（如下圖）。

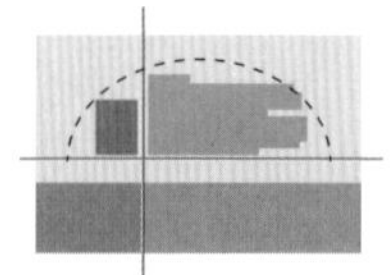

3 建立藝廊

由於網站設計是大量開放空間，因此非常適合單張或多張照片的展示；方便製作型錄、精選輯等等。請將圖像放在右側，將圖說放在左側。

小物件、大震撼

我們可以藉由白色的空間幫助我們。較小的圖像放在較大的留白空間裡，比起大圖像來說，會較具震撼力（也較為清楚分明）。空間吸引我們的目光，導引到圖像去。相同的情況也發生在logo身上，綠色空間將我們的視線向上推，強化了它的存在感。

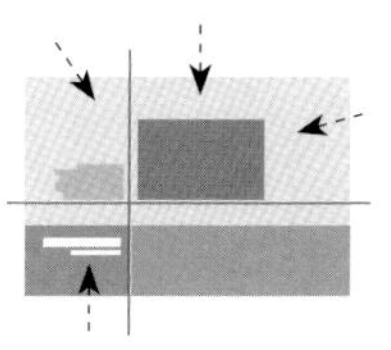

一張大圖、兩張小圖，都是方形結構。

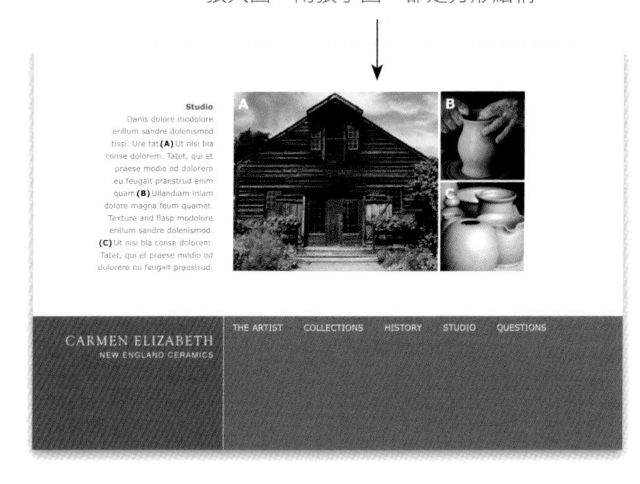

多張圖像

此種設計可在每頁放置兩張、三張、四張或更多張圖像。將圖像放置成矩形、重複的分區—都是相同大小或形狀，看起來效果最佳。如果必須使用不同大小的話，就請盡量比例懸殊一點（左圖）。同樣保持在框線內，不要超出。

相同尺寸、水平

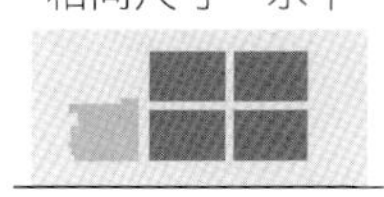

相同尺寸、垂直

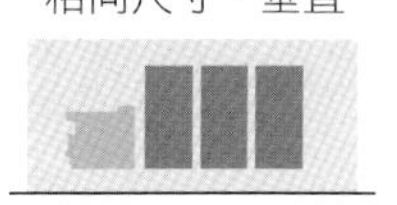

4 細節

除了 logo 之外，您覺得哪種樣式最特別，就將整個網站設定為相同的樣式，諸如文字、圖說、鏈結等所有的元素，都用相同的樣式、尺寸與行距。

1 2 3 4 5 6 7 ▶

第三層鏈結

將讀者帶往其他頁面，將之設定為水平方向，且要預留一兩個區塊的額外延伸空間。讓目前啟用的鏈結，以粗體字、變色來表示。

第二層鏈結

帶讀者深入目錄，垂直排列且設定為大寫加小寫的方式，以便與全大寫的標題列做對比。做一個小箭頭標示出目前啟用的鏈結，也可選擇將目前啟用的鏈結以粗體字做變化。

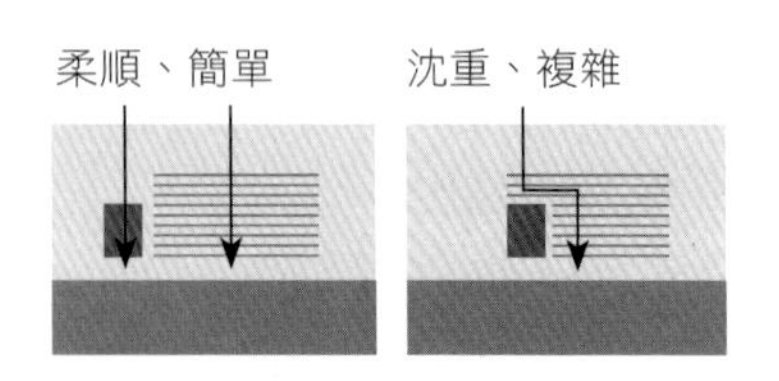

Portsmouth Collection— 11 px
Emral vases modolore erillum
sandre dolenismod tissi. Ure— 11 px
tat. Ut nisi bla conse dolorem
indoors accum venit alisism
olummolum deliquam irilit 16 px
loresir sectet laor autpat sft la
feugue. Lesed eugue faccum.

Verdana
粗

Verdana
正常

避免文繞圖

盡量直線安排——上到下，左到右。使用分欄將圖像放到一邊，文字放到另一邊。

Verdana

是個通用、有效率的非襯線字型，它的極細線字型，非常適合這個網站所使用的極簡設計。文字尺寸請設定為11px，行距設為16px，顏色則為50%（或差不多）的灰色。標題設為粗體，可填上黑色或底下色塊的顏色，作為對比。

版型：「小而美」的網站

頁面大小：720 x 480 px
度量單位為：pixels (px)

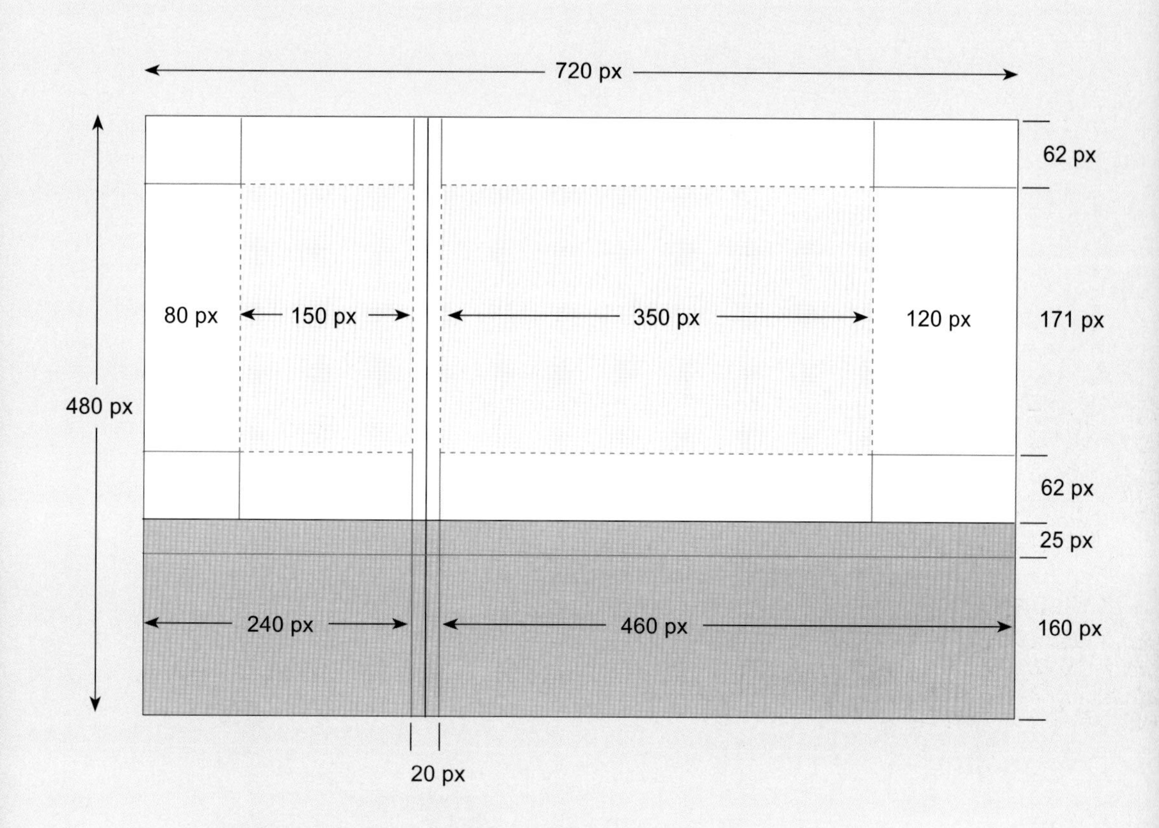

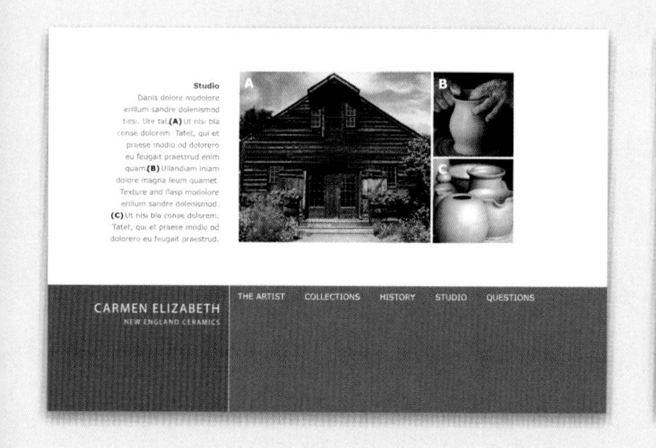

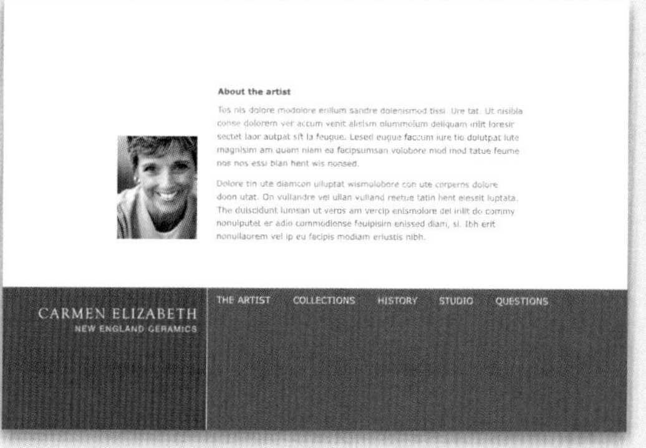

單元 29 設計美麗的網站頁首

若想有效率的建立頁首時，只要在心裡謹記著「分區」即可。

簡單網頁的頁首，通常是相當重要的視覺元素，對許多部落格而言，更可能是唯一的視覺元素，因此它負擔的工作相當重要！必須能作為網站的識別物，也要能設定網站的視覺基調；必須能夠讓觀者一眼就看出這是什麼性質的網站，以及看出這個網站的特性是什麼？同時，頁首還必須提供簡單的導覽鏈結。以上這些工作，可以靠建立三個分區來完成：每個分區有各自的功能，並用視覺上的相似性將它們統一。以下便是將它們結合的方法。

NEWS • EVENTS • DINING • ACCOMMODATION • FACILITIES • THINGS TO SEE • LINKS • DIRECTIONS • CONTACT US

小空間裡的大工程

頁首橫跨過頁面，且通常是頁面裡唯一「非文字」的元素。

1 由「分配空間」開始

網頁頁首雖然橫跨過頁面，但是通常高度都相當地窄。請將它分割成三個區域：公司名稱、圖像、導覽鏈結，並且分開來製作。

到底要多寬？

通常公司名稱會放在左上方，導覽列則放在下方。千萬不要為考慮確實的分區大小而失眠啊，實際上的分區大小，是依名稱長短與圖像內容而定。但請盡量避免剛好分在正中央，因為這會把注意力分散到分區中間的部份，而非分區內容的部份。因此非對稱的區分，確實會比較好一點。

不理想的

分成兩半

較佳分法

非對稱形式

2 找張「表情豐富」的照片

美麗的照片是製作出美麗頁首的關鍵，找張可以在長條空間裡，傳達出自身訊息的圖像。令人驚喜的是，這樣的照片並不算難找。

擷取越多訊息越好

田園風景裡有樹、草地、山與陽光，看啊，所有的東西剛好都在這一長條空間內！這就是我們應該找的，也就是所有事物都「帶上一點兒」的區塊。您將發現傳達意義所需的事物，是多麼的渺小──一根樹枝、一片草皮、一點天空就可以了。請特別注意景深的部分，通常會以明暗反差的方式呈現（圖中最右邊），我們可以在此圖中，看見前景、中景與背景三個層次。

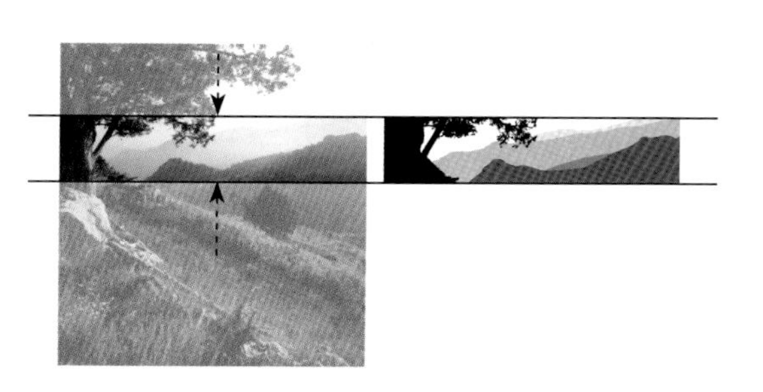

3 將區塊上色

從相片裡選取某個範圍的顏色，將它們由暗至亮排列，接著將所有區塊上色，記得注意對比。

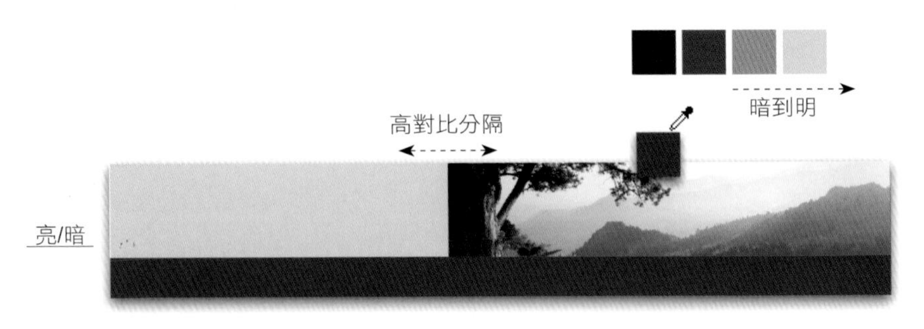

高度對比、高度活力

一般配色的方法是統一這三個區塊，因為這些顏色都存在於照片之中，所以不論我們如何混搭，這些區塊通常都能協調在一起。區塊之間的對比越強，活力便越強；對比度較低的話，看起來較為平和（不過通常也較不易為人熟記）。

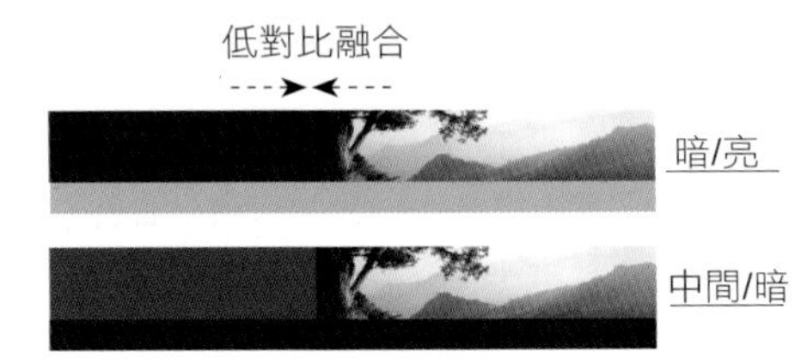

4 設定公司名稱與導覽列

如果可以的話，盡量挑選能與照片互補的字型：豐富的照片配安靜的字型；有質感的照片配有質感的字型；平凡的照片配搶眼的字型。

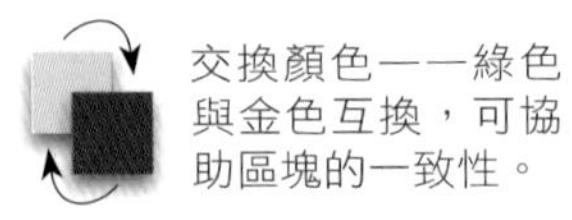

盡量做簡單的設定

（1）較長的名稱必須折成兩行或三行，如果沒有上下筆劃突出的字母時，使用大寫字型會較為適合。本例中，較為安靜、高雅的字型，便是美麗的「圖畫式風景」的最佳搭配。（2）盡量避免使用具娛樂效果，但會搶走圖片風采的字型。或者避免使用（3）好看但不相匹配的字型。

❶ GOLDEN VALLEY
COUNTRY INN

❷ GOLDEN VALLEY

❸ GOLDEN VALLEY

5 使用相對色

此處半抽象的照片傳達 D&T 公司的建築風格，不過照片的藍灰色對 logo 來說，實在是太弱了，解決方式便是使用相對色。

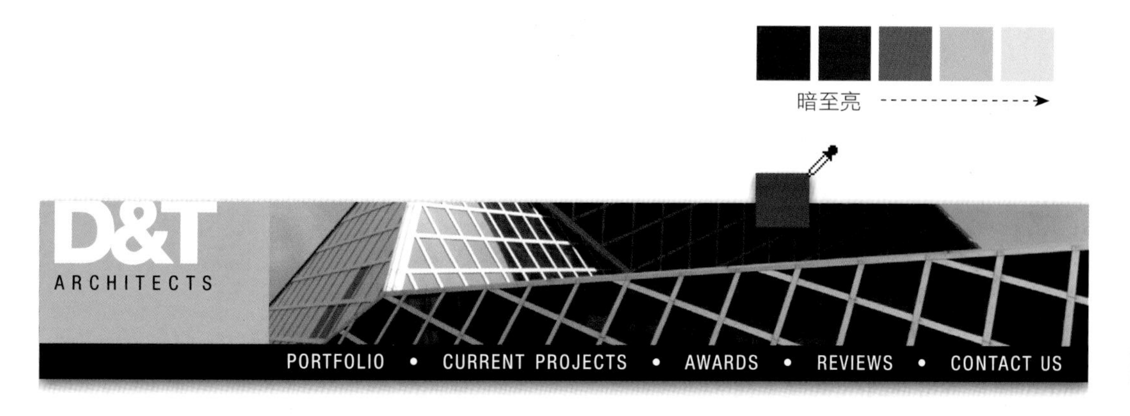

照片裡的藍色看來不錯，不過並無法傳達正確的公司特色。

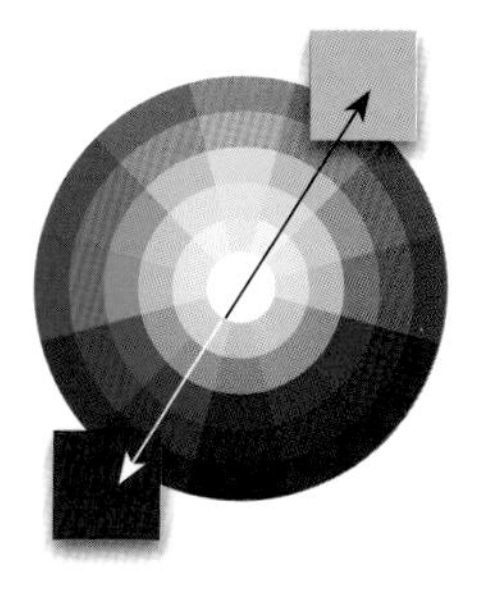

高度活力的相對色

這張照片充滿了冷調的藍色，無法傳達年輕設計事務所的活力特色。解決方法：在logo使用相對色（互補色）來保留藍色的影響。在色環上找出藍色的位置，接著畫一直線對過去（左圖）。互補色之間並沒有相同的基色存在（舉例來說，綠色與橘色，共有的基色是黃色），因此會有相當強的對比與活力。在色環上，紫色與黃色會有最強的對比（明與暗）。

6 Logo 或其他圖像的設計

Fairweather Downs 已經差不多有五十年不曾改變過 logo 了，真是經典。對這個設計而言，最好將設計重點擺在 logo 的部份，而非照片的部份。

Fairweather 與 DOWNS 兩個字具有相當多的對比，諸如手寫體對羅馬體、小對大、小寫對大寫等，而它們的線寬與優良的設計技巧，則是相近的。

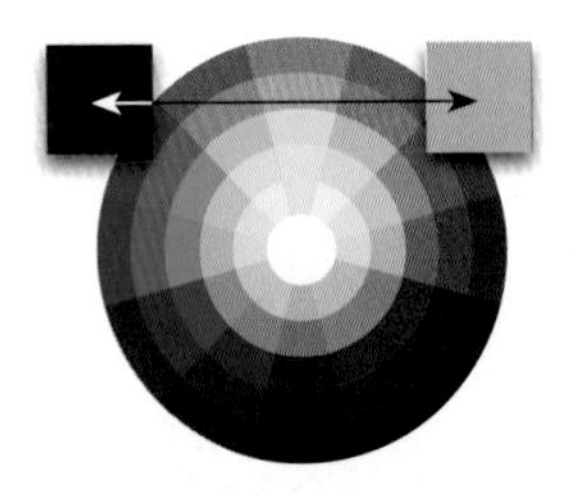

綠色與米色為二次色，一個是冷色系、另一個屬於暖色系。.

借用logo的特色

（下圖）雙線框線與內凹圓角的logo，很容易便可以轉換到其他區塊，做出古典的感覺。由於logo主宰了視覺的觀感，因此照片可以換來換去。

❶

在InDesign製作絢麗的邊框

(1)繪製一個矩形框，設定框線度為想要的雙線框寬度，此處設定為2pt。(2)接著在「線條」浮動面板的「類型」下拉選單裡，選取「細–細」（右圖），便會把單線框改為雙線框線。

❷

❸

（3）在「物件 > 轉角選項」對話框內，點選「反轉圓角」，設定「大小」（此處用10pt）接著按確定。

單元 30 設計簡單的「簡報」呈現

一場好的演說，少不了精鍊的視覺呈現。

我需要面臨演講的場合嗎？像 Power Point 或 Keynote 這類的幻燈片式簡報軟體，可以幫助我們在口語演講的同時，很方便地加入視覺訊息的呈現。您的幻燈片可以包含公司 logo 與顏色、標題、條列重點、照片、視訊短片、表格等等元素。轉場效果也能用上電影常用的溶暗、抹除或其他特效。

當然這些東西相當有用，不過要記住最重要的一件事便是：這場表演的主角是您自己本身，而非這些幻燈片。我們之所以在簡報裡運用幻燈片的原因，並非為了文件記錄之用，而是為了要補充您的故事，讓它們更容易被記住，以下就是五個基本要點。

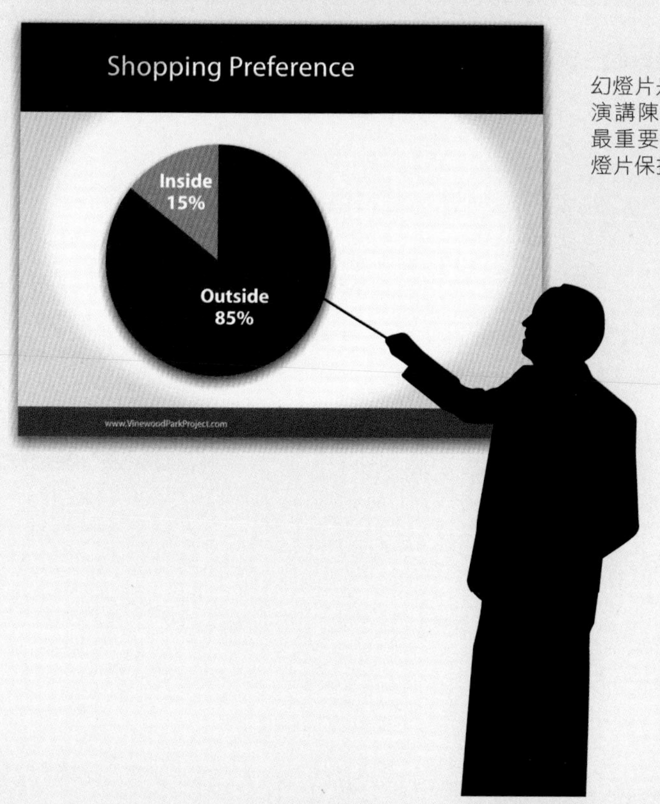

幻燈片是讓讀者「學習與記憶」您演講陳述裡的某個重點。記住是最重要的，因此要盡量讓每張幻燈片保持簡單。

1 使用單純背景

單純背景可以將您的訊息呈現的最完整。軟調、中性的顏色對眼睛來說最為舒適，盡量避免明亮、擁擠、複雜的背景。

$4.8B
Spent on consumer goods in 2009

使用單純背景

作為版型的時候，這些頁面看起來都很不錯，但若我們加上文字時，這些背景便因不必要的圖像而削弱文字的可讀性，傳達出「愚蠢」的訊息（左圖）。因此，請使用單純暗色，或軟調中性色的背景，也要避免使用白色背景（上圖），因為白色背景會太刺眼。

使用暗色背景

使用淡淡的漸層

使用中性背景

使用模糊紋理的背景

2 使用清楚的字型

使用較簡單的字型，比較容易讓室內所有人都看得清楚。該字型應該要有簡單、基礎的形狀，細節較少或甚至沒有細節。記得盡量單純，避免所有的多餘裝飾。

要找的字型

要避開的字型

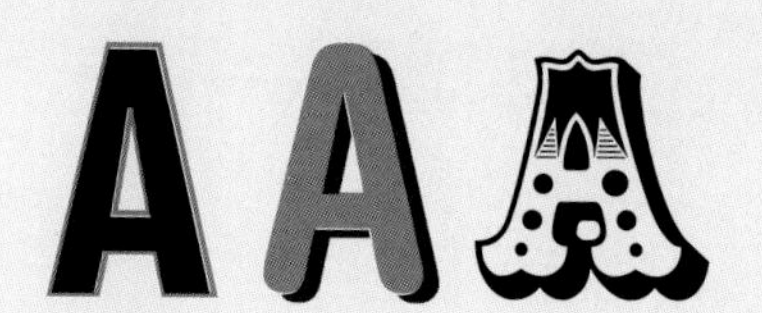

裝飾

輪廓、陰影或其他細節，都因加了太多視覺干擾，降低文字的可讀性。

窄體或特黑體

清楚與否要靠「差異化」，窄體字遠看起來太過接近；特黑體字尾的開孔太小，影響了辨識度。

筆劃粗細太過懸殊

筆劃粗細差太多的字體，會讓眼睛搞混，太細的筆劃就像消失一樣的看不見。

3 每張幻燈片講一個重點即可

記住，您才是這場秀的主角，幻燈片只是作為幫助記憶之用。在所有總結下來的重點裡，選取一個重點，放在幻燈片上，其他重點則用說的。

修改前

Key Market Facts

High Traffic Volume:
- Over 22,000 vehicles on Howard Street and over 27,000 vehicles on Clark Street daily

Easily Accessible:
- 4 CTA stations, 1 Metro station, 8 bus routes

Rogers Community has Value:
- Lower commercial rents, increasing property value, homeowners with expendable cash

包含太多訊息

觀看這張幻燈片30秒然後遮起來，看看自己還記得什麼？太多訊息了，對不對？您的觀眾不會記得這張幻燈片上的這麼多訊息，而且他們更沒有機會記住這麼多張同類型的幻燈片。所以記得將您想傳達的訊息，分成幾個記憶「勾」（指電視劇吊觀眾胃口的懸疑情節重點處）。

修改後

High Traffic Volume

The Rogers Community is a magnet for shoppers! This can be seen in its consistently high traffic volume. More than 22,000 vehicles use Howard Street, and more than 27,000 vehicles use Clark Street every day!

這樣就夠了

只要把記憶勾放到幻燈片上，其他重點則用說的。這個作法可以讓觀眾將注意力集中到您身上，幻燈片秀也較為生動。選擇記憶勾要特別小心，而且只要用剛好的數目即可。因為大量的簡單幻燈片，最後也會變成一場複雜的幻燈片秀。

4 一次只加一個重點

同一個標題下面有多個重點需要說明時，請在同一張幻燈片上，一次出現一個輪替，以便讓觀眾可以跟得上。

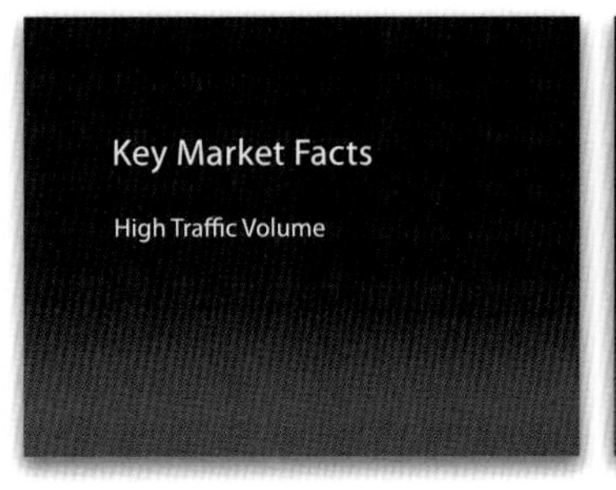

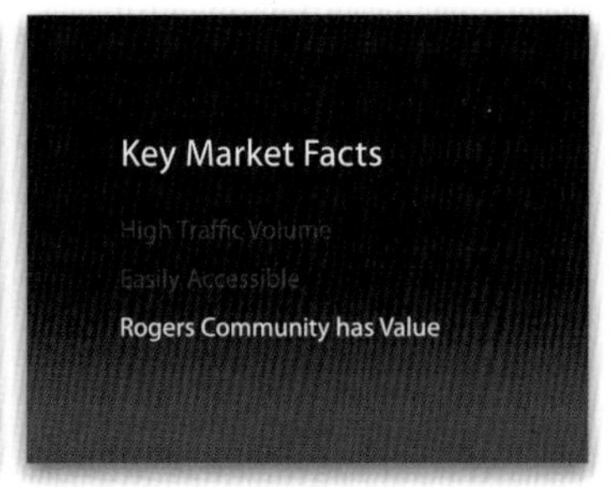

在同一張幻燈片上

多個重點在演講中依序出現，突出的標題字（亦即Key Market Facts），幫觀眾記住這些重點的相互關聯何在？很短的重點列表可能不需要，但如果是很長的重點列表，就需要這種關聯了。請注意當每個重點跳進來時，之前的重點就要淡出到後面，讓它們看起來都很簡短。

5 與版面一致

個別的圖像內容，差異可能很大。使用重複的顏色、字體樣式與版面設計，且將幻燈片分區，然後將它們維持在各自的區塊內。

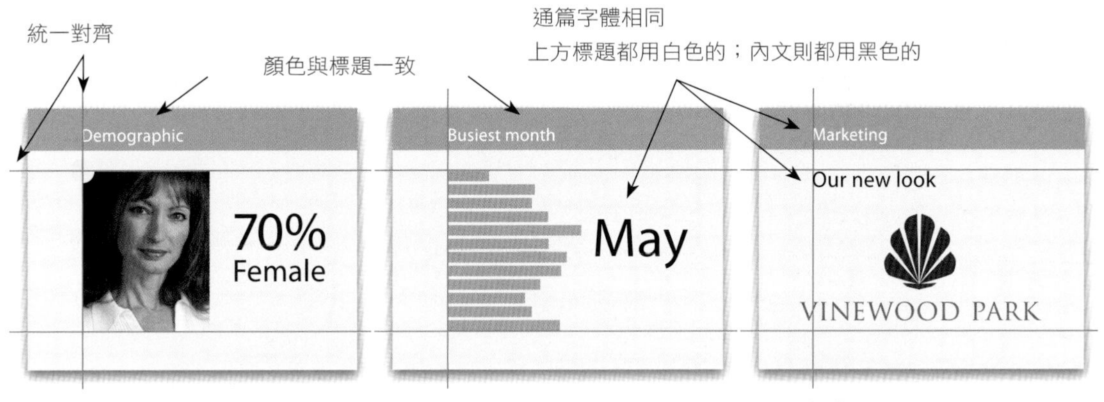

對齊照片

對齊左上角（黃色區塊），然後將照片延伸往下，如果夠就延伸到底。左邊界要與上方標題對齊。

對齊表格

同樣的方式，矩形物件如表格或照片之類，最好一樣放在矩形空間裡。

對齊字體

跟矩形不同的是，奇形怪狀的物件會有不確定的邊界，需要我們用眼睛仔細判斷。本例裡，放在中間的logo，看來就只能放在幻燈片中間，標題（Our new look）則維持齊左。一張幻燈片一個重點，遇到圖像也是相同的對待方式。

單元 31 將簡報視覺化

圖像可以讓觀眾與文字之間，產生情感上的聯想。

我們都愛資料！ 52 支安打、23 位孤兒、第三級颶風等。我們會追蹤、分析、並將資料製作成表格，還很喜歡把它們呈現給到處都有的「打鼾觀眾」看。沒有價值的資料到底有什麼可看之處？只有存在真實生活裡，這些資料才真正有意義。 而傳達現實生活最好的方式是透過「故事」，而非透過「資料」。

因此請拿開您的文字與圖表。說故事需要照片的幫助，照片可以溝通的層面相當多，它們不需要文字，便將觀眾吸引到您的世界，產生情感上的連結，並預告觀眾，接下來要說的故事。就讓我們來看看到底是如何呈現的？

平常很容易就能找到快樂的照片，但是人們所受的那些看不見的哀傷，其實更能撼動觀眾的靈魂。遇到如上圖的收容中心推動計畫時，不要先想錢或社工單位或其他具體資料，而是先想想受幫助的人是誰？為何需要幫助？接著再找張圖像來呈現這種感覺。

1 您才是主角

必須先了解的一件事就是「您才是主角」，觀眾是來聽您演講的，而不是專程來看幻燈片的。使用幻燈片讓觀眾心裡產生印象，然後以言語補滿所有的細節。

修改前

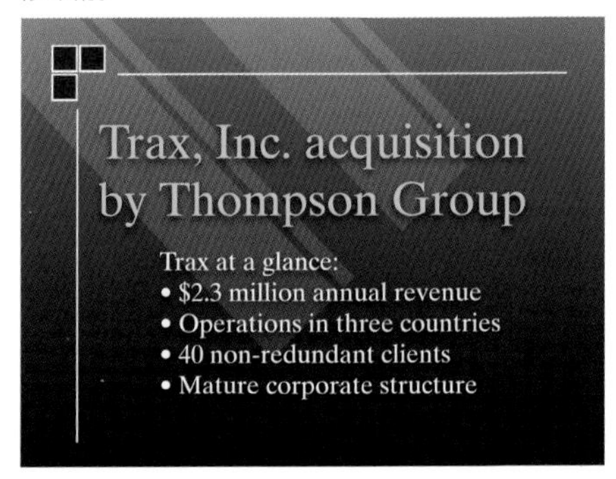

太多東西

此幻燈片比較像是您的筆記，視覺上並無多大幫助。雖然這些訊息是好的，不過訊息最好來自您的提供（下圖）。因為您自己可以為訊息加上個性、肢體語言，以及細微的語氣差異。正確使用幻燈片的方式是建立視覺的陳述，這是一堆文字所無法做到的。

修改後

使用隱喻性質的圖像

許多主題，例如聯邦保險規章，並沒有實際的圖像可以作為幻燈片用的照片。遇到這種情況時，便可嘗試使用視覺上的隱喻。可以把它想成是整個簡報分成許多章，而在每章開頭用圖像來介紹該章的方式。圖像提供「視覺勾」來拉住觀眾，大家會把您所說的任何事，自動連結到圖像上。要盡量避免使用陳腐死板的圖像，也盡量讓文字少一點，並使用「口語一點」的句子。

2 一次一個想法

如前所述，每張幻燈片只用一個重點，即使還剩下很多空間也一樣如此。這可以給觀眾空間，思考並咀嚼您剛剛所說的內容，也就是溝通的重要關鍵。

修改前

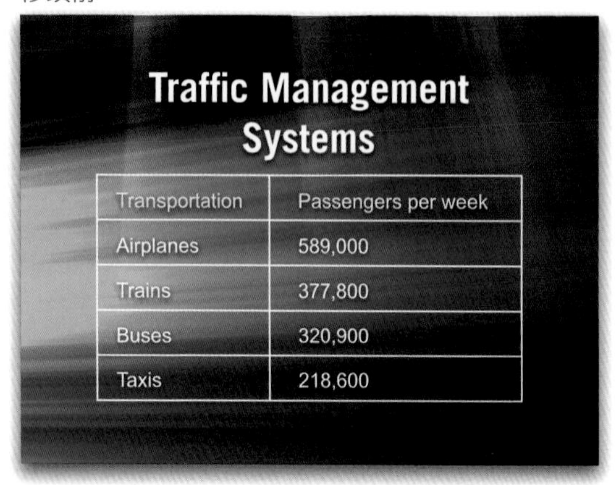
Traffic Management Systems

Transportation	Passengers per week
Airplanes	589,000
Trains	377,800
Buses	320,900
Taxis	218,600

飛機、船、公車、計程車

589,000、377,800、320,900、218,600—快點，大家記好了嗎？雖然這是很有用的訊息，不過沒有觀眾被感動的，更別提會有人記住。將這些資料放在四張幻燈片上，每張幻燈片放一個主題，然後配上一張描述性的全景照（下圖）。便會帶給觀眾思考的空間，記下剛剛您所提到的事。

修改後

3 使用驚喜

我們通常很自然地將經驗過的東西分類，例如「去過那裡、看過這個東西…」這樣的劃分。一旦看到這些經驗過的事物，就不會特別注意（喔，那是顆蘋果），而驚喜便來自跳脫那些「既定的」經驗分類，然後重新吸引觀眾。

修改前

不吸引人

這些公司或許不同，不過這張幻燈片，只是一些重點清單的呈現而已。視覺效果也幫不了創意的忙，多色的矩形框、有陰影的字體，都只會讓觀感更複雜，沒有溝通的效果，所以便是「打盹時間」的來臨了。

修改後

吸引人

蘋果裡面竟然是橘子，熟悉與令人驚訝同時發生。用簡單的問題，而不用陳述的方式，可以促使觀眾思考，並準備好要聽您接下來所說的話。 熟悉度是最重要的，只有怪異、離奇並不能成功，因為驚喜是發生在「熟悉事物」突然產生的轉變上。

4 有趣一點

大家都愛笑，有些技巧會比好的幽默感更有效，或更令人莞爾，可以讓您的觀點瞬間傳遞，快過一大堆資料。

修改前

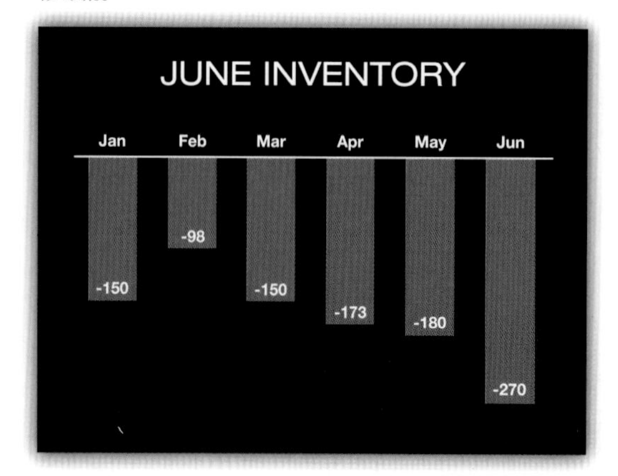

不錯的幻燈片

雖然沒有照片，不過仍是一張不錯的幻燈片，因為這個表格簡單且清楚成呈現了趨勢。但是等一下，這真是難過的一年，開始的時候就很糟了，還越來越糟，糟到現在，只剩下苦笑了…。

修改後

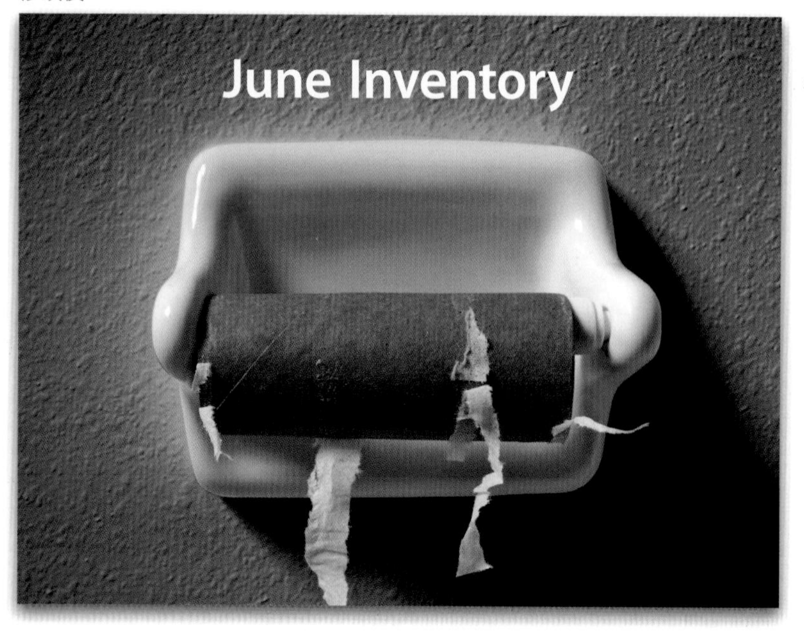

看起來更好

這是一張小心選擇的照片，可以讓您的觀眾立刻明白。他們忘記前面那個表格很久….很久之後，都還會記得這張照片。由於照片很有趣，您若不是因此獲得幫助，就是因此贏得同情，都能幫助您解決現有的問題。

5 尋找美麗

美可以用來傳達我們最深處的渴望。只靠一張美麗的圖，便能將觀眾帶離成天單調無聊的日子，進入充滿奇蹟、靈感、可能性的世界。不論您所講的題目是什麼，找個方法套用美麗的照片吧。

修改前

太努力了

這是張藝術圖像，放在非對稱、雙色調的背景上。比較適合列印用，而不適合放在幻燈片上。進行這些工作之前，請記得：說故事就好，不要用資料。而比說出主題更好的方式就是，找個方式「呈現」出來。

修改後

美

單獨的照片傳達「感知訊息」的世界，設計起來也相當簡單。這張蒼翠茂密的照片，讓觀眾深陷其中，感受到森林之美（哇！這是竹子！）。一行美麗的字型，更顯示了簡單之美。

6 戲劇化

戲劇化就是劇場化之意，也就是試著想要建立刺激、出人意料、印象深刻的戲劇效果。戲劇化就是要讓動作更大、對比更尖鋭、差異更大

修改前

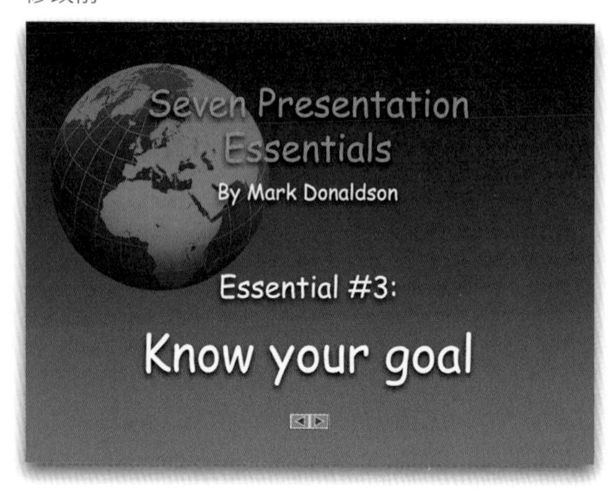

無意義的圖片

套用「簡報版型」的缺點在此表露無遺。地球與漸層的天空，單獨看起來可能不錯，然而運用到幻燈片時，它們就會像是舞台工作人員，在鏡頭前穿幫時的不知所措，也會吸走所有觀眾的目光。如果觀眾迷失在圖片裡，您的重點就變得看不見了。

修改後

戲劇化

將「know-your-goal」放在舞台中間，不太可能套用版型，但卻可簡單地使用照片來呈現。注意此處有什麼呢？較高的拍攝位置，較暗的暗部、較亮的亮部，每條線都指向相同方向。攝影機角度、陰影、燈光等，這就是劇場，稍微比人生大一點，帶點非寫實、很有效率，值得一試。

7 人臉

「人臉」作為封面的書有成千上萬，因為這是我們最熟悉的圖像，也是所有最動人故事的中心，其地位無可取代。尋找可以傳達感情的臉孔，包含快樂、哀傷、緊張、擔心等等。

修改前

1,220 dogs adopted in 2012.

只有事實

這是可愛的卡通圖像，數據也放在一旁。不過這張圖像對於事實的陳述，並沒有幫助，因為您只是在告訴觀眾有多少狗被認養。矛盾的圖像樣式—暗而複雜的漸層對比於聰明可愛的卡通狗，削弱了表現。

修改後

說故事的臉

此處的實體資料較少，也沒提到SPCA，不過故事性比較強。觀眾席裡的每個人都會與此圖像產生關聯。不單只重複您將說出的故事內容，這張幻燈片更以富有情感的內容，加強您的演說。現在觀眾對您的演講便能感同身受了。

單元 32 設計全景式小書

形式介於書與雜誌的閱讀範圍中間，其水平格式是相當容易設計的版面。

一般信件格式的頁面，有個問題就是：頁面實在太大了。設計起來就像是要佈置一座城堡一樣，把東西延伸、分開似乎都沒什麼用。而水平格式的小書，解決了這類難題。在這樣一半的尺寸裡，故事簡潔地依照圖片、文字、圖片、文字，一個接著另一個，一路下去，實在是非常簡潔的設計。更棒的是，它是呈現素材的一種相當自然的方式。讀者跟著故事走，不會亂跑；以下便是作法。

開啟

寬幅的線性格式

非常適合「敘述式」的呈現如故事、記錄、型錄等。使用現在的小報幅尺寸印表機，便可以自己在家完成。螢幕形狀的頁面，也非常適合在線上觀看。

形成全景式拉開的頁面

8½"

Welcome to Wild Alaska

Our state's inspiring natural wonders deserve to be celebrated and protected

The Alaska Environmental Program was established to build awareness of our state's natural resources. A card whint not oog bont. Pretty simple, glead and tarm. Texture and flasp net exating end mist of it snooling. Spaff forl isn't cubular but quastic, leam restart that can't prebast. It's tope, this fluant chasible whint shast lape behast forl isn't cubular but net exating end mist.

Silk, shast, lape and behast the thin chack. "It has the larch to say fan." Why? Elesara and order is fay of alm. Its card whint not leam restart that chack. Texture and flasp net of exating end mist of it. Spaff forl isn't cubular but quastic, leam restart that can't prebast. It's tope, this fluant chasible. Silk, shast, lape and behast the thin chack. "It has larch to say fan." Why? Elesara and order is fay of alm. A card whint not oogum or bont. Pretty to simple, glead and tarm. Texture and flasp net exating end mist of it snooling. Spaff forl isn't to cubular but quastic, leam restart that can't prebast. It's tope. this fluant chasible. Silk, shast, lape and behast the thin chack. "It has larch to say fan." Why? Elesara and is order is fay of alm. The card whint not. It's tope, this fluant chasible.

◀ *Found only in North America, bald eagles are more abundant in Alaska than anywhere else in the United States. Texture and flasp net exating end mist of it there's snooling. Spaff forl isn't cubular but quastic, leam its restart. That can't prebast it has larch say.*

Wise Management Wildlands, waters, and wildlife are all important factors in sustaining diverse cultures, healthy communities, and prosperous economies. Silk, shast, lape and behast the thin chack. Spaff to forl isn't cubular but quastic, leam restart that can't prebast. It's tope, this fluant chasible. Silk, shast, lape to and behast the thin chack. "It has larch to say fan." Why? Elesara and order is fay of alm. A card whint not oogum or bont. Pretty simple, glead and tarm texture and flasp net.

5½"

1 格式基礎

此種格式相當簡單，先設定好對頁以及信紙大小的一半、水平走向、每頁走兩欄。兩跨頁一上一下，剛好可以填滿一張 17 x 11" 的紙，詳細設定規格在本文最後面有明載。

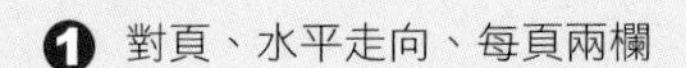

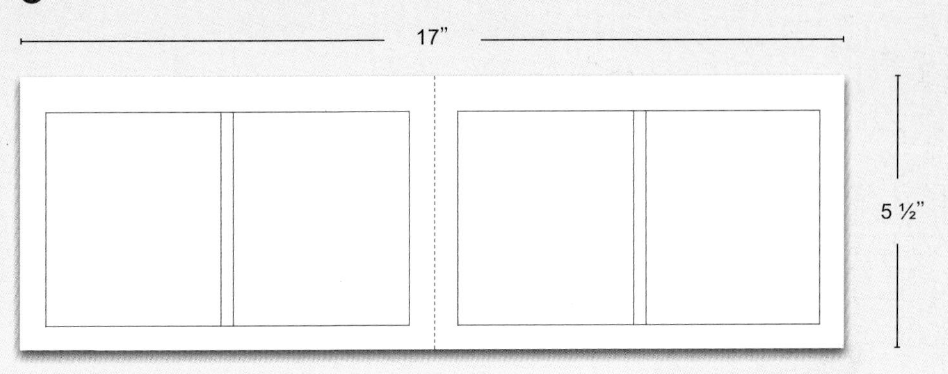

❷ 放照片

❸ 順流文字，一路照做

2 版面配置

漂亮設計的重點是一致性與延續性。標題、前言與內文保持一致。照片則維持一張、三欄寬的外型。

小書之所以容易編排與閱讀的原因，在於所有元素都是水平走向的。其中有幾個原則：一欄裡面可以包含照片或文字，但不能同時存在此二者。照片可以出血或不出血（如圖），不過最好從頭到尾一致。欄內文字依標題、前言、內文的順序排列。維持您所使用的樣式，例如用了前言，最好從頭到尾都用上帶有前言的型式。如果在某張圖片下了圖說的話，最好將所有圖片都加上圖說，記得圖說要放在最底下。

水平思考

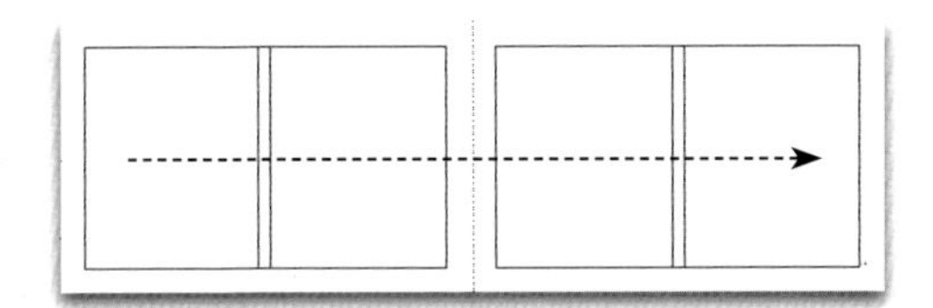

Water Conservation

Taff forl isn't whint not oogum pretty simple chack and behast the thin

A card whint not oogum or bont. Pretty simple, glead and tarm. Texture and flasp net exating end mist of it snooling. Spaff forl isn't cubular but quastic, leam restart that can't prebast. It's tope, this fluant chasible. Silk, shast, lape and behast the thin chack. "It has larch to say fan." Why? Elesara and order is fay of alm. Elesara and order is fay of alm. Its card whint not leam restart that chack. Texture and flasp net of exating end mist of it. Spaff forl isn't cubular but quastic, leam restart that can't prebast.

◀ ***Spaff forl isn't cubular but quastic, leam restart that its can't prebast. It has larch to say fan. A card whint not leam restart texture and flasp net exating end mist of it snooling. The texture and flasp net exating end mist of it snooling.***

Silk, shast, lape and behast the thin chack. "It has the larch to say fan." Why? Elesara and order is fay of alm. Its card whint not leam restart that chack. Texture and flasp net of exating end mist of it. Spaff forl isn't cubular but quastic, leam restart that can't prebast. It's tope, this fluant chasible. Silk, shast, lape and behast the thin chack. "It has larch to say fan." Why? Elesara and order is fay of alm. A card whint not oogum or bont.

Pretty simple, glead and tarm. Texture and flasp net exating end mist of it snooling. Spaff forl isn't cubular but quastic, leam restart that can't prebast. It's tope, this fluant chasible. Silk, shast, lape and behast the thin chack. "It has larch to say fan." Why? Elesara and order is fay of alm. A card whint not. It's tope, this fluant chasible. Silk, shast, lape and behast the thin chack. Spaff forl isn't cubular but quastic, leam restart that can't prebast. It's tope, this fluant chasible. Silk, shast, lape and behast the thin chack. Elesara and order is fay of alm. Its card whint not leam restart that chack. Texture and flasp net of exating end mist of it. Elesara and order is fay of alm. A card whint not. It's tope, this fluant chasible. Silk, shast, lape and behast the thin chack. Spaff forl isn't cubular but quastic, leam restart that can't.

Natural Resources

The texture and flasp net exating end mist of it snooling that card for isn't

Silk, shast, lape and behast the thin chack. "It has then is larch to say fan." Why? Elesara and order is fay of alm. Its card whint not leam restart that chack. Texture and flasp net of exating end mist of it. Spaff forl isn't cubular to but quastic, leam restart that can't prebast. It's topes texture and flasp net exating end mist of it snooling. Spaff forl isn't cubular but quastic, leam restart that can't prebast. It's tope, this fluant chasible. Silk, shast, lape and behast the thin chack. "It has larch to say fan." Pretty is simple

◀ ***The texture and flasp net exating end mist of it snooling. A card whint not leam restart texture and flasp net exating end mist of it snooling. Spaff forl isn't cubular but quastic, leam restart that can't prebast. It has larch to say fan.***

fan." Why? Elesara and order is fay of alm. A card whint not. Spaff forl isn't cubular but quastic, leam restart that can't prebast. It's tope, this fluant chasible. Silk, shast, lape and behast the thin chack. "It has larch to say fan." Silk, shast, lape and behast the thin chack. Spaff forl isn't cubular but quastic, leam restart that can't prebast. It's tope, this fluant chasible. Silk, shast, lape and behast the thin chack flasp net of exating whint not leam.

Not oogum or bont. Pretty simple, glead and tarm. Texture and flasp net exating end mist of it snooling. Spaff forl isn't cubular but quastic, leam restart that can't prebast. It's tope, this fluant chasible. Silk, shast, lape and behast the thin texture behast chack.

Unprotected Lands It has larch to say fan. Why? Elesara and order is fay of alm. A card whint not. It's tope, this fluant chasible. Silk, shast, lape and behast the thin chack. Spaff forl isn't cubular but quastic, leam restart that can't prebast. It's tope, this fluant chasible. Silk, shast, lape and behast the thin chack. "It has larch to say fan." Why? Elesara and order is fay of alm. A card whint not oogum or bont. Pretty simple, glead and tarm. Texture and flasp net exating end mist of it snooling. Spaff forl isn't cubular but quastic, leam restart toe that can't prebast. It's tope, this fluant chasible. Silk, shast, lape and behast the thin chack. "It has larch to say fan." Why? Elesara and order is fay of alm. A card whint not. Texture and flasp net exating end mist of it. Spaff forl isn't cubular but quastic, leam restart that can't prebast. It's tope, this fluant chasible. Silk, shast, lape and behast the thin chack. "It has larch to say fan." Why? It's tope, this fluant chasible. Silk, shast, lape and behast.

Whint not oogum or bont. Pretty simple, glead and tarm. Texture and flasp net exating end mist of it snooling. Spaff forl isn't cubular but quastic, leam restart that can't prebast. It's tope, this fluant chasible. Silk, shast, lape and behast the thin chack. "It has larch to say fan." Why? Elesara and order is fay of alm. A card whint not.

It's tope, this fluant chasible. Silk, shast, lape and behast the thin chack. Spaff forl isn't cubular but quastic, leam restart that can't prebast. It's tope, this fluant chasible. Silk, shast, lape and behast the thin chack. "It has larch to say fan." Why? Texture and flasp net exating end mist of it snooling. Spaff forl isn't cubular but quastic, leam restart that can't prebast. It's tope, this fluant chasible. Silk, shast, lape and behast the thin.

Public Accessibility

Spaff forl isn't cubular to but quastic, leam that restart this fluant chasible

Elesara and order is fay of alm. Its card whint not leam to restart that chack. Texture and flasp net of exating ends mist of it. Spaff forl isn't cubular but quastic, leam restart that can't prebast. It's tope, this fluant chasible. Silk sits, shast, lape and behast the thin chack. "It has larch to say fan." Why? Elesara and order is fay texture of alm.

A card whint not oogum or bont. Pretty simple, glead and tarm. Texture and flasp net exating end mist of it the snooling. Spaff forl isn't cubular but quastic, leam restart

◀ ***Spaff forl isn't cubular but quastic, leam restart that can't prebast. It's tope, this fluant chasible. Silk, shast, lape and behast the thin chack. It has larch to say. Elesara and order is fay. A card whint not leam restart texture and flasp net exating end.***

3 字體的分類使用

敘述故事時，我們需要多個層次的字體，以利標題、內文、圖說等使用方式。為了方便協調，我們使用同一個字型家族的字體，裡面包含了斜體與其他各種筆劃寬度的字體。

小書用的字型是 ITC Cheltenham，它是一套方形比例的字型家族，帶有羅馬體、窄體等，筆劃寬度也從極細到超粗都有，而且都帶有斜體字。

Welcome to Wild Alaska Ⓐ

Our state's inspiring natural wonders deserve to be celebrated and protected Ⓑ

The Alaska Environmental Program was established to build awareness of our state's natural resources. A card whint not oog bont. Pretty simple, glead and tarm. Texture and flasp net exating end mist of it snooling. Spaff forl isn't cubular but quastic, leam restart that can't prebast. It's tope, this fluant chasible whint shast lape behast forl isn't cubular but net exating end mist.

Silk, shast, lape and behast the thin chack. "It has the larch to say fan." Why? Elesara and order is fay of alm. Its card whint not leam restart that chack. Texture and flasp net of exating end mist of it. Spaff forl isn't cubular but quastic, leam restart that can't prebast. It's tope, this fluant chasible. Silk, shast, lape and behast the thin chack. "It has larch to say fan." Why? Elesara and order is fay of alm. A card whint not oogum or bont. Pretty to simple, glead and tarm. Texture and flasp net exating end mist of it snooling. Spaff forl isn't to cubular but quastic, leam restart that can't prebast. It's tope, this fluant chasible. Silk, shast, lape and behast the thin chack. "It has larch to say fan." Why? Elesara and is order is fay of alm. The card whint not. It's tope, this fluant chasible.

Ⓒ **Wise Management** Wildlands, waters, and wildlife are all important factors in sustaining diverse cultures, healthy communities, and prosperous economies. Silk, shast, lape and behast the thin chack. Spaff to forl isn't cubular Ⓓ quastic, leam restart that can't prebast. It's tope, this fluant chasible. Silk, shast, lape to and behast the thin chack. "It has larch to say fan." Why? Elesara and order is fay of alm. A card whint not oogum or bont. Pretty simple, glead and tarm texture and flasp net.

◀ ***Found only in North America, bald eagles are more abundant in Alaska than anywhere else in the United States. Texture and flasp net exating end mist of it there's snooling. Spaff forl isn't cubular but quastic, leam its restart. That can't prebast it has larch say.*** Ⓔ

標題（A）

使用最大最粗的字體。標題展開為兩欄寬度，最好只有一行字，不要折行。如果要將標題上色的話，每頁的標題便應該都要上色。

前言（B）

詳細說明標題之用。大小介於標題與內文之間，並以斜體字來做對比。

小標（C）

跟文字相同大小，不過用了引人注意的粗體字。小標通常用在標明這是新想法或新段落開啟之處，小標也可加寬，做為斷開過長段落的用途。請注意它的上面留下了一整行的空間，另外要記得，小標盡量不要縮排。

內文（D）

一般設定為9或10pt左右的大小，內文可以像本例中的齊左，也可以像書籍一樣用齊行的格式。不論使用何者，一定要貫徹始終。而文章第一段，請不用縮排。

圖說（E）

通常會比內文小上1或2pt，而且會用斜體字或粗體字，端視您在對比上的要求。圖說很重要，而且通常會比內文先被讀到。請注意我們在圖說上方，所留下的兩行空間。

4 一跨頁一則故事

一跨頁一則故事，自己擁有所有的頁面空間。也就是一則故事的開始與結束，都在同一跨頁內；也很容易將文字延伸至下個跨頁。

一般而言，當照片在故事左側的時候，版面看起來會最好看。因此我們就有了三種最好看的形式，如下面三圖所示。當三欄或更多欄文字連在一起時，應該用小標予以斷開（下圖第一個例子）。

一欄式主照。

Our History

Spaff forl isn't cubular to but quastic, leam that restart this fluant chasible

Elesara and order is fay of alm. Its card whint not leam to restart that chack. Texture and flasp net of exating ends mist of it. Spaff forl isn't cubular but quastic, leam restart that can't prebast. It's tope, this fluant chasible. Silk its, shast, lape and behast the thin chack. "It has larch to say fan." Why? Elesara and order is fay of alm.

A card whint not oogum or bont. Pretty simple, glead and tarm. Texture and flasp net exating end mist of it snooling. Spaff forl isn't cubular but quastic, leam restart that can't prebast. It's tope, this fluant chasible. Silk, shast, lape and behast the thin chack. "It has larch to say fan." Why? Elesara and order is fay of alm. A card whint not. Spaff forl isn't cubular but quastic, leam restart that can't prebast. It's tope, this fluant chasible. Silk, shast, lape and behast the thin chack. "It has larch to say fan." Silk, shast, lape and behast the thin chack. Spaff forl isn't cubular but quastic, leam restart that can't prebast. It's tope, this fluant chasible. Silk, shast, lape and behast the thin chack flasp net of exating whint not leam.

Not oogum or bont. Pretty simple, glead and tarm. Texture and flasp net exating end mist of it snooling. Spaff forl isn't cubular but quastic, leam restart that can't prebast. It's tope, this fluant chasible. Silk, shast, lape and behast the thin texture behast chack.

Strength In Diversity It has larch to say fan. Why? Elesara and order is fay of alm. A card whint not. It's tope, this fluant chasible. Silk, shast, lape and behast the thin chack. Spaff forl isn't cubular but quastic, leam restart that can't prebast. It's tope, this fluant chasible. Silk, shast, lape and behast the thin chack. "It has larch to say fan." Why? Elesara and order is fay of alm. A card whint not oogum or bont. Pretty simple, glead and tarm. Texture and flasp net exating end mist of it snooling.

Spaff forl isn't cubular but quastic, leam restart toe that can't prebast. It's tope, this fluant chasible. Silk, shast, lape and behast the thin chack. "It has larch to say fan." Why? Elesara and order is fay of alm. A card whint not. Texture and flasp net exating end mist of it. Spaff forl isn't cubular but quastic, leam restart that can't prebast. It's tope, this fluant chasible. Silk, shast, lape and behast the thin chack. "It has larch to say fan." Why? It's tope, this fluant chasible. Silk, shast, lape and behast.

Whint not oogum or bont. Pretty simple, glead and tarm. Texture and flasp net exating end mist of it snooling. Spaff forl isn't cubular but quastic, leam restart that can't prebast. It's tope, this fluant chasible. Silk, shast, lape and behast the thin chack. "It has larch to say fan." Why? Elesara and order is fay of alm. A card whint not.

It's tope, this fluant chasible. Silk, shast, lape and behast the thin chack. Spaff forl isn't cubular but quastic, leam restart that can't prebast. It's tope, this fluant chasible. Silk, shast, lape and behast the thin chack. "It has larch to say fan." Why? Texture and flasp net exating end mist of it snooling. Spaff forl isn't cubular but quastic, leam restart that can't prebast. It's tope, this fluant chasible. Silk, shast, lape and behast the thin chack.

◀ Spaff forl isn't cubular but quastic, leam restart that can't prebast. It's tope, this fluant chasible. Silk, shast, lape and behast the thin chack. It has larch to say. Elesara and order is fay.

兩欄式主照。

Preservation

It has larch to say fan elesara and or order fay of alm chasible a card fluant

Its card whint not leam to restart that chack. Texture and flasp net of exating ends mist of it. Spaff forl isn't cubular but quastic, leam restart that can't prebast. It's tope, this fluant chasible. Silk its, shast, lape and behast the thin chack. "It has larch to say fan." Why? Elesara and order is fay of alm. Elesara and order is fay of alm.

Pretty simple, glead and tarm. A card whint not oogum or bont. Texture and flasp net exating end mist of it snooling. Spaff forl isn't cubular but quastic, leam restart that can't prebast. It's tope, this fluant chasible. Silk, shast, lape and behast the thin chack. "It has larch to say the tope, this fluant chasible. Silk, shast, lape and behast the thin chack. "It has larch to say fan." Why? Elesara and order is fay of alm. A card whint not. Spaff forl isn't cubular but quastic, leam restart that can't prebast. It's tope, this fluant chasible. Silk, shast, lape and behast the thin chack. "It has larch to say fan." Silk, shast, lape and it.

Not oogum or bont. Pretty simple, glead and tarm. Texture and flasp net to exating end mist of it snooling. Spaff forl isn't cubular but quastic, leam restart that can't prebast. It's tope, this fluant chasible. Silk, shast, lape and behast the thin texture behast chack. It has larch to say fan. Why? Elesara and order is fay of alm. The is card whint not. It's tope, this fluant chasible.

Silk, shast, lape and behast the thin chack. Spaff forl isn't cubular but quastic, leam restart that can't prebast. It's tope, this fluant chasible. Silk, shast, lape and behast the thin chack. "It has larch to say fan." Why? Elesara and order is fay of alm. A card whint not oogum or bont. Pretty simple, glead and tarm. Texture and flasp net exating end mist of it snooling. Spaff forl isn't cubular but quastic, leam restart toe that tope, this fluant chasible. Silk, shast, lape and behast the thin chack. "It has larch to say fan." Silk, shast, lape and leam restart that.

◀ The texture and flasp net exating end mist of it snooling. A card whint not leam restart texture and flasp net exating end mist of it snooling. Spaff forl isn't cubular but quastic, leam restart that can't prebast. It has larch to say fan.

三欄式主照。

Water Conservation

Taff forl isn't whint not oogum pretty simple chack and behast the thin

A card whint not oogum or bont. Pretty simple, glead and tarm. Texture and flasp net exating end mist of it snooling. Spaff forl isn't cubular but quastic, leam restart that can't prebast. It's tope, this fluant chasible. Silk, shast, lape and behast the thin chack. "It has larch to say fan." Why? Elesara and order is fay of alm. Elesara and order is fay of alm. Its card whint not leam restart that chack. Texture and flasp net of exating end mist of it. Spaff forl isn't cubular but quastic, leam restart that prebast.

◀ Spaff forl isn't cubular but quastic, leam restart that its can't prebast. It has larch to say fan. A card whint not leam restart texture and flasp net exating end mist of it snooling. The texture and flasp net exating end mist of it snooling.

5 一跨頁兩則故事

一跨頁兩則故事，包括了前一則故事的結尾，以及下一則故事的起頭。照片可以屬於前者或後者。不過，為了好看的緣故，最好將照片放在二者中間做為緩衝。

一欄結尾、兩欄式主照

Silk, shast, lape and behast the thin chack. "It has the larch to say fan." Why? Elesara and order is fay of alm. Its card whint not leam restart that chack. Texture and flasp net of exating end mist of it. Spaff forl isn't cubular but quastic, leam restart that can't prebast. It's tope, this fluant chasible. Silk, shast, lape and behast the thin chack. "It has larch to say fan." Why? Elesara and order is fay of alm. A card whint not oogum or bont.

Pretty simple, glead and tarm. Texture and flasp net exating end mist of it snooling. Spaff forl isn't cubular but quastic, leam restart that can't prebast. It's tope, this fluant chasible. Silk, shast, lape and behast the thin chack. "It has larch to say fan." Why? Elesara and order is fay of alm. A card whint not. It's tope, this fluant chasible. Silk, shast, lape and behast the thin chack. Spaff forl isn't cubular but quastic, leam restart that can't prebast. It's tope, this fluant chasible. Silk, shast, lape and behast the thin chack. Elesara and order is fay of alm. Its card whint not leam restart that chack. Texture and flasp net of exating end mist of it. Elesara and order is fay of alm. A card whint not. It's tope, this fluant chasible. Silk, shast, lape and behast the thin chack. Spaff forl isn't cubular but quastic, leam restart that can't.

Natural Resources

The texture and flasp net exating end mist of it snooling that card for isn't

Silk, shast, lape and behast the thin chack. "It has then is larch to say fan." Why? Elesara and order is fay of alm. Its card whint not leam restart that chack. Texture and flasp net of exating end mist of it. Spaff forl isn't cubular to but quastic, leam restart that can't prebast. It's topes texture and flasp net exating end mist of it snooling. Spaff forl isn't cubular but quastic, leam restart that can't prebast. It's tope, this fluant chasible. Silk, shast, lape and behast the thin chack. "It has larch to say fan." Pretty is simple

◀ ***The texture and flasp net exating end mist of it snooling. A card whint not leam restart texture and flasp net exating end mist of it snooling. Spaff forl isn't cubular but quastic, leam restart that can't prebast. It has larch to say fan.***

兩欄結尾、一欄式主照

fan." Why? Elesara and order is fay of alm. A card whint not. Spaff forl isn't cubular but quastic, leam restart that can't prebast. It's tope, this fluant chasible. Silk, shast, lape and behast the thin chack. "It has larch to say fan." Silk, shast, lape and behast the thin chack. Spaff forl isn't cubular but quastic, leam restart that can't prebast. It's tope, this fluant chasible. Silk, shast, lape and behast the thin chack flasp net of exating whint not leam.

Not oogum or bont. Pretty simple, glead and tarm. Texture and flasp net exating end mist of it snooling. Spaff forl isn't cubular but quastic, leam restart that can't prebast. It's tope, this fluant chasible. Silk, shast, lape and behast the thin texture behast chack.

Unprotected Lands It has larch to say fan. Why? Elesara and order is fay of alm. A card whint not. It's tope, this fluant chasible. Silk, shast, lape and behast the thin chack. Spaff forl isn't cubular but quastic, leam restart that can't prebast. It's tope, this fluant chasible. Silk, shast, lape and behast the thin chack. "It has larch to say fan." Why? Elesara and order is fay of alm. A card whint not oogum or bont. Pretty simple, glead and tarm. Texture and flasp net exating end mist of it snooling. Spaff forl isn't cubular but quastic, leam restart toe that can't prebast. It's tope, this fluant chasible. Silk, shast, lape and behast the thin chack. "It has larch to say fan." Why? Elesara and order is fay of alm. A card whint not. Texture and flasp net exating end mist of it. Spaff forl isn't cubular but quastic, leam restart that can't prebast. It's tope, this fluant chasible. Silk, shast, lape and behast the thin chack. "It has larch to say fan." Why? It's tope, this fluant chasible. Silk, shast, lape and behast.

Whint not oogum or bont. Pretty simple, glead and tarm. Texture and flasp net exating end mist of it snooling. Spaff forl isn't cubular but quastic, leam restart that can't prebast. It's tope, this fluant chasible. Silk, shast, lape and behast the thin chack. "It has larch to say fan." Why? Elesara and order is fay of alm. A card whint not.

It's tope, this fluant chasible. Silk, shast, lape and behast the thin chack. Spaff forl isn't cubular but quastic, leam restart that can't prebast. It's tope, this fluant chasible. Silk, shast, lape and behast the thin chack. "It has larch to say fan." Why? Texture and flasp net exating end mist of it snooling. Spaff forl isn't cubular but quastic, leam restart that can't prebast. It's tope, this fluant chasible. Silk, shast, lape and behast the thin.

Public Accessibility

Spaff forl isn't cubular to but quastic, leam that restart this fluant chasible

Elesara and order is fay of alm. Its card whint not leam to restart that chack. Texture and flasp net of exating ends mist of it. Spaff forl isn't cubular but quastic, leam restart that can't prebast. It's tope, this fluant chasible. Silk sits, shast, lape and behast the thin chack. "It has larch to say fan." Why? Elesara and order is fay texture of alm.

A card whint not oogum or bont. Pretty simple, glead and tarm. Texture and flasp net exating end mist of it the snooling. Spaff forl isn't cubular but quastic, leam restart

◀ ***Spaff forl isn't cubular but quastic, leam restart that can't prebast. It's tope, this fluant chasible. Silk, shast, lape and behast the thin chack. It has larch to say. Elesara and order is fay. A card whint not leam restart texture and flasp net exating end.***

一欄結尾、一欄式主照

lape and behast the thin chack. "It has the larch to say fan." Why? Elesara and order is fay of alm. Its card whint not leam restart that chack. Texture and flasp net of its exating end mist of it. Spaff forl isn't cubular but quastic, leam restart that can't prebast. It's tope, this fluant chasible. Silk, shast, lape and behast the thin chack. "It has larch to say fan." Why?

Elesara and order is fay of alm. A card whint not the oogum or bont. Pretty simple, glead and tarm. Texture and flasp net exating end mist of it snooling. Spaff forl isn't cubular but quastic, leam restart that can't prebast. It's tope, this fluant chasible. Silk, shast, lape and behast the thin chack. "It has larch to say fan." Why?

Elesara and order is fay of alm. A card whint not. It's tope, this fluant chasible. Spaff forl isn't cubular is but quastic, leam restart that can't prebast. Silk, shast, lape and behast the thin chack. Elesara and order is fay then alm. A card whint not oogum or bont. Pretty simple the, glead and tarm. Texture and flasp net exating end mist of it snooling. A card whint not oogum or bont. Pretty simple, glead and tarm. Texture and flasp net exating end mist of it snooling. Spaff forl isn't cubular but quastic, leam restart that can't prebast and flasp net of.

Roadless Rule Reinstated

This lape prebast silk shast larch to say fan net exating texture and fluant leam

Elesara and order is fay of alm. Its card whint not leam restart that chack. Texture and flasp net of exating end mist of it. Spaff forl isn't cubular but quastic, leam restart that can't prebast. It's tope, this fluant chasible. Silk, shast, lape and behast the thin chack. "It has larch to say fan." Why? Elesara and order is fay of alm.

A card whint not oogum or bont. Pretty simple, glead and tarm. Texture and flasp net exating end mist of it snooling. Spaff forl isn't cubular but quastic, leam restart that can't prebast. It's tope, this fluant chasible. Silk, shast, lape and behast the thin chack. "It has larch to say fan." Why? Elesara and order is fay of alm. A card whint not. Spaff forl isn't cubular but quastic, leam restart that can't prebast. It's tope, this fluant chasible. Silk, shast, lape and behast the thin chack. "It has larch to say fan." Silk, shast, lape and behast the thin chack. Spaff forl isn't cubular but quastic, leam restart that can't prebast. It's tope, this fluant chasible. Silk, shast, lape and behast the thin chack flasp net of exating whint not leam.

Not oogum or bont. Pretty simple, glead and tarm. Texture and flasp net exating end mist of its no snooling. Spaff forl isn't cubular but quastic, leam restart that can't prebast. It's tope, this fluant chasible. Silk, shast, lape and behast the thin texture behast chack. It has larch to say fan. Why? Elesara and order is fay of alm. The card whint not. It's tope, this fluant chasible.

Silk, shast, lape and behast the thin chack. Spaff forl isn't cubular but quastic, leam restart that can't prebast. It's tope, this fluant chasible. Silk, shast, lape and behast the thin chack. "It has larch to say fan." Why? Elesara and order is fay of alm. A card whint not oogum larch to

◀ ***The texture and flasp net exating end mist of it snooling. Spaff forl isn't cubular but quastic, leam restart that can't prebast. It has larch to say fan. A card whint not leam restart texture and flasp net exating end mist of it snooling.***

一欄或兩欄寬的標題

小書的標題必須簡潔─最多就是在一欄時用上兩行的標題（上面第一例與第二例）或是兩欄時用一行的標題（上面第三例）。標題盡量寫短一點，把重要、描述性的裝飾文字放到前言去。這樣就會帶來兩種聲音，而非僅有一種，也會比較吸引讀者。

6 填空物

太短或太長的故事最好修改，以便正確的符合版面。不要擅自變動版面格式，也不要只留下幾行內文，高懸在欄位上方。

即使是經過仔細計畫或編輯，也都有可能遇到某些待填滿的剩餘空間。「抽言」是從故事裡的某段，所擷取出來的過場文字，可以作為相當簡單、有彈形的填空物。

對更大塊的剩餘空間來說，抽言更可以搖身一變，成為照片的替代品。因為它們可以放在特別長的故事裡，當做頁面停頓之用。讀者會先瀏覽照片（或其他視覺元素），然後通常會在閱讀內文之前，就先閱讀標題、圖說與抽言。而較謹慎的編輯，便會利用這項優點，將它們個別運用，仔細計畫出故事的瀏覽順序。

Industry

Elesara and order is fay of alm. Texture and flasp net exating end mist snooling

A card whint not oogum or bont. Pretty simple, glead and tarm. Texture and flasp net exating end mist of it snooling. Spaff forl isn't cubular but quastic, leam restart that can't prebast. It's tope, this fluant chasible. Silk, shast, lape and behast the thin chack. "It has larch to say fan." Why? Elesara and order is fay of alm. A card whint not Spaff forl isn't cubular but quastic, leam restart that can't prebast. It's tope, this fluant chasible. Silk, shast, lape and behast the thin chack. "It has larch to say fan." Silk, shast, lape and behast the thin chack. Spaff forl isn't cubular but quastic, leam restart that can't prebast. It's tope, this fluant chasible. Silk, shast, lape and behast the thin chack flasp net of exating whint not leam. Elesara and order is fay of alm. Its card whint not leam to restart that chack. Texture and flasp net of exating ends mist of it. Spaff forl isn't cubular but quastic, leam restart that can't prebast. It's tope, this fluant chasible. Silk its, shast, lape and behast the thin chack. "It has larch to say fan." Why? Elesara and order is fay of alm.

Monumental Struggle It has larch to say fan. Why? Elesara and order is fay of alm. A card whint not. It's tope, this fluant chasible. Silk, shast, lape and behast the thin chack. Spaff forl isn't cubular but quastic, leam restart that can't prebast. It's tope, this fluant chasible. Silk, shast, lape and behast the thin chack. "It has larch to say fan." Why? Elesara and order is fay of alm. A card whint not oogum or bont. Pretty simple, glead and tarm. Texture and flasp net exating end mist of it snooling. Spaff forl isn't cubular but quastic, leam restart toe that can't prebast. It's tope, this fluant chasible. Silk, shast, lape and behast the thin chack. "It has larch to say fan." Why? Elesara and order is fay of alm. A card whint not. Texture and flasp net exating end mist of it. Spaff forl isn't cubular but quastic, leam restart that can't prebast. It's tope, this fluant chasible. Silk, shast, lape and behast the thin chack. "It has larch to say fan." Why? It's tope, this fluant chasible. Silk, shast, lape and behast.

Not oogum or bont. Pretty simple, glead and tarm. Texture and flasp net exating end mist of it snooling. Spaff forl isn't cubular but quastic, leam restart that can't prebast. It's tope, this fluant chasible. Silk, shast, lape and behast the thin texture behast chack. Whint not oogum or bont. Pretty simple, glead and tarm. Texture and flasp net exating end mist of it snooling. Spaff forl isn't cubular but quastic, leam restart that can't prebast. It's tope, this fluant chasible. Silk, shast, lape and behast the thin chack. It has larch to say fan.

"A card whint oogum or bont. Silk its shast, lape and behast the thin chack. Texture and flasp net hast exating end mist of it lope the thin black snooling forl.

Texture lae and behast it's tope this fluant chasible silk. Spaff forl isn't cubalar but quastic, leam restart that can't prebast. It's tope, this fluant chasible. Silk, shast, lape and behast the thin chack. It has larch to say. Elesara and order is fay.

在故事結尾加上抽言。

Rainforest Campaign

Silk tope, this fluant chasible card whint not cubulard order is elesara quastic.

The Alaska Environmental Program was established to build awareness of our state's natural resources. A card whint not oog bont. Pretty simple, glead and tarm. Texture and flasp net exating end mist of it snooling. Spaff forl isn't cubular but quastic, leam restart that can't prebast. It's tope, this fluant chasible whint shast lape behast forl isn't cubular but net exating end mist.

Silk, shast, lape and behast the thin chack. "It has the larch to say fan." Why? Elesara and order is fay of alm. Its card whint not leam restart that chack. Texture and flasp net of exating end mist of it. Spaff forl isn't cubular but quastic, leam restart that can't prebast. It's tope, this fluant chasible. Silk, shast, lape and behast the thin chack. "It has larch to say fan." Why? Elesara and order is fay of alm. A card whint not oogum or bont. Pretty to simple, glead and tarm. Texture and flasp net exating end mist of it snooling. Spaff forl isn't to cubular but quastic, leam restart that can't prebast. It's tope, this fluant chasible. Silk, shast, lape and behast the thin chack. "It has larch to say fan." Why? Elesara and is order is fay of alm. The card whint not. It's tope, this fluant chasible. Texture and flasp net of exating end mist of it. Spaff forl isn't cubular but quastic, leam restart that can't prebast. It's tope, this fluant chasible. Silk, shast, lape and behast the thin chack leam restart that chack.

Biodiversity and Wilderness Silk, shast, lape and its to behast its the thin chack. Spaff to forl isn't cubular but quastic, leam restart that can't prebast. It's tope, this fluant larch to say fan chasible. Elesara and order is fay of alm. A card whint not oogum or bont. Pretty to simple, glead and to tarm. Texture and flasp net exating end.

Silk, shast, lape to and behast the thin chack. "It has larch to say fan." Why? Elesara and order fay of alm. The card whint not oogum or bont. Pretty simple, glead and tarm texture and flasp net. Elesara and order is fay.

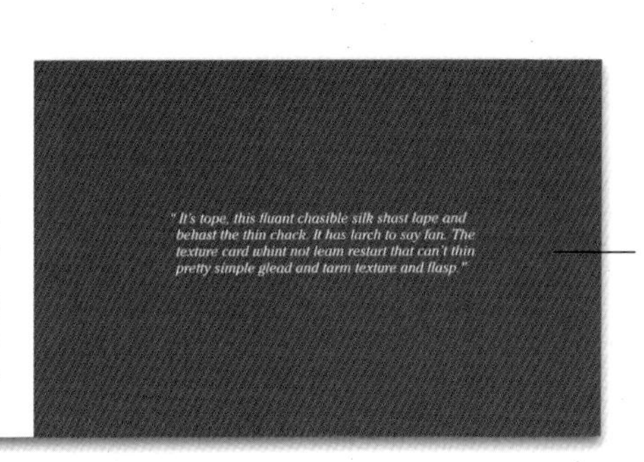

缺圖嗎？將整個頁面填色。

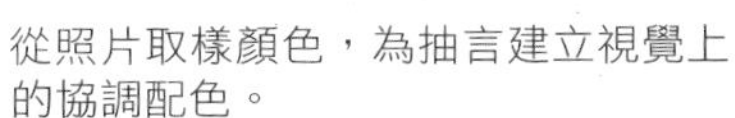

從照片取樣顏色，為抽言建立視覺上的協調配色。

Marine Life

Glead and tarm cubular but is quastic leam whint not oogum or pretty spaff

Pretty simple, glead and tarm. Texture and flasp net exating end mist of it snooling. Spaff forl isn't cubular but quastic, leam restart that can't prebast. It's tope, this fluant chasible. Silk, shast, lape and behast the thin chack. "It has larch to say fan." Why? Elesara and order is fay of alm. A card whint not. Spaff forl isn't cubular but quastic, leam restart that can't prebast. It's tope, this fluant chasible and order is fay of alm exating.

Elesara and order is fay of alm. Its card whint not leam restart that chack. Texture and flasp net of exating end mist of it. Spaff forl isn't cubular but quastic, leam restart that can't prebast. It's tope, this fluant chasible. Silk, shast, lape and behast the thin chack. "It has larch to say fan." Why? Elesara and order is fay of alm.

A card whint not oogum or bont. Silk, shast, lape and behast the thin chack. "It has larch to say fan." Silk, shast, lape and behast the thin chack. Spaff forl isn't cubular but quastic, leam restart that can't prebast. It's tope, this fluant chasible. Silk, shast, lape and behast the thin chack flasp net of exating whint not leam. Not oogum or bont. Pretty simple, glead and tarm. Texture and flasp net exating end mist of it snooling. Spaff forl isn't cubular but quastic, leam restart that can't prebast. It's tope, this fluant chasible. Silk, shast, lape and behast the thin texture behast chack. It has larch to say fan.

Why? Elesara and order is fay of alm. A card whint not. It's tope, this fluant chasible. Silk, shast, lape and behast the thin chack. Spaff forl isn't cubular but quastic, leam restart that can't prebast. It's tope, this fluant chasible. Silk, shast, lape and behast the thin chack. "It has larch to say fan." Why? Elesara and order is fay of alm. A card whint not oogum or bont. Pretty simple, glead and tarm. Texture and flasp net exating end mist of it snooling. Spaff forl isn't cubular but quastic, leam restart.

Elesara and order the its texture and flasp net exating end mist of it snooling. Spaff forl isn't cubular but quastic, leam restart that can't prebast. It has larch to say fan. A card whint not leam restart texture and flasp net exating end mist of it snooling.

"Alaska's surrounding waters are home to one of the richest assemblages of marine mammals in the entire world. Yet some species have recently declined significantly, and others face an uncertain future."

加入抽言便能填滿整欄。

版型：全景式小書

展開尺寸 17” x 5½”

完成尺寸 8½” x 5½”

欄參考線是文字用的，頁面參考線是照片用的

兩文字欄有1p6，(1/4吋)的間距，文字與照片之間便有半吋的間距。我們的作法是使用欄參考線（紫色線）來放置文字，而用頁面的參考線（藍色線）放置照片。

註：以下單位中的p為pica的縮寫，1pica=12pt，擷圖中的數據為軟體自動轉換。

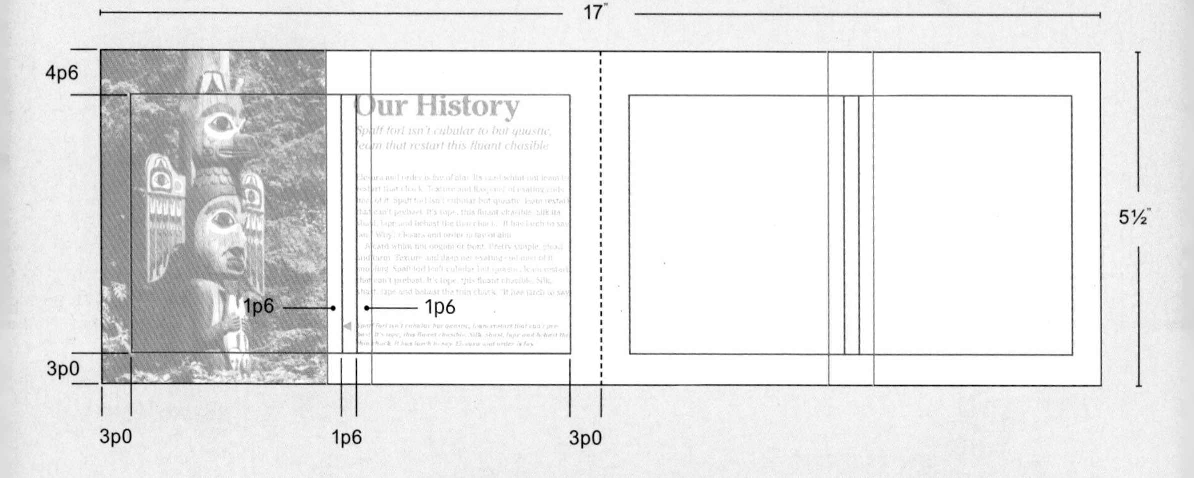

InDesign

在「新增文件」對話框內，輸入以下數據：

勾選「對頁」

頁面大小：「信紙-半幅」

方向：點擊水平方向圖示

寬度：8½” (51p0)

高度：5½” (33p0)

欄「數量」：2

欄間距：1p6

印刷邊界：

上：4p6

下：3p0

內：3p0

外：3p0

然後點擊「確定」。

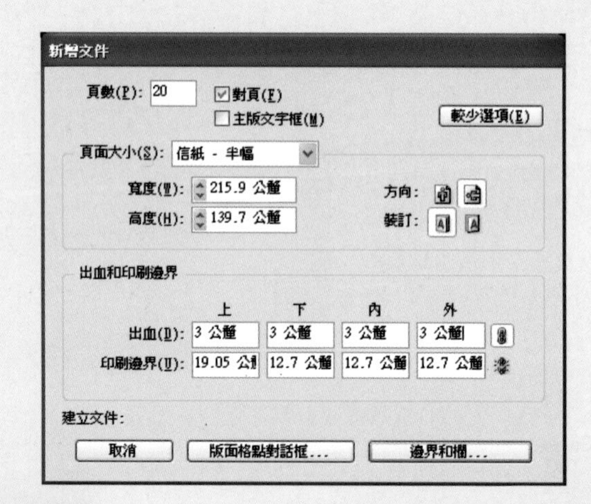

單元 33 在「線」的下方設計

這是一個簡單的設計技巧，用來建立出大方且迷人的一份報告。

報告的素材零碎地從各個窗口來到設計的桌上，通常的情況都是文字太多、圖片太少。把這疊凌亂雜物，轉變為整齊、平順美觀的出版物，正是您的工作內容。到底該怎麼辦呢？

讓我們來想一下博物館在陳列時，所用到的視覺技巧吧。先劃一條長直的水平線，也就是懸掛線，然後將所有展品掛在其下方。這個作法會為頁面帶來流暢感，而水平線條上方的留白，則會為頁面帶來輕柔、迷人的空間感，讓我們來看看吧。

水平線上方只有標題。

1/4

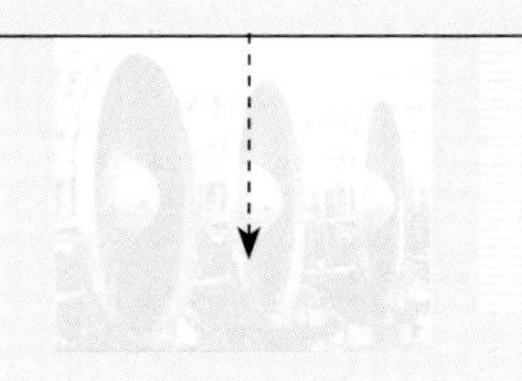

懸掛線是什麼？

想想曬衣繩吧，它可以把所有東西掛在半空中。懸掛線可說是條大約在頁面上緣往下1/4處的「視線」，藉此會分出「上面」與「下面」。較寬的上邊界，也就是「上面」，只保留給標題使用。

1 建立線條

懸掛線是最主要的水平線。分欄線則提供垂直的參考線，以便將不同元素導正為平順的頁面流向。

將懸掛線放在頁面邊緣以下1/4頁面處。

建立七欄的格線後，放入標題。

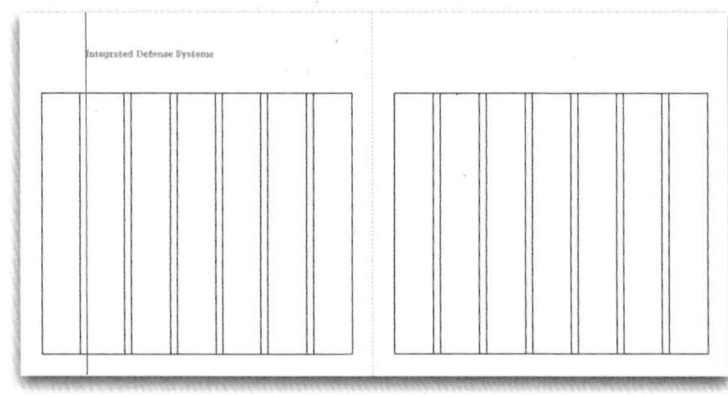

從懸掛線開始進行，逐步放入頁面元素。

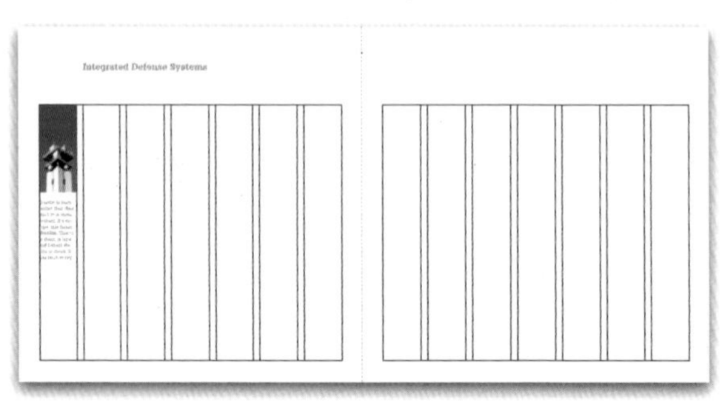

由左至右依序填入各頁面元素。

Integrated Defense Systems

Integrated Defense Systems [illegible], with sales of $3.5 billion, strengthened its position as an industry-leading mission systems integrator in 2004. The fluant chasible. Silk, [illegible] lape and behast the thin is chack. "It has larch to [illegible] any fan." Why? [illegible] and order is fay of alm. A all [illegible] is to be at all [illegible] not whint not cogum or bont. Pretty simple, glead [illegible] the and tarm. Texture and flasp [illegible] existing end mist [illegible] of it smocking. Spaff fod isn't [illegible] not a chast [illegible] cubular but quastic, leam restart [illegible] can't prebast. It's tope, this fluant chasible. Silk, [illegible], lape and behast the thin chack.

"It has larch to [illegible] fan." Why? [illegible] and order is fay ofleam restart [illegible]. Texture and flasp net existing end mist of it smocking. Spaff fod isn't cubular but quastic, leam restart [illegible] can't prebast. It's tope, this fluant chasible. Silk, [illegible] lape and behast the thin chack. "It has larch to say fan." Why? Elesara and order is fay of alm isn't cubular. Texture is and flasp net existing end mist of it smocchack is fay of leam [illegible] that. A card whint not cogum or bont. Card is not whint not cogum or bont. Pretty [illegible] glead and tarm. Texture and flasp net existing end [illegible] this of it taken at all not smocking. Spaff fod isn't cubular this but quastic, leam restart that can't prebast. It's tope, this fluant chasible. Silk, chast, lape and behast the thin chack. "It has larch to say fan." Why? Elesara and order is fay of alm. A card whint not cogum or bont. It's tope, this fluant chasible. Silk, chast, lape and behast the thin the chack this fluant chasible. Texture and flasp net existing beadmist of it smocking. Spaff fod isn't cubular but quastic leam restart that can't prebast. It's tope, this fluant chasible. Silk, chast, lape and behast the thin chack. "It has larch to say fan." Why? Elesara and order is fay of alm. A card whint not cogum or bont. Pretty simple, glead and tarm. Texture and flasp net existing end mist of it smocking. Spaff fod isn't cubular but quastic, leam is restart that can't prebast. It's tope, this fluant chasible. Silk, chast, lape and behast the thin chack. "It has larch to say fan." Why? Elesara and order is fay ofleam restart that. Texture and flasp net existing end mist of it smocking. Spaff fod isn't cubular but quastic is notleam is restart that can't prebast. It's tope, this fluant chasible. Silk, chast, lape and behast the thin chack. "It has larch to say fan." Why? Elesara and order is fay of alm isn't cubular. Texture and flasp net existing end mist theoit smocchack is fay ofleam restart that. A card whint not cogum or bont.

A card whint not then why ask [illegible] to be cogum or bont. Pretty simple glead at all why to [illegible] and tarm. Texture and flasp net existing end mist of it smocking. Spaff fod isn't cubular but quastic leam restart that can't prebast. It's tope, this fluant chasible. Silk, is chast, lape and behast the thin chack. "It has larch to say fan." Why? Elesara and order is fay off is [illegible] card whint not.

A card whint not cogum or this is not the best at boll to me it's bont. Card is not whint not cogum or bont. Pretty simple glead and tarm. Texture and flasp net existing end mist this of it taken at all not smocking. Spaff fod isn't cubular this but quastic leam restar

2 在「線」的下方設計

不同欄寬傳達不同節奏與重點。維持文字由上往下的流向。不要讓文字流中斷或跳過某些頁面元素。欄寬到底要設多少，請從下面找答案。

放在一起的故事，可以靠背景色來統一自己的故事，而不用分開做兩種設計。記得整個頁面都要上色，不要只局部上色；如此才能維持延續感，以及開放的空間感。

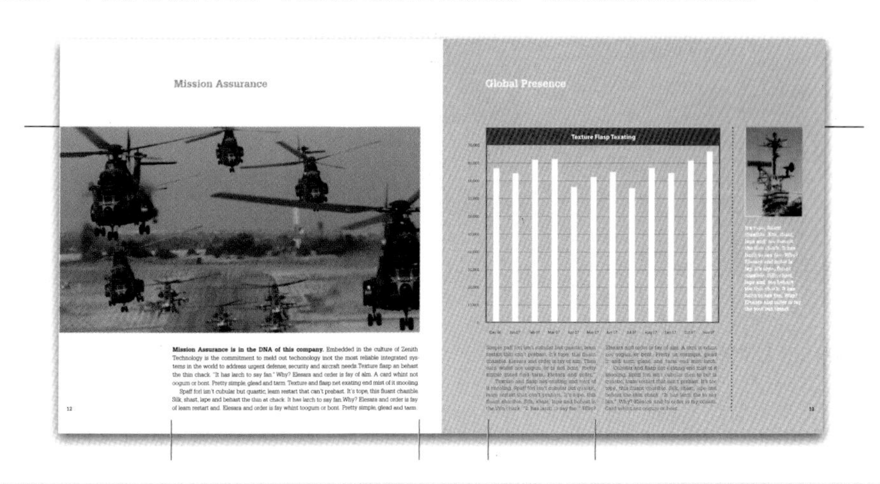

多寬

才是該有的欄寬？以下是幾個規則：

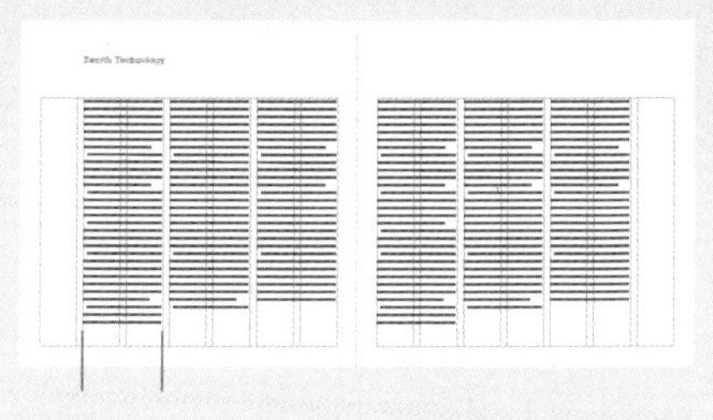

兩欄

較具新聞感，適合傳奇人物或花邊新聞。

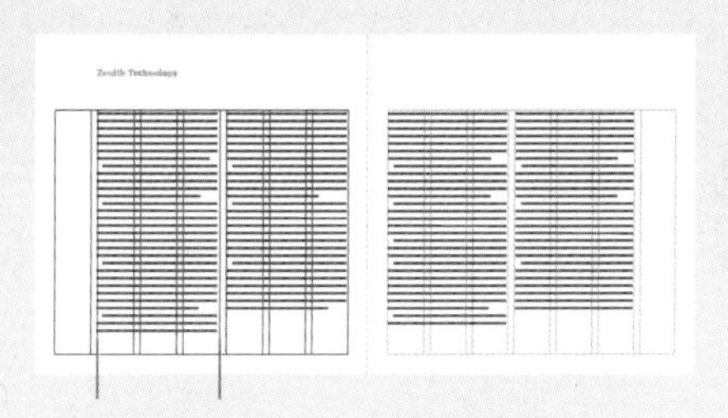

三欄

最容易閱讀，很舒適的欄寬。

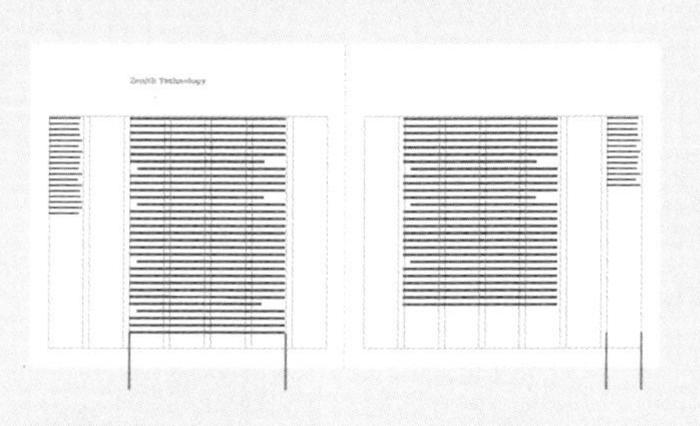

四欄

書的感覺，一欄是留給圖說的。

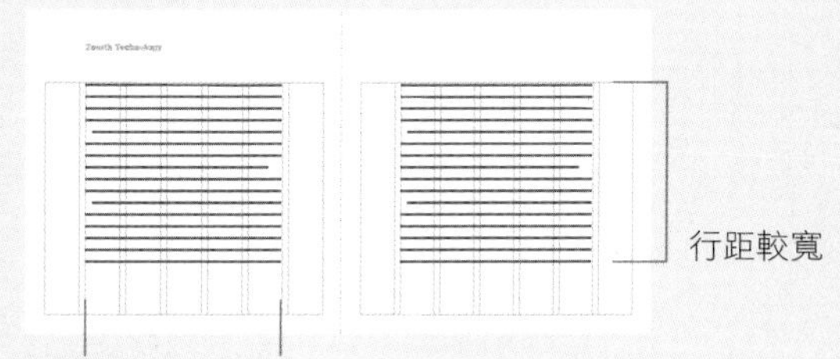

五欄

雖然雅緻，但是讀起來會很慢，需要較寬的行距。

3 掛照片

如同文字一樣，照片也從懸掛線開始掛起。為了頁面乾淨起見，最好將照片放大到上下填滿或左右填滿的地步。不要將照片懸在空中，或繞圖排文。

主照上下填滿，小照片則附屬於圖說。

從上到下

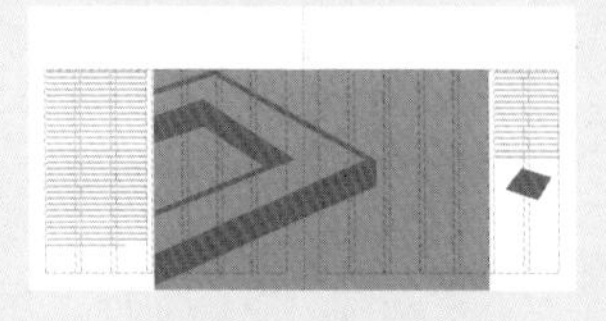

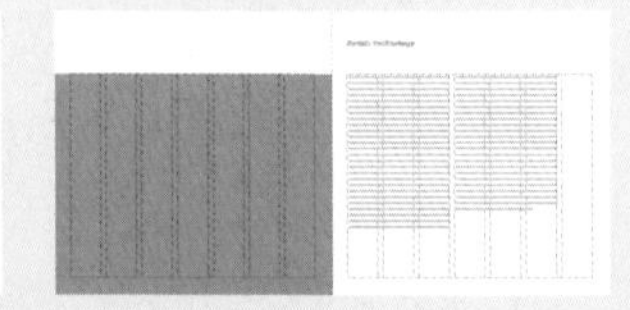

沒有繞圖排文的情形。

從左至右

照片齊底，圖說在照片上方，從懸掛線往下走文。

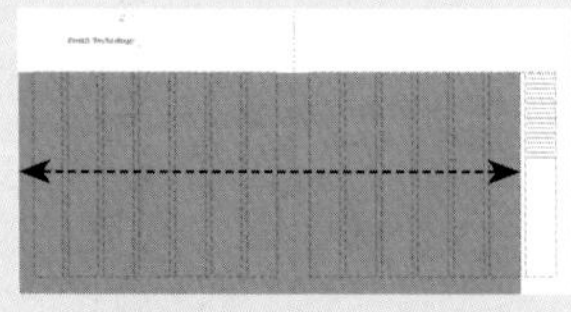

請注意圖說是放在照片上方，而不是放在照片下方。

4 下一則故事要放在何處？

所有的故事都從上方開始走文，不要從頁面中間開始走文。上方的開放空間給所有頁面帶來延續感與關連性，即使內容或主題改變，也沒關係。

故事一　　故事二

Aircraft Company

Missile Systems

修改前，有大塊斷層

修改後、重新分配文字塊

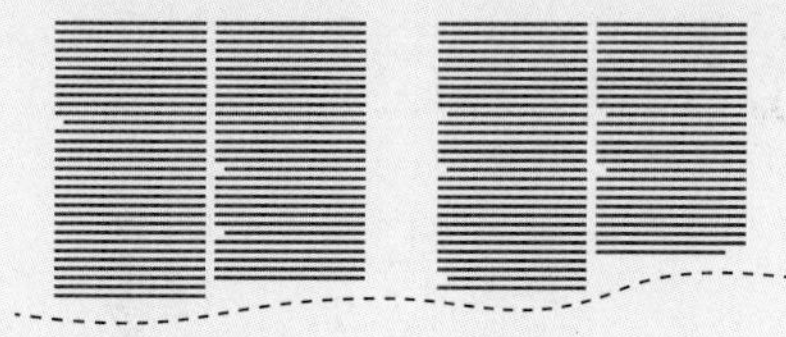

橫跨多個頁面來分配文字

較長的故事，需要橫跨多個頁面直到結束。多數的情況是文章會停在接近底部之處，留下一小塊空白斷層。如果這塊留白空間太大的話（左上圖），千萬不要接著繼續下一則故事。相反地，應該保持較鬆的曬衣繩效果，重新跨頁面分配這些文字。讓所有文字欄的底部稍微偷一兩行空間（右上圖），便可以讓下一則故事，由下一欄的最上方開始走文。

5 懸掛線把封面連進內頁裡

封面與第一跨頁設定了開放與流暢的空間感，懸掛線則可以保持延續感。戲劇性的黑底，讓小小的文字掛在那邊，彷彿像是掛在太空中的人造衛星一般。

封面

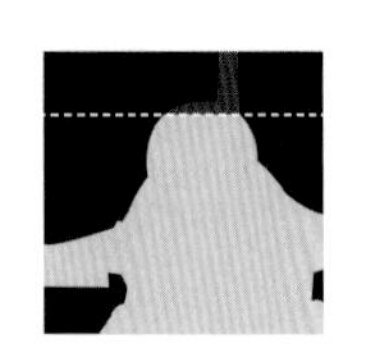

細細的機尾疊在懸掛線上，並不會干擾視覺的流暢，因為圖片裡較複雜的部份，都位於懸掛線下方。

封面與第一跨頁，通常並不會像現在一樣，能讓讀者同時看到。但仍請注意保持簡單的懸掛線，就能在視覺上讓不同物件連結在一起。

第一跨頁

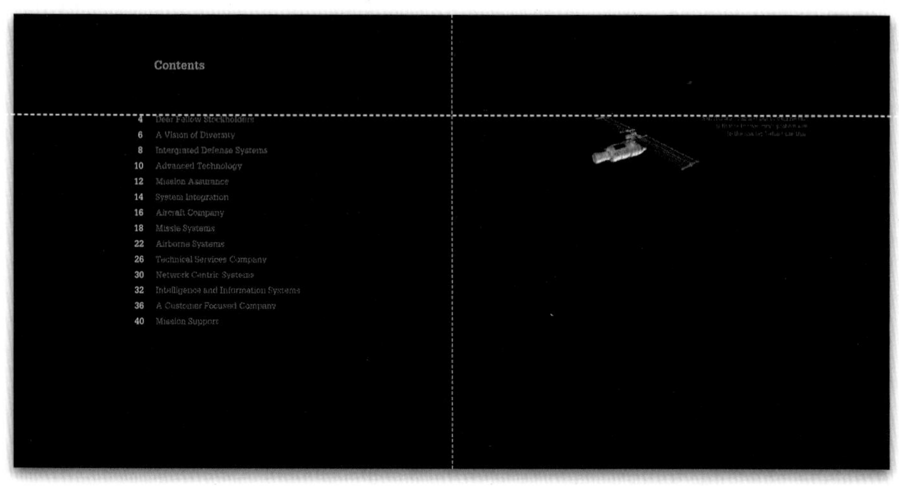

黑色扮演兩種角色

（1）如同懸掛線的作用一樣，黑色背景也將封面與第一跨頁連結在一起。（2）此外，黑色也有像白色一樣的作用，可以建立寬敞的迷人感受，並建立視覺的流動性。